❝ 매일 성장하는 **초등 자기개발서** ❞

왜 공부력을 키워야 할까요?

쓰기력

정확한 의사소통의 기본기이며 논리의 바탕

연필을 잡고 종이에 쓰는 것을 괴로워한다!
맞춤법을 몰라 정확한 쓰기를 못한다!
말은 잘하지만 조리 있게 쓰는 것이 어렵다!
그래서 글쓰기의 기본 규칙을 정확히 알고
써야 공부 능력이 향상됩니다.

어휘력

교과 내용 이해와 독해력의 기본 바탕

어휘를 몰라서 수학 문제를 못 푼다!
어휘를 몰라서 사회, 과학 내용 이해가 안 된다!
어휘를 몰라서 수업 내용을 따라가기 어렵다!
그래서 교과 내용 이해의 기본 바탕을
다지기 위해 어휘 학습을 해야 합니다.

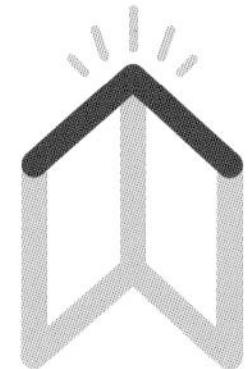

독해력

모든 교과 실력 향상의 기본 바탕

글을 읽었지만 무슨 내용인지 모른다!
글을 읽고 이해하는 데 시간이 오래 걸린다!
읽어서 이해하는 공부 방식을 거부하려고 한다!
그래서 통합적 사고력의 바탕인 독해 공부로
교과 실력 향상의 기본기를 닦아야 합니다.

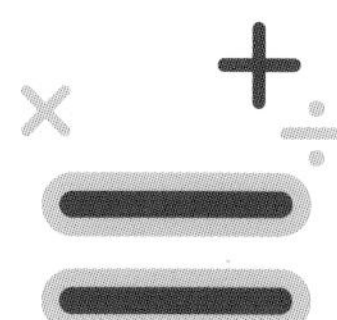

계산력

초등 수학의 핵심이자 기본 바탕

계산 과정의 실수가 잦다!
계산을 하긴 하는데 시간이 오래 걸린다!
계산은 하는데 계산 개념을 정확히 모른다!
그래서 계산 개념을 익히고 속도와 정확성을
높이기 위한 훈련을 통해 계산력을 키워야 합니다.

완자

공부력

초등 수학

계산 1A

초등 수학 계산 단계별 구성

1A	1B	2A	2B	3A	3B
9까지의 수	100까지의 수	세 자리 수	네 자리 수	세 자리 수의 덧셈	곱하는 수가 한·두 자리 수인 곱셈
9까지의 수 모으기, 가르기	받아올림이 없는 두 자리 수의 덧셈	받아올림이 있는 두 자리 수의 덧셈	곱셈구구	세 자리 수의 뺄셈	나누는 수가 한 자리 수인 나눗셈
한 자리 수의 덧셈	받아내림이 없는 두 자리 수의 뺄셈	받아내림이 있는 두 자리 수의 뺄셈	길이(m, cm)의 합과 차	나눗셈의 의미	분수로 나타내기, 분수의 종류
한 자리 수의 뺄셈	10이 되는 더하기, 10에서 빼기	세 수의 덧셈과 뺄셈	시각과 시간	곱하는 수가 한 자리 수인 곱셈	들이·무게의 합과 차
50까지의 수	받아올림이 있는 (몇)+(몇), 받아내림이 있는 (십몇)-(몇)	곱셈의 의미		길이(cm와 mm, km와 m)·시간의 합과 차	
				분수와 소수의 의미	

초등 수학의 핵심! 수, 연산, 측정, 규칙성 영역에서
핵심 개념을 쉽게 이해하고, 다양한 계산 문제로 계산력을 키워요!

4A	4B	5A	5B	6A	6B
큰 수	분모가 같은 분수의 덧셈	자연수의 혼합 계산	수 어림하기	나누는 수가 자연수인 분수의 나눗셈	나누는 수가 분수인 분수의 나눗셈
각도의 합과 차, 삼각형·사각형의 각도의 합	분모가 같은 분수의 뺄셈	약수와 배수	분수의 곱셈	나누는 수가 자연수인 소수의 나눗셈	나누는 수가 소수인 소수의 나눗셈
세 자리 수와 두 자리 수의 곱셈	소수 사이의 관계	약분과 통분	소수의 곱셈	비와 비율	비례식과 비례배분
나누는 수가 두 자리 수인 나눗셈	소수의 덧셈	분모가 다른 분수의 덧셈	평균	직육면체의 부피	원주, 원의 넓이
	소수의 뺄셈	분모가 다른 분수의 뺄셈		직육면체의 겉넓이	
		다각형의 둘레와 넓이			

특징과 활용법

하루 4쪽 공부하기

* 차시별 공부

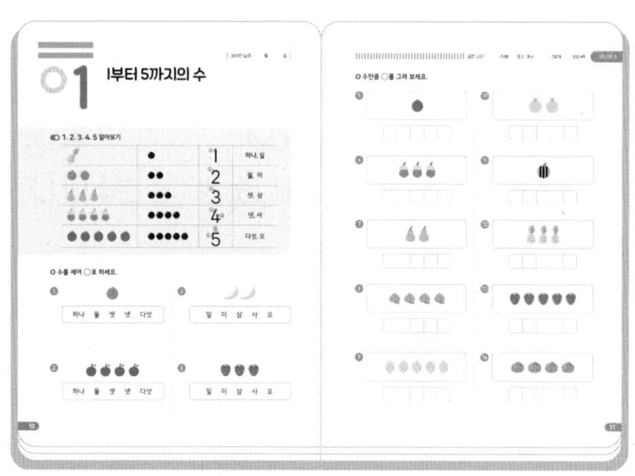

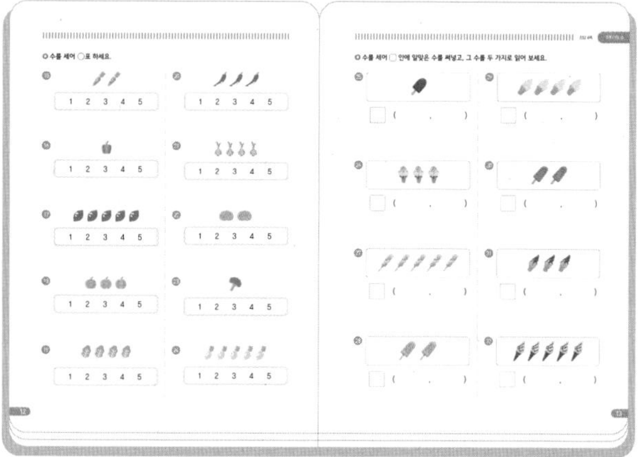

* 차시 섞어서 공부

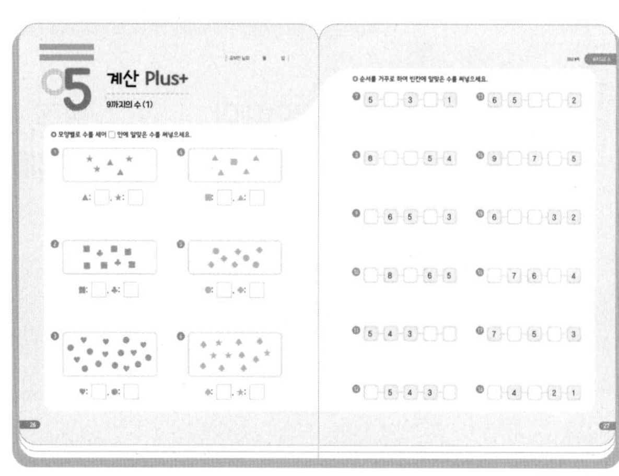

* 하루 4쪽씩 공부하고, 채점한 후, 틀린 문제를 다시 풀어요!

책으로 하루 4쪽 공부하며, 초등 계산력을 키워요!

모바일로 공부한 내용을 복습하고 몬스터를 잡아요!

공부한 내용 확인하기

✳ 단원별 계산 평가

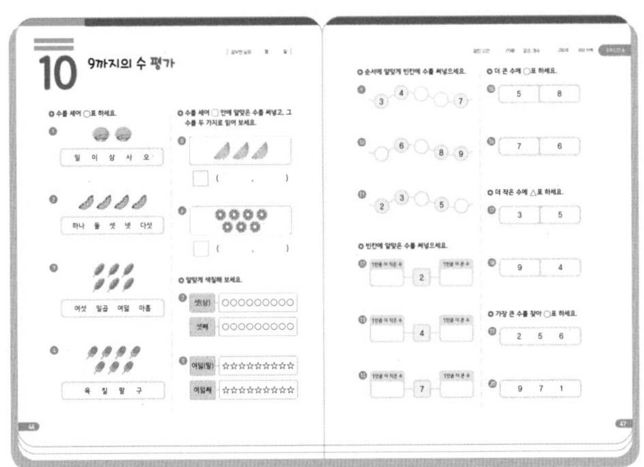

✳ 단계별 계산 총정리 평가

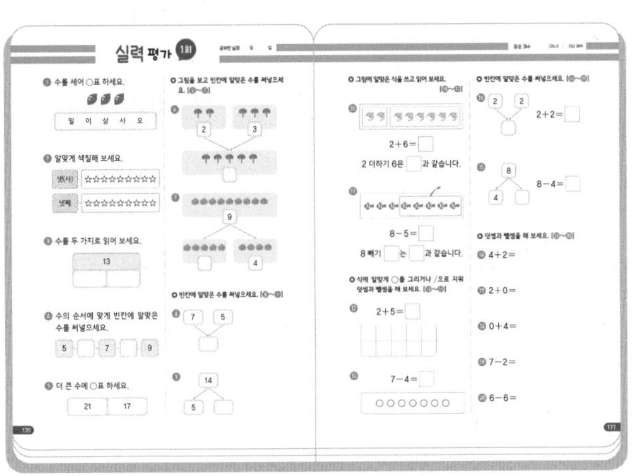

✳ 평가를 통해 공부한 내용을 확인해요!

모바일로 복습하기

앱 다운받기

책 인증하기

✳ 그날 배운 내용을 바로바로,
또는 주말에 모아서 복습하고,
다이아몬드 획득까지!
공부가 저절로 즐거워져요!

차례

	일차	교과 내용	쪽수	공부 확인
1 9까지의 수	01	1부터 5까지의 수	10	◯
	02	6부터 9까지의 수	14	◯
	03	몇째	18	◯
	04	9까지의 수의 순서	22	◯
	05	계산 Plus+	26	◯
	06	1만큼 더 큰 수, 1만큼 더 작은 수 / 0	30	◯
	07	9까지의 두 수의 크기 비교	34	◯
	08	9까지의 세 수의 크기 비교	38	◯
	09	계산 Plus+	42	◯
	10	**9까지의 수 평가**	46	◯
2 9까지의 수를 모으기와 가르기	11	그림을 이용하여 9까지의 수 모으기	50	◯
	12	9까지의 수 모으기	54	◯
	13	그림을 이용하여 9까지의 수 가르기	58	◯
	14	9까지의 수 가르기	62	◯
	15	계산 Plus+	66	◯
	16	**9까지의 수를 모으기와 가르기 평가**	70	◯
3 덧셈	17	덧셈식을 쓰고 읽기	74	◯
	18	그림 그리기를 이용하여 덧셈하기 / 0을 더하기	78	◯
	19	모으기를 이용하여 덧셈하기	82	◯
	20	계산 Plus+	86	◯
	21	**덧셈 평가**	90	◯

	일차	교과 내용	쪽수	공부 확인
4 빨셈	22	뺄셈식을 쓰고 읽기	94	○
	23	그림 그리기를 이용하여 뺄셈하기 / 0을 빼기	98	○
	24	가르기를 이용하여 뺄셈하기	102	○
	25	어떤 수 구하기	106	○
	26	계산 Plus+	110	○
	27	**뺄셈 평가**	114	○
5 50까지의 수	28	10 알아보기	118	○
	29	십몇 알아보기	122	○
	30	19까지의 수 모으기	126	○
	31	19까지의 수 가르기	130	○
	32	계산 Plus+	134	○
	33	몇십 알아보기	138	○
	34	몇십몇 알아보기	142	○
	35	계산 Plus+	146	○
	36	50까지의 수의 순서	150	○
	37	50까지의 두 수의 크기 비교	154	○
	38	50까지의 세 수의 크기 비교	158	○
	39	계산 Plus+	162	○
	40	**50까지의 수 평가**	166	○
		실력 평가 1회, 2회, 3회	170	○

1

수 세기 활동을 통해 **수의 개념**을 알고,
수를 이용하여 **수의 수량**이나 **순서**를 나타내는 것이 중요한

9까지의 수

01 1부터 5까지의 수

02 6부터 9까지의 수

03 몇째

04 9까지의 수의 순서

05 계산 Plus+

06 1만큼 더 큰 수, 1만큼 더 작은 수 / 0

07 9까지의 두 수의 크기 비교

08 9까지의 세 수의 크기 비교

09 계산 Plus+

10 9까지의 수 평가

1부터 5까지의 수

1, 2, 3, 4, 5 알아보기

	●	①1	하나, 일
	●●	①2	둘, 이
	●●●	①3	셋, 삼
	●●●●	①4②	넷, 사
	●●●●●	①5②	다섯, 오

수를 세어 ○표 하세요.

1 

하나 둘 셋 넷 다섯

3 

일 이 삼 사 오

2 

하나 둘 셋 넷 다섯

4  

일 이 삼 사 오

수만큼 ○를 그려 보세요.

5

6

7

8

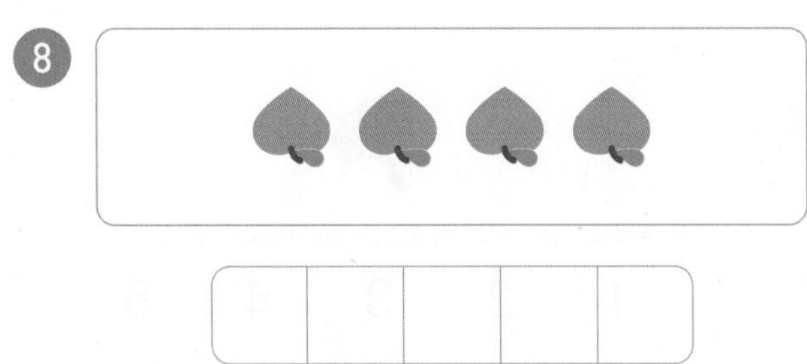

9

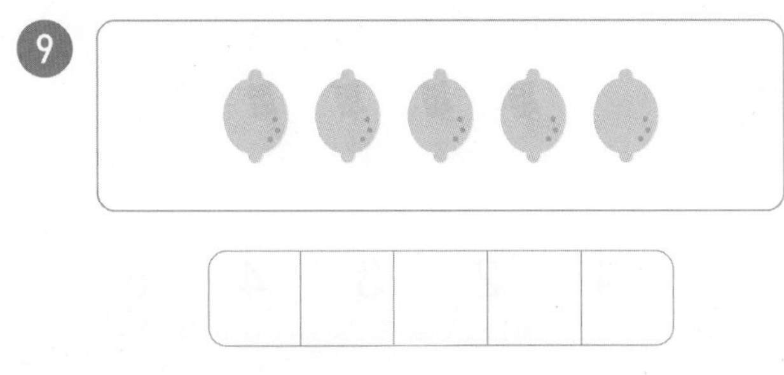

10

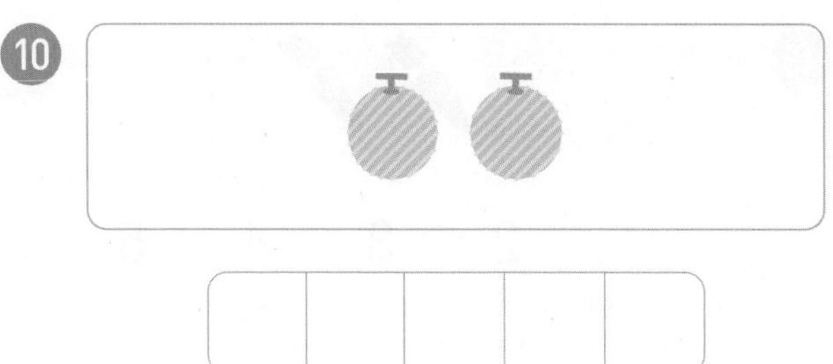

11

12

13

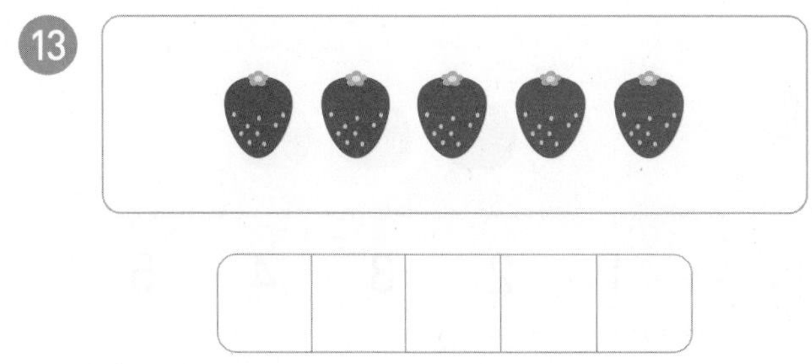

14

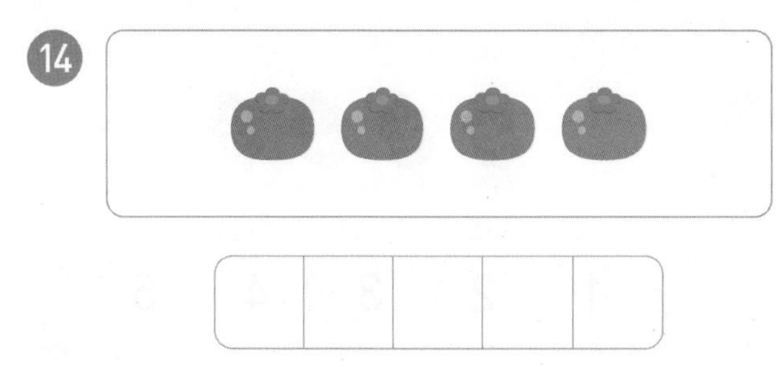

◎ 수를 세어 ◯표 하세요.

⑮
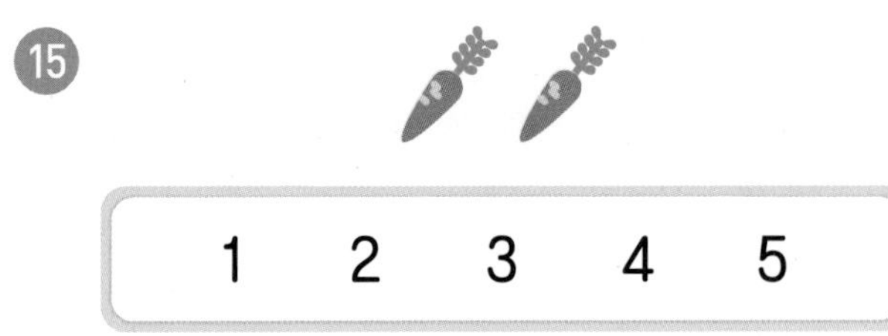

⑯
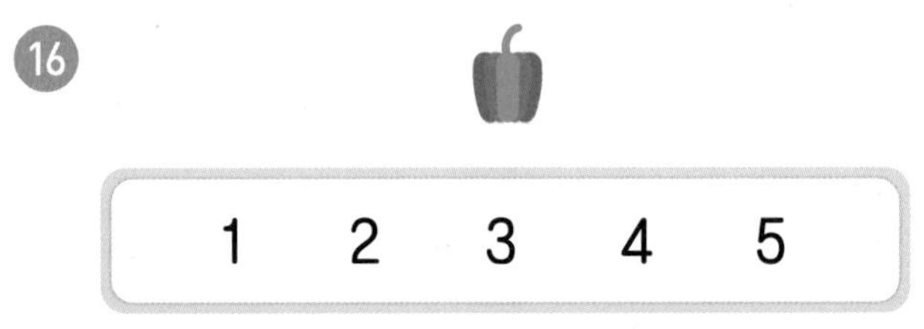

⑰
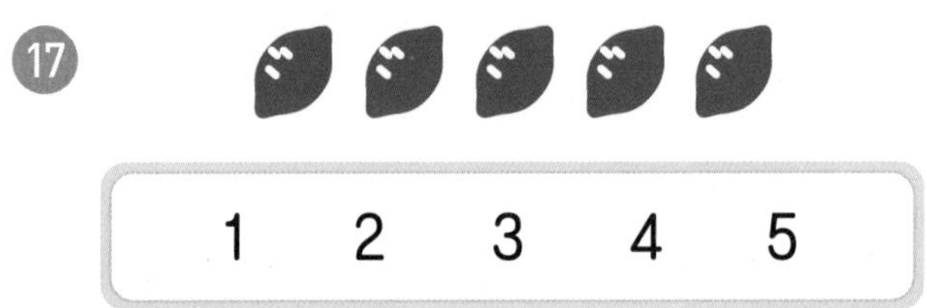

⑱
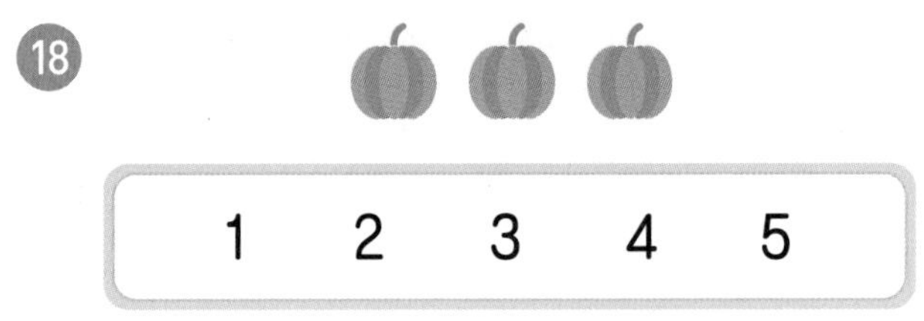

⑲
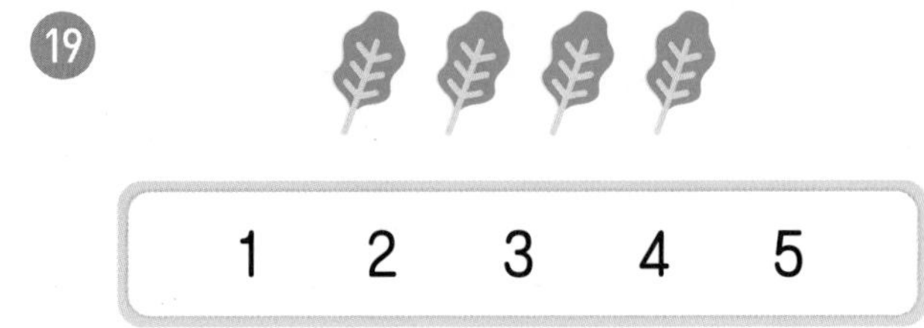

⑳
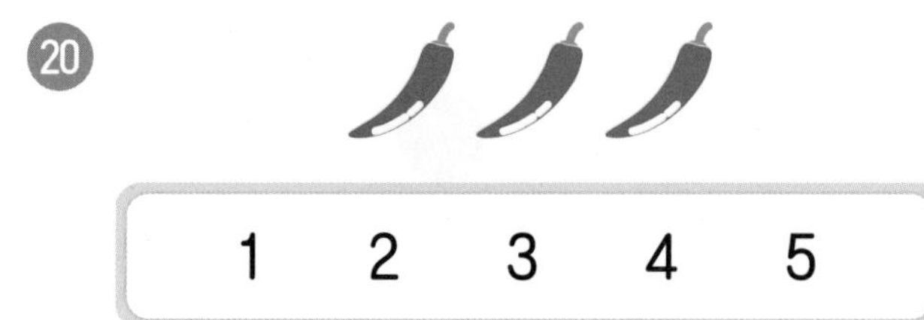

㉑
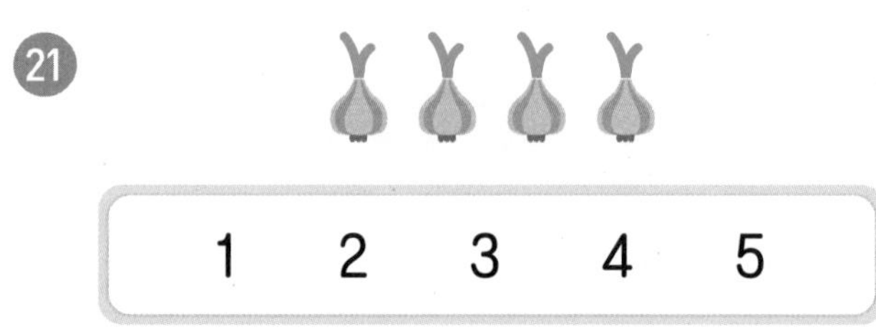

㉒
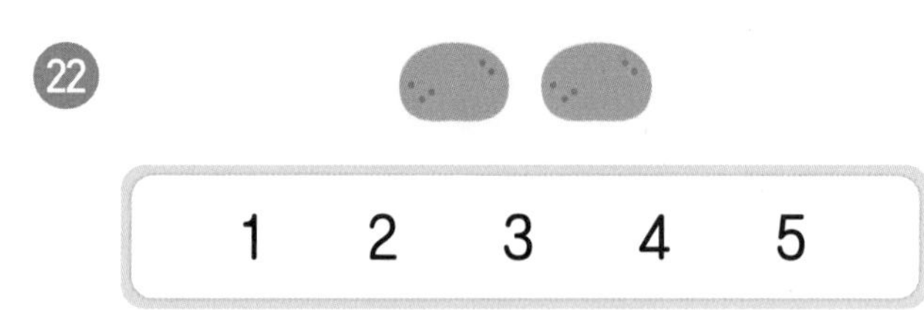

㉓
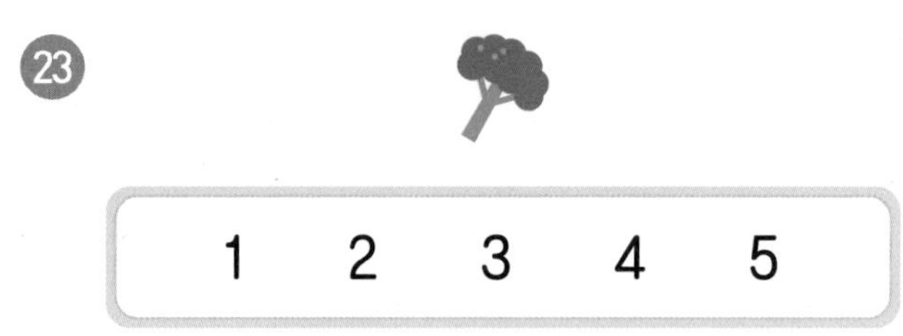

㉔
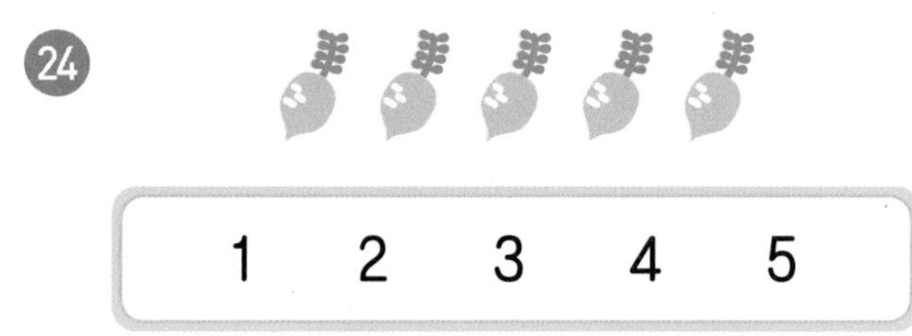

○ 수를 세어 ☐ 안에 알맞은 수를 써넣고, 그 수를 두 가지로 읽어 보세요.

25

☐ (,)

29
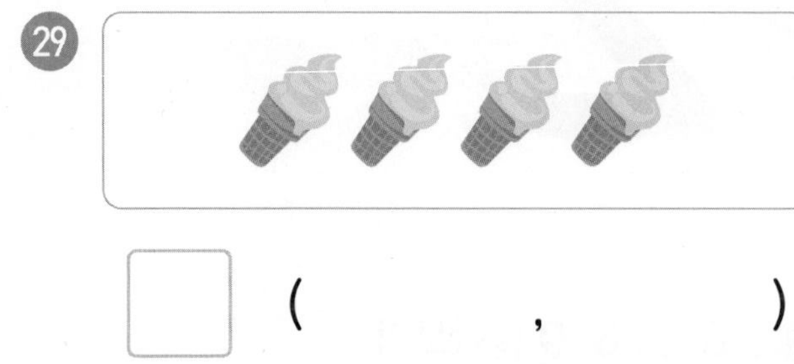

☐ (,)

26
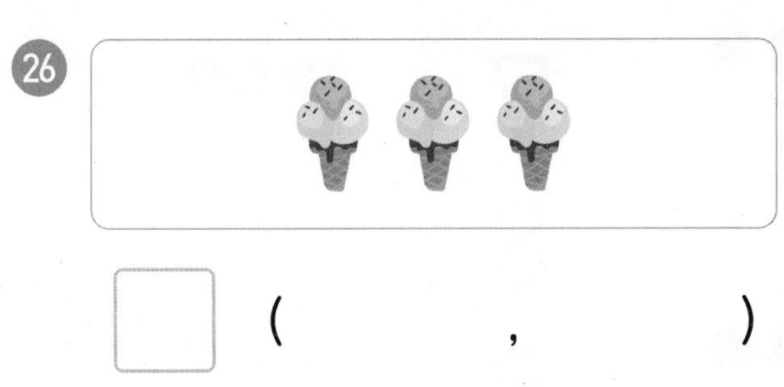

☐ (,)

30
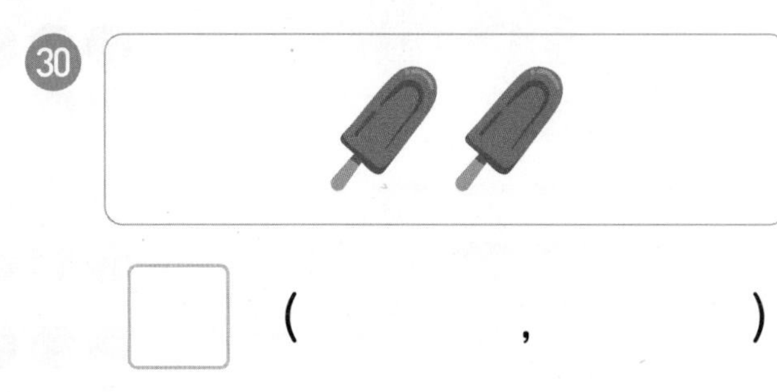

☐ (,)

27
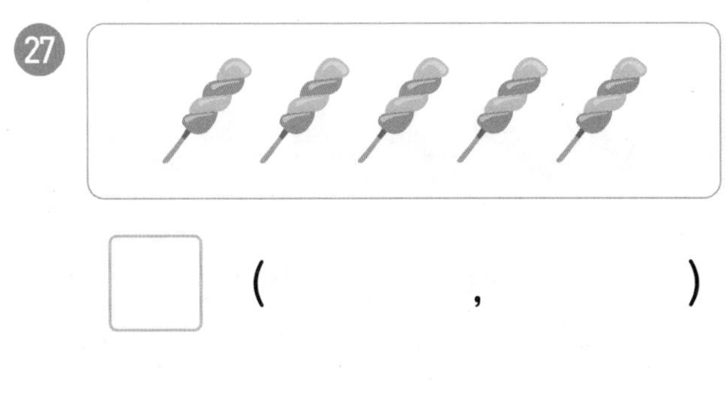

☐ (,)

31
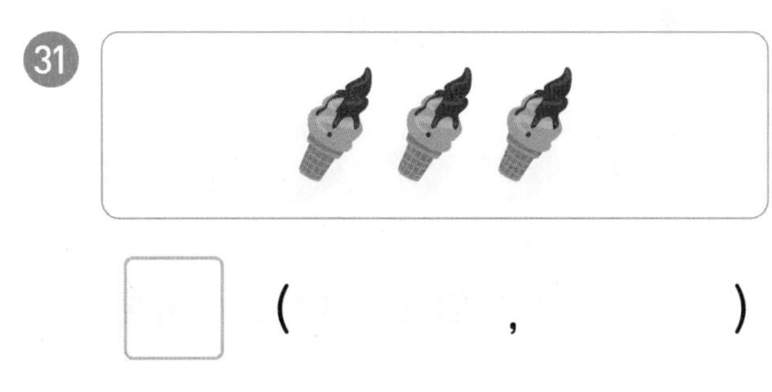

☐ (,)

28
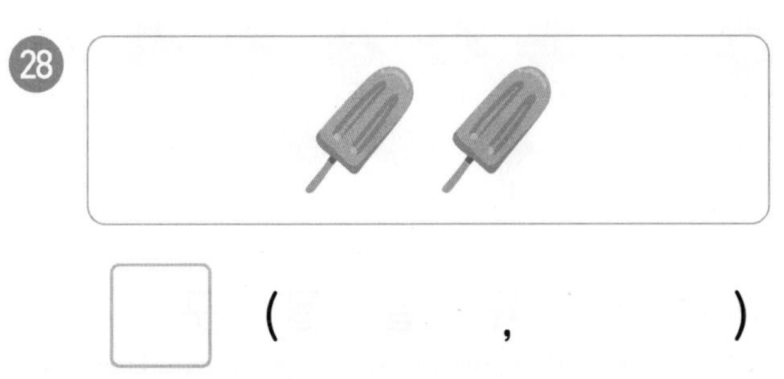

☐ (,)

32
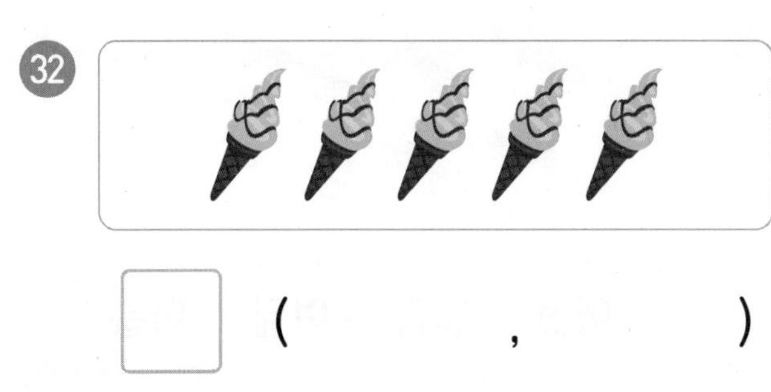

☐ (,)

6부터 9까지의 수

6, 7, 8, 9 알아보기

	●●●●● ●	6	여섯, 육
	●●●●● ●●	7	일곱, 칠
	●●●●● ●●●	8	여덟, 팔
	●●●●● ●●●●	9	아홉, 구

수를 세어 ◯표 하세요.

1 

여섯 일곱 여덟 아홉

2 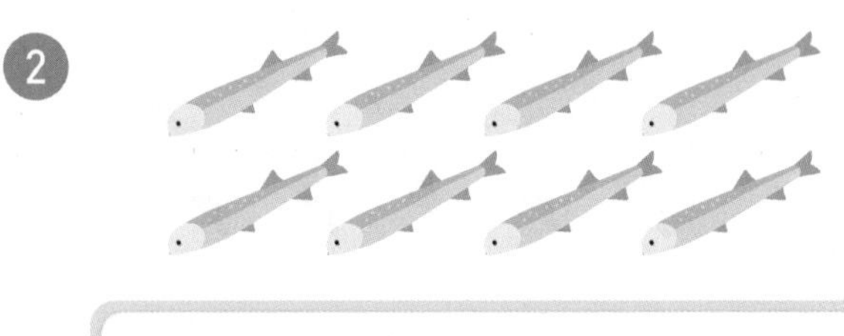

여섯 일곱 여덟 아홉

3 

육 칠 팔 구

4 

육 칠 팔 구

수만큼 ◯를 그려 보세요.

5
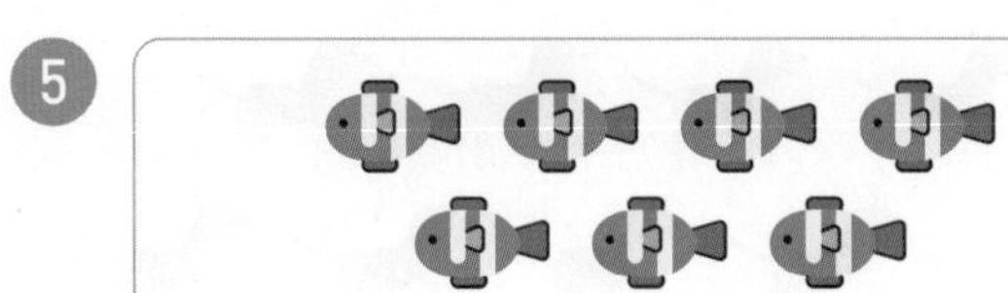
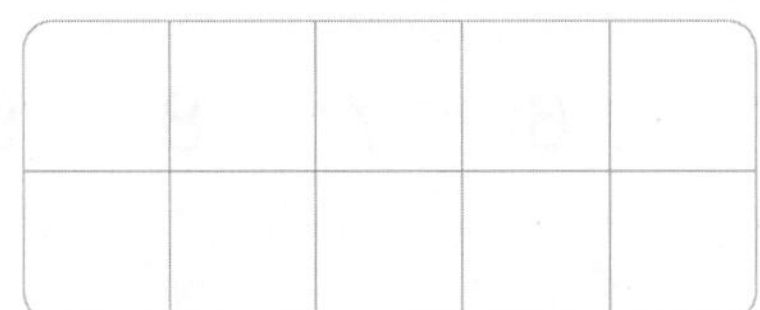

6
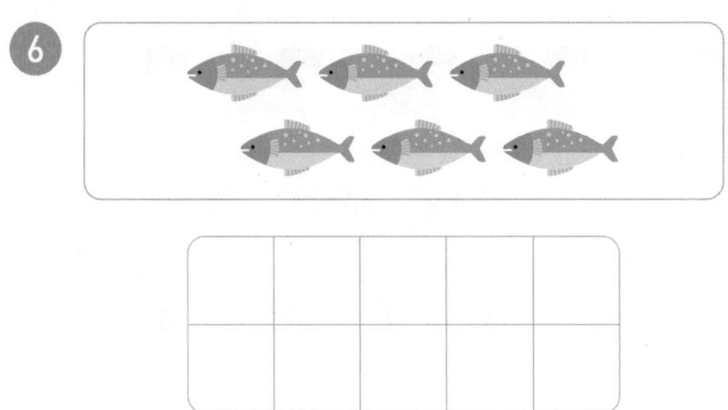

7
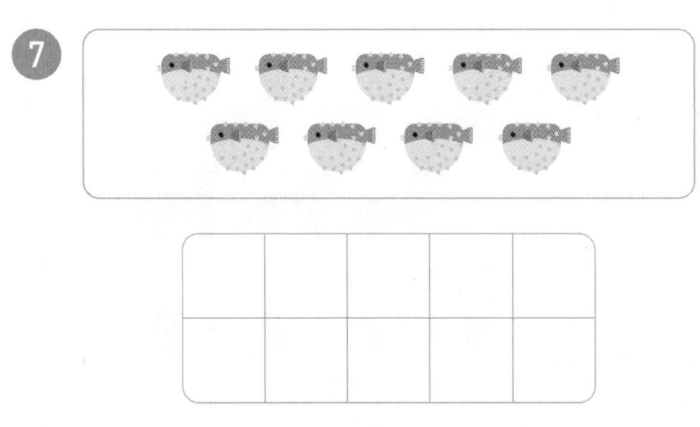

8
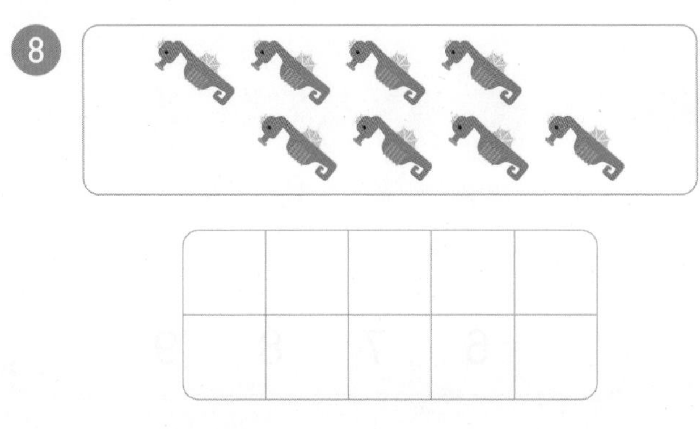

9
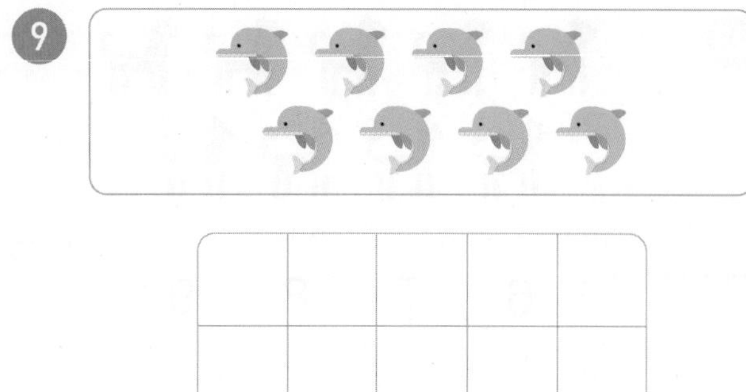

10
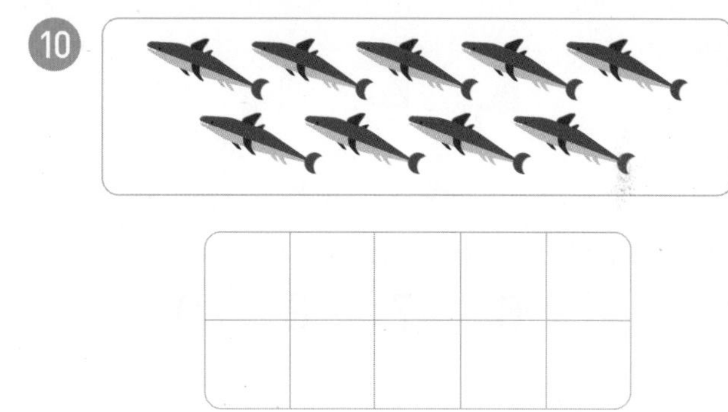

11
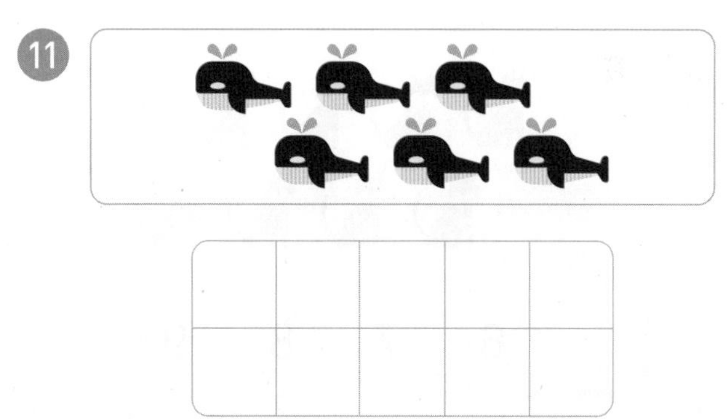

12
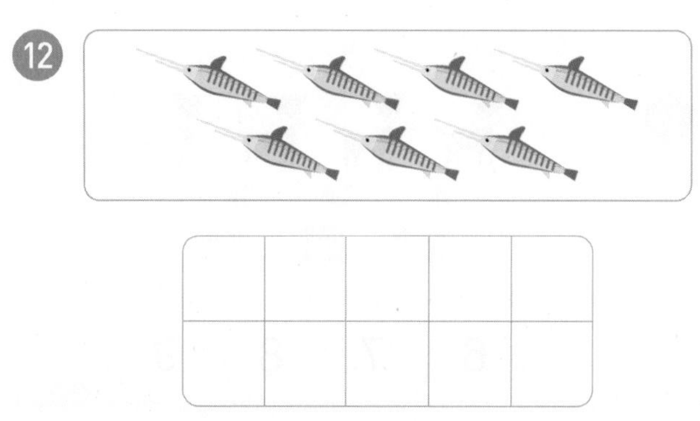

수를 세어 ◯표 하세요.

⑬

6	7	8	9

⑰

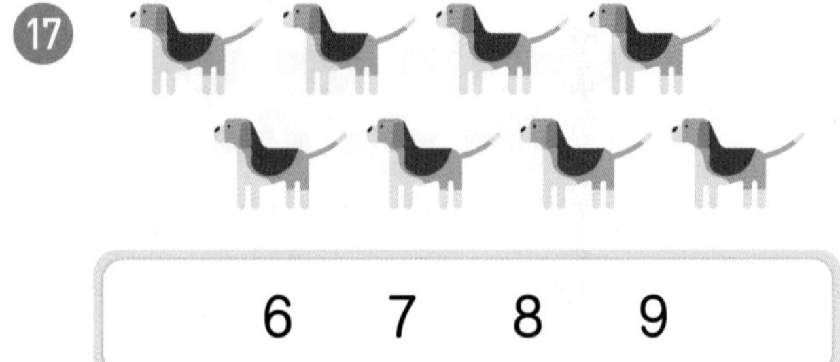

6	7	8	9

⑭

6	7	8	9

⑱

6	7	8	9

⑮

6	7	8	9

⑲

6	7	8	9

⑯

6	7	8	9

⑳

6	7	8	9

○ 수를 세어 □ 안에 알맞은 수를 써넣고, 그 수를 두 가지로 읽어 보세요.

21

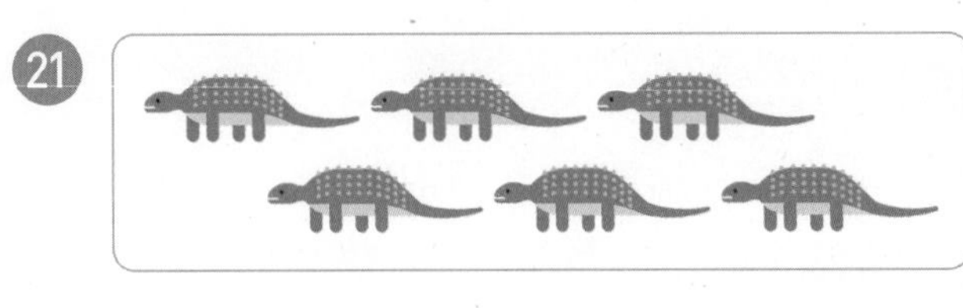

□ (,)

22

□ (,)

23

□ (,)

24

□ (,)

25

□ (,)

26

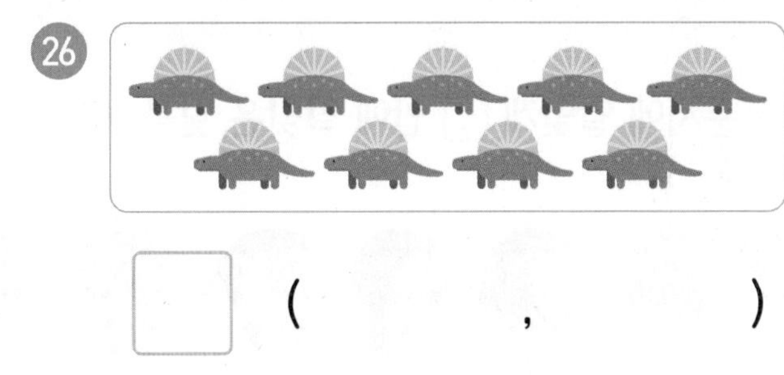

□ (,)

27

□ (,)

28

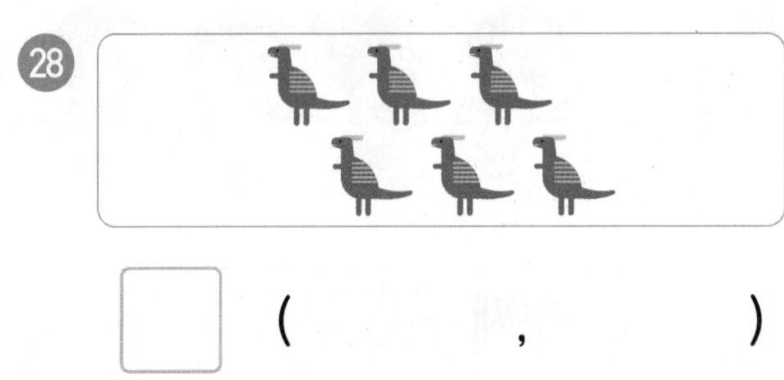

□ (,)

공부한 날짜 월 일

몇째

수의 순서를 나타낼 때는 '째'를 붙여 나타냅니다.

1	2	3	4	5	6	7	8	9
첫째	둘째	셋째	넷째	다섯째	여섯째	일곱째	여덟째	아홉째

순서에 알맞게 ▢ 안에 알맞은 말을 써넣으세요.

1

2

3

첫째

4

첫째

5

첫째

6

첫째

○ 순서에 알맞게 이어 보세요.

7

3 7 2 8

첫째

8

4 5 6 9

첫째

9

5 7 8 1

첫째

알맞게 색칠해 보세요.

10

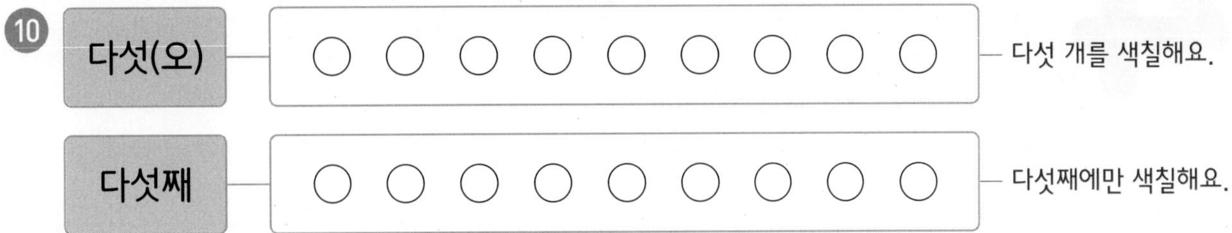

11

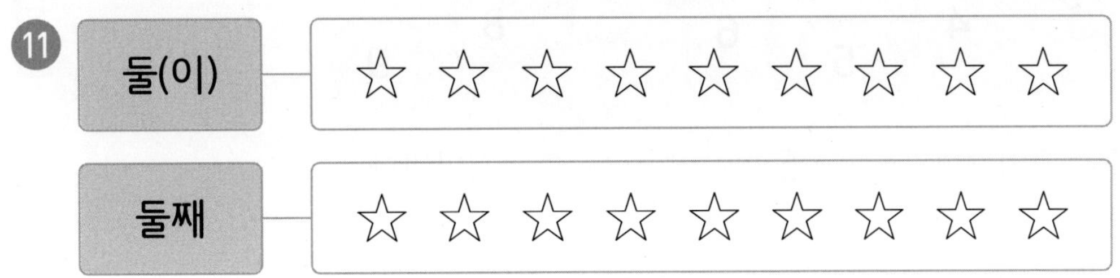

12

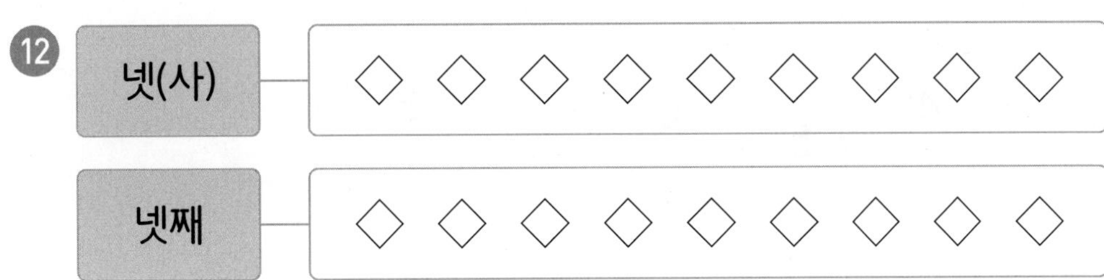

13

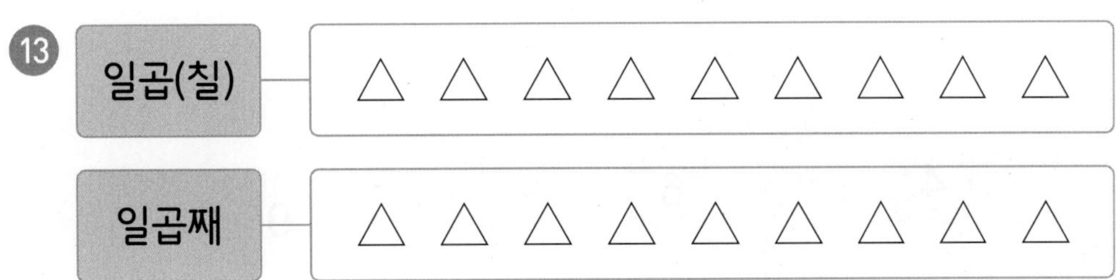

14

9까지의 수의 순서

1부터 9까지의 수를 순서대로 쓰면 다음과 같습니다.

- 1 다음에 오는 수는 2입니다.
- 5 다음에 오는 수는 6입니다.

순서에 알맞게 빈칸에 수를 써넣으세요.

1

2

3

4

5
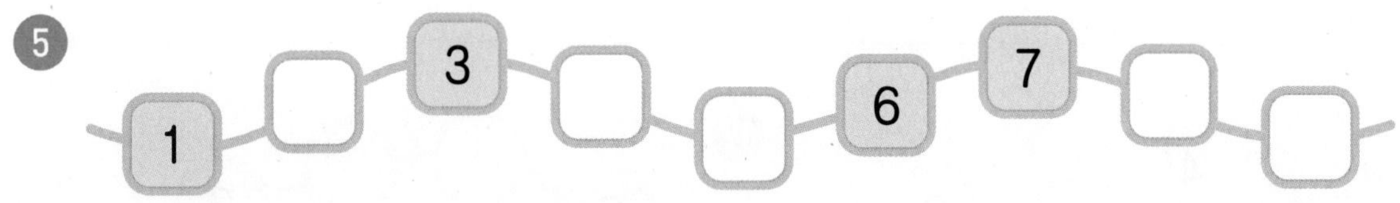

6

7

8

1 □ □ 4 □ □ 7 □ 9

9

1 □ 3 □ 5 □ □ 8 □

○ 순서에 알맞게 빈칸에 수를 써넣으세요.

⑩ 1, ( ), 3, ( ), 5

⑪ 2, ( ), 4, ( ), 6

⑫ 5, ( ), 7, ( ), 9

⑬ ( ), 5, ( ), 7, 8

⑭ ( ), 3, ( ), 5, 6

⑮ 3, ( ), 5, ( ), 7

⑯ 1, 2, ( ), ( ), ( )

⑰ 3, ( ), ( ), 6, ( )

⑱ ( ), ( ), 4, 5, ( )

⑲ 5, 6, ( ), ( ), ( )

⑳ ( ), 5, ( ), ( ), 8

㉑ 5, ( ), ( ), ( ), 9

순서에 알맞게 빈칸에 말을 써넣으세요.

22

23
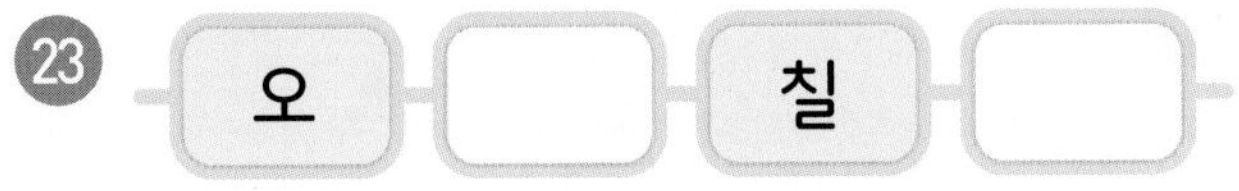

24

25
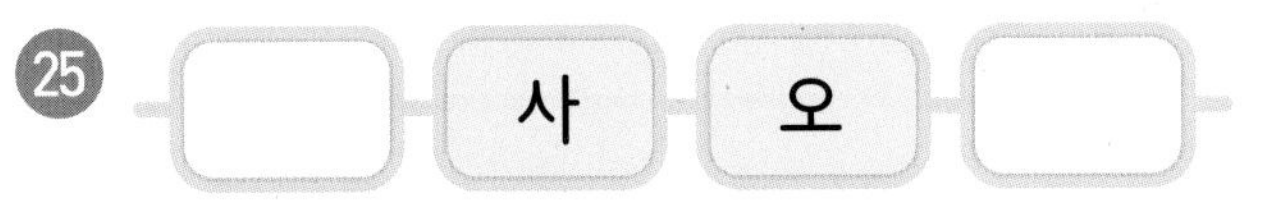

26 사 ☐ 육 ☐

27 육 ☐ 팔 ☐

28
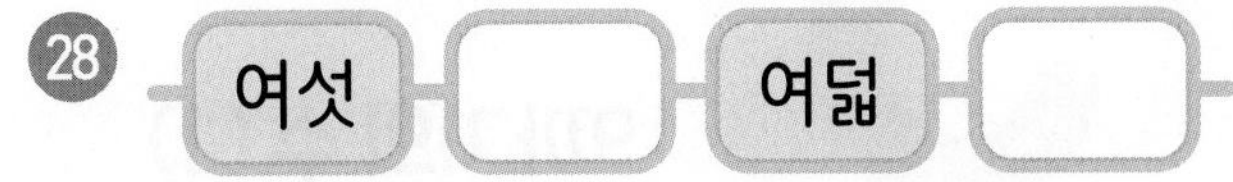

29
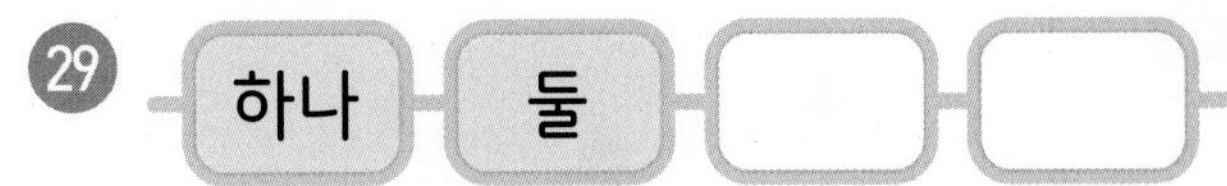

30

31

32

33

계산 Plus+

9까지의 수 (1)

○ 모양별로 수를 세어 ▢ 안에 알맞은 수를 써넣으세요.

1
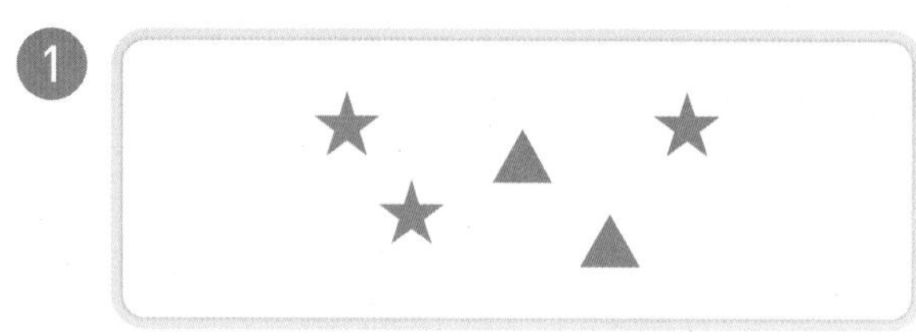

▲: ▢, ★: ▢

4
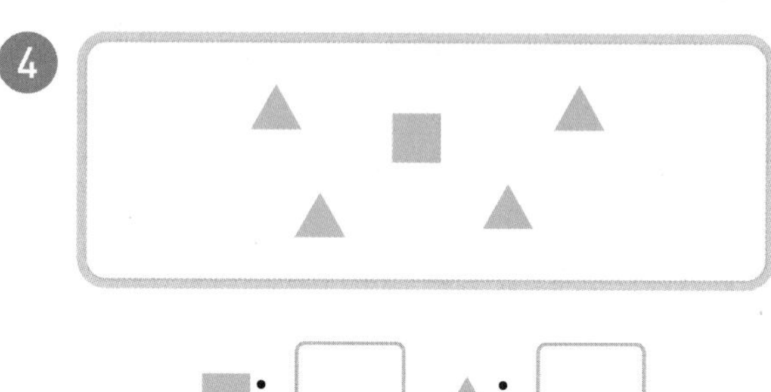

■: ▢, ▲: ▢

2
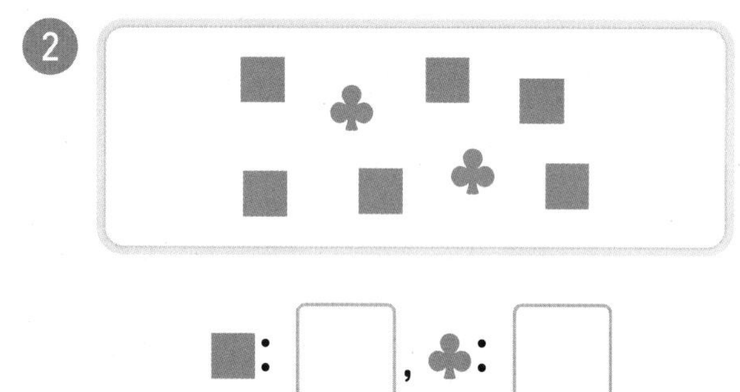
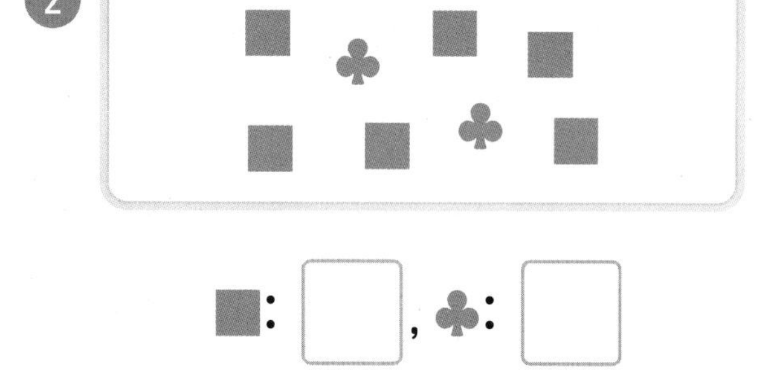

■: ▢, ♣: ▢

5
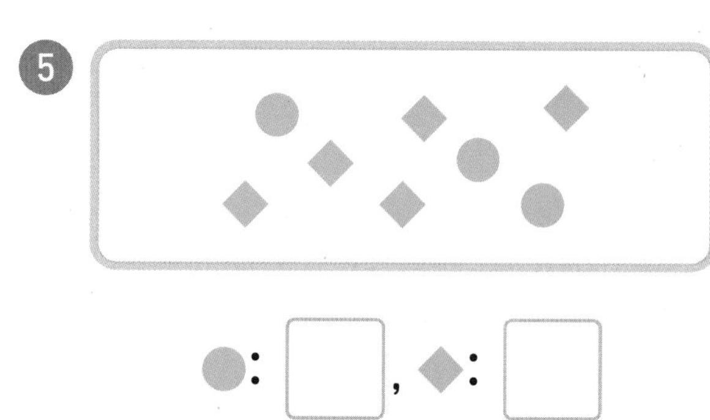

●: ▢, ◆: ▢

3

♥: ▢, ●: ▢

6

♠: ▢, ★: ▢

순서를 거꾸로 하여 빈칸에 알맞은 수를 써넣으세요.

7 

8 8 - □ - □ - 5 - 4

9 □ - 6 - 5 - □ - 3

10 □ - 8 - □ - 6 - 5

11 5 - 4 - 3 - □ - □

12 □ - 5 - 4 - 3 - □

13 

14 

15 

16 

17 

18 □ - 4 - □ - 2 - 1

● 수를 세어 ☐ 안에 알맞은 수를 써넣고, 그 수를 두 가지로 읽어 보세요.

1부터 9까지의 수를 순서대로 이어 그림을 완성해 보세요.

1만큼 더 큰 수, 1만큼 더 작은 수 / 0

1만큼 더 큰 수, 1만큼 더 작은 수

- **1만큼 더 큰 수**는 **바로 뒤의 수**입니다.
- **1만큼 더 작은 수**는 **바로 앞의 수**입니다.

0 알아보기

아무것도 없는 것 → 쓰기 ①0 읽기 영

그림을 보고 알맞은 수만큼 ○를 그리고 ○ 안에 알맞은 수를 써넣으세요.

1

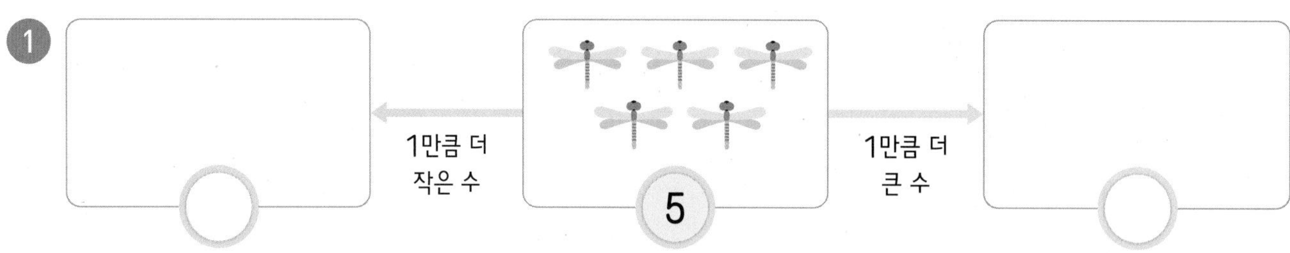

2

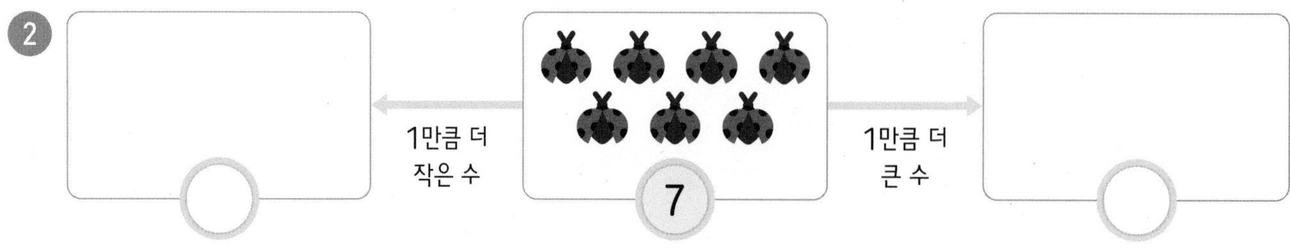

빈칸에 알맞은 수를 써넣으세요.

3
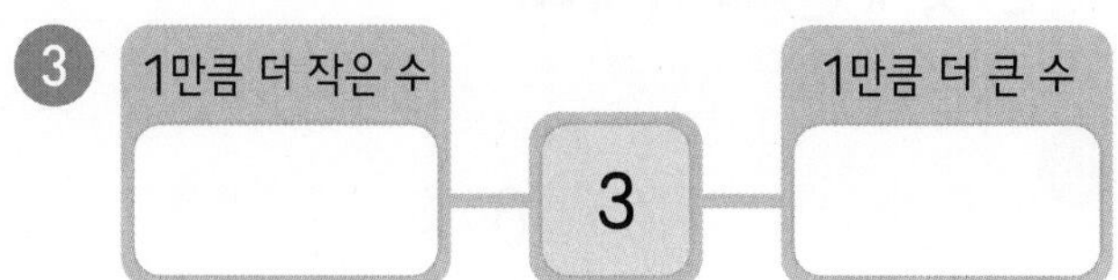

7
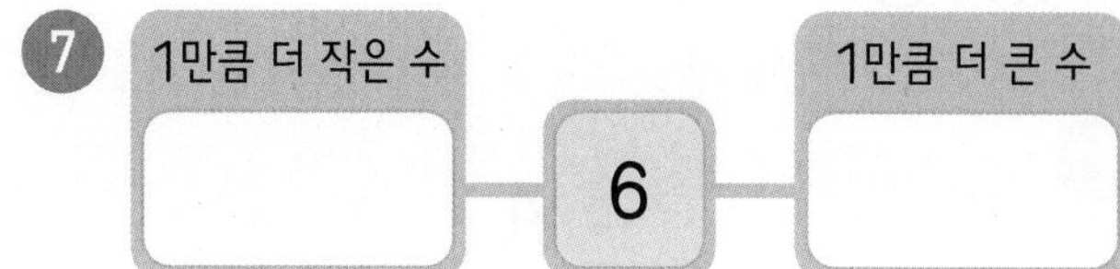

4
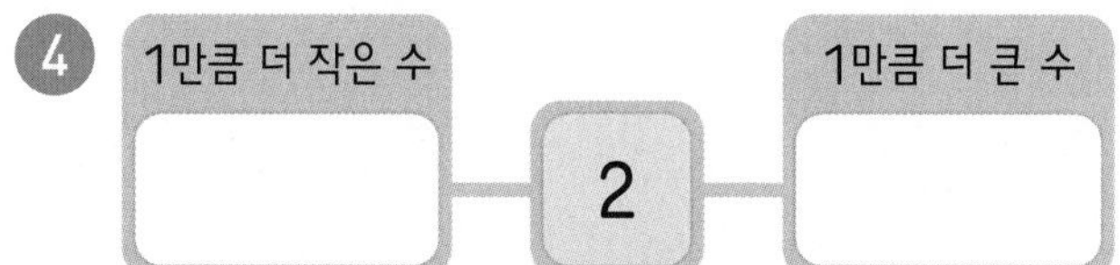

8

5
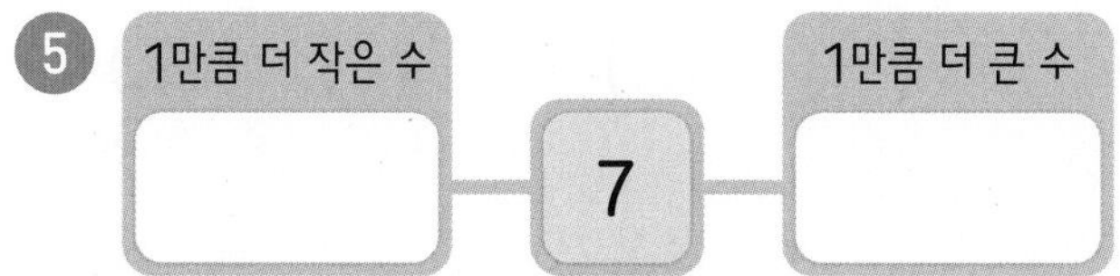

9
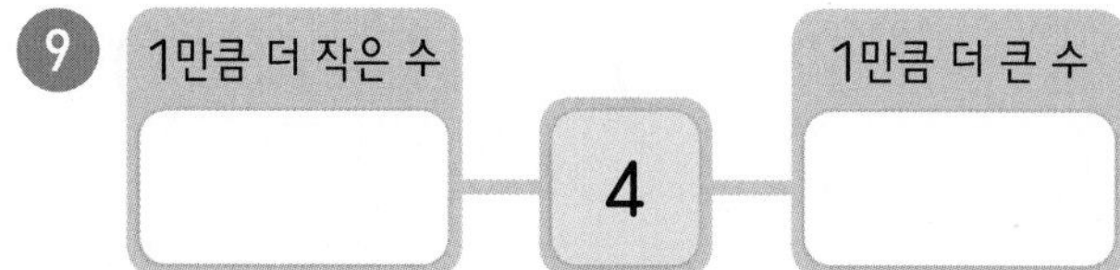

6
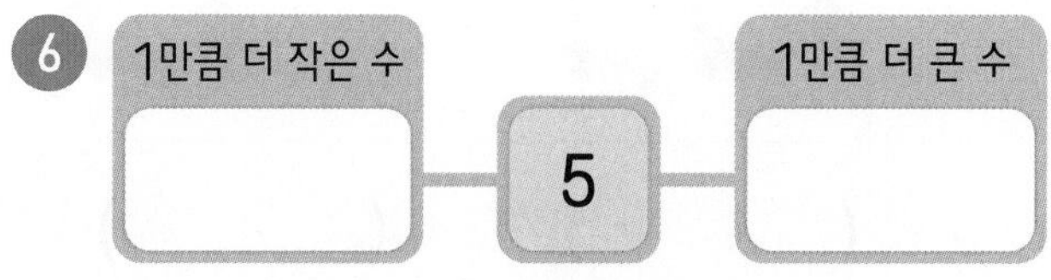

10
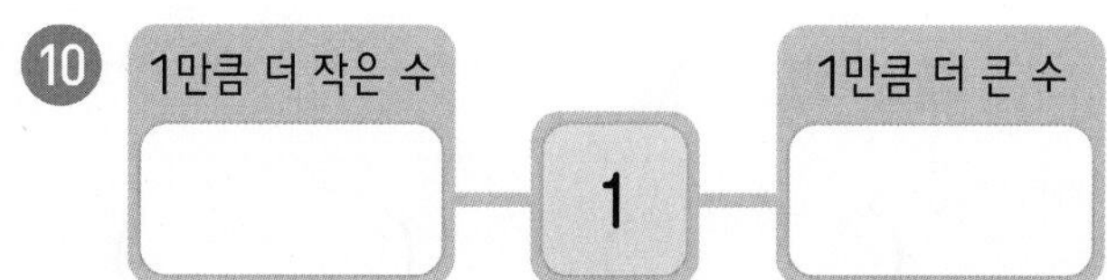

○ 주어진 수보다 1만큼 더 큰 수를 나타내는 것에 ◯표 하세요.

11

4

( ) ( )

12

3

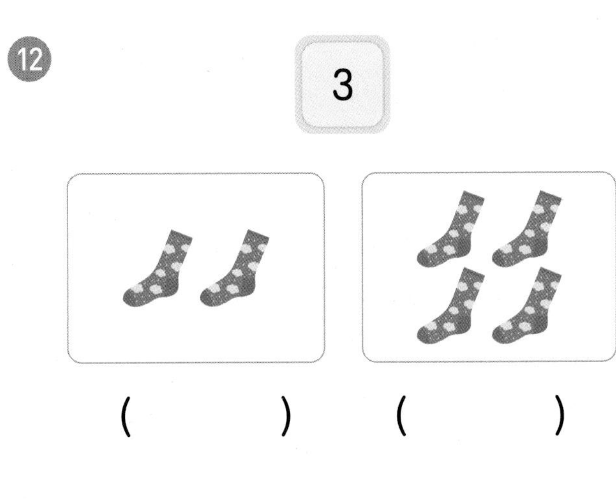

( ) ( )

13

8

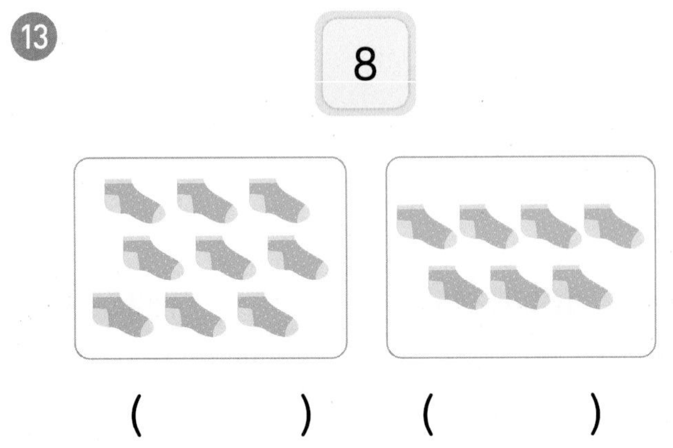

( ) ( )

○ 주어진 수보다 1만큼 더 작은 수를 나타내는 것에 ◯표 하세요.

14

6

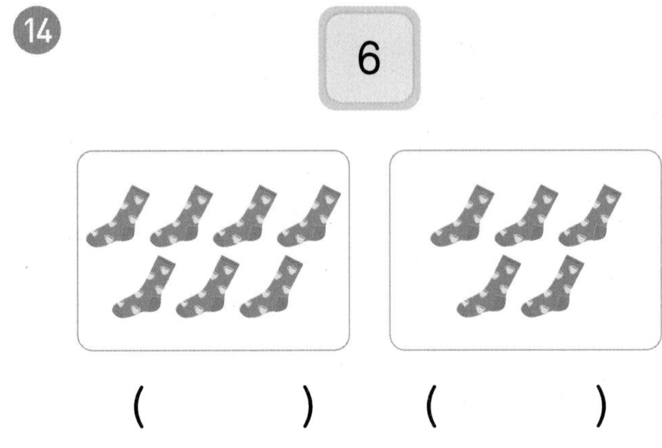

( ) ( )

15

7

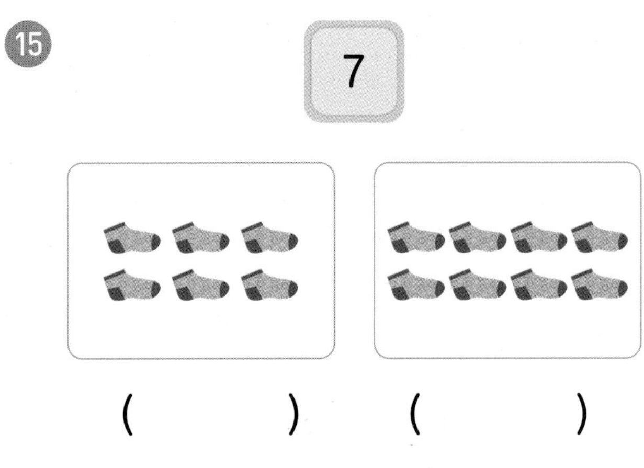

( ) ( )

16

5

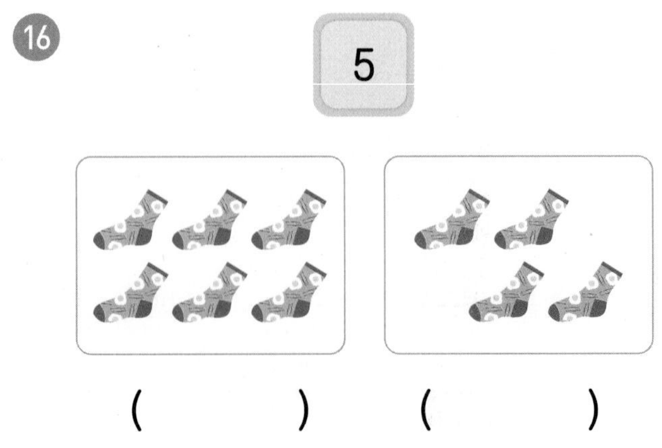

( ) ( )

◎ ☐ 안에 알맞은 수를 써넣으세요.

⑰ 1보다 1만큼 더 큰 수는 ☐ 입니다.

⑱ 3보다 1만큼 더 큰 수는 ☐ 입니다.

⑲ 5보다 1만큼 더 큰 수는 ☐ 입니다.

⑳ 2보다 1만큼 더 큰 수는 ☐ 입니다.

㉑ 6보다 1만큼 더 큰 수는 ☐ 입니다.

㉒ 8보다 1만큼 더 큰 수는 ☐ 입니다.

㉓ 2보다 1만큼 더 작은 수는 ☐ 입니다.

㉔ 4보다 1만큼 더 작은 수는 ☐ 입니다.

㉕ 3보다 1만큼 더 작은 수는 ☐ 입니다.

㉖ 8보다 1만큼 더 작은 수는 ☐ 입니다.

㉗ 1보다 1만큼 더 작은 수는 ☐ 입니다.

㉘ 6보다 1만큼 더 작은 수는 ☐ 입니다.

9까지의 두 수의 크기 비교

5와 4의 크기 비교

- 닭은 병아리보다 **많습니다.** → 5는 4보다 **큽니다.**
- 병아리는 닭보다 **적습니다.** → 4는 5보다 **작습니다.**

그림을 보고 알맞은 말에 ○표 하세요.

1

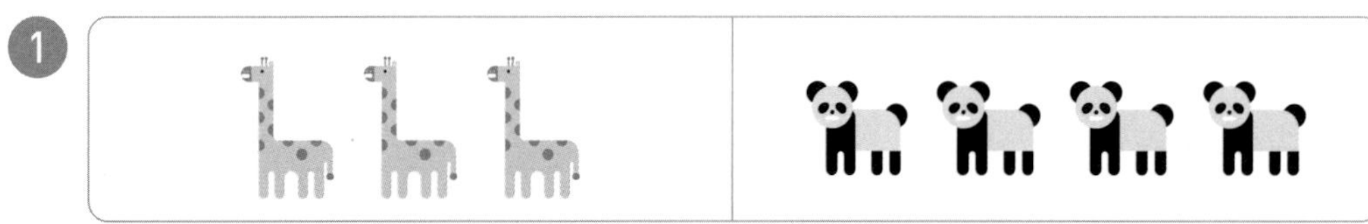

- 기린은 판다보다 (많습니다 , 적습니다).
- 3은 4보다 (큽니다 , 작습니다).

2

- 코뿔소는 코끼리보다 (많습니다 , 적습니다).
- 5는 2보다 (큽니다 , 작습니다).

• 사자는 곰보다 (많습니다 , 적습니다).
• 3은 5보다 (큽니다 , 작습니다).

• 거북은 호랑이보다 (많습니다 , 적습니다).
• 9는 7보다 (큽니다 , 작습니다).

• 돼지는 소보다 (많습니다 , 적습니다).
• 6은 8보다 (큽니다 , 작습니다).

• 말은 원숭이보다 (많습니다 , 적습니다).
• 7은 4보다 (큽니다 , 작습니다).

● 더 큰 수에 ◯표 하세요.

7 | 5 | 9

8 | 8 | 2

9 | 4 | 6

10 | 3 | 8

11 | 7 | 9

12 | 6 | 5

13 | 9 | 2

14 | 1 | 4

15 | 7 | 6

16 | 6 | 9

17 | 7 | 5

18 | 3 | 4

19 | 4 | 9

20 | 8 | 6

○ 더 작은 수에 △표 하세요.

㉑ | 3 | 1 |

㉒ | 5 | 2 |

㉓ | 4 | 8 |

㉔ | 7 | 6 |

㉕ | 2 | 4 |

㉖ | 8 | 9 |

㉗ | 3 | 6 |

㉘ | 7 | 4 |

㉙ | 3 | 9 |

㉚ | 1 | 6 |

㉛ | 4 | 3 |

㉜ | 6 | 8 |

㉝ | 2 | 7 |

㉞ | 8 | 5 |

08 9까지의 세 수의 크기 비교

2, 3, 5의 크기 비교

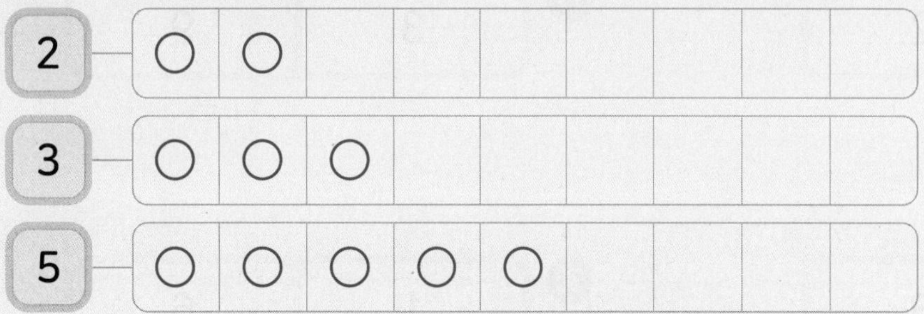

• 가장 큰 수는 5입니다. • 가장 작은 수는 2입니다.

알맞은 수만큼 ○를 그리고 □ 안에 수를 써넣으세요.

1

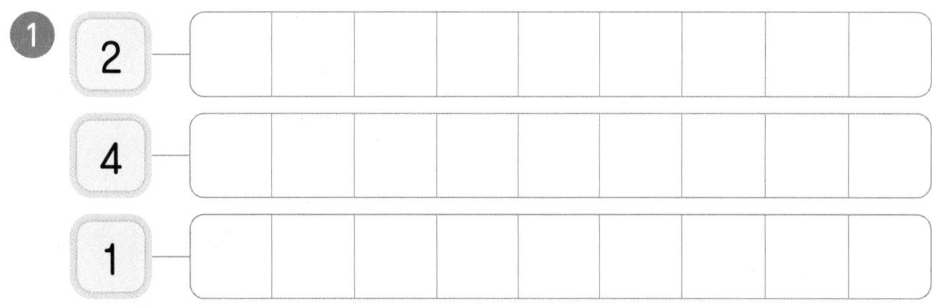

가장 큰 수는 □입니다.

2

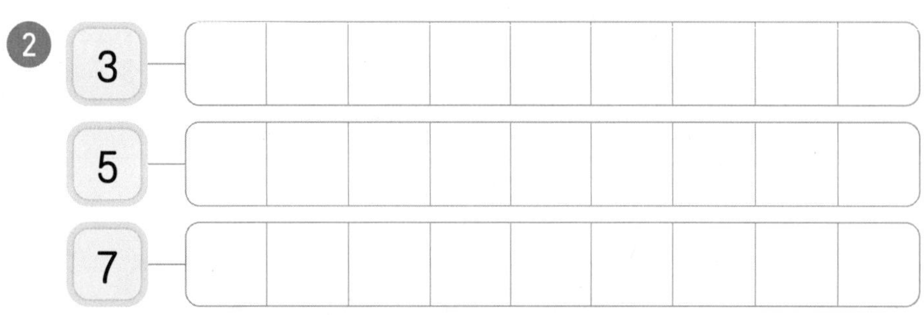

가장 작은 수는 □입니다.

3
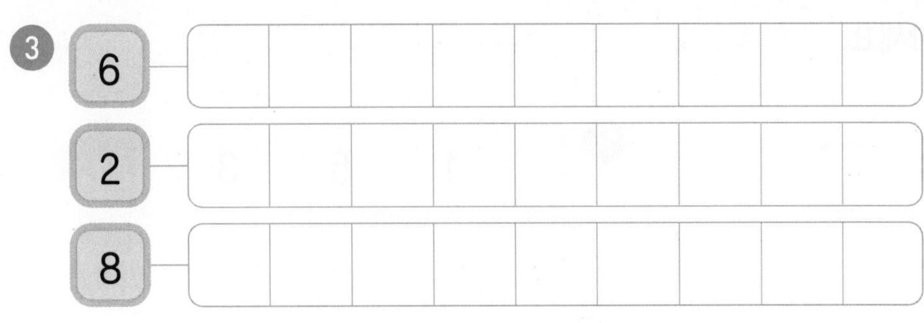

가장 큰 수는 ☐ 입니다.

4
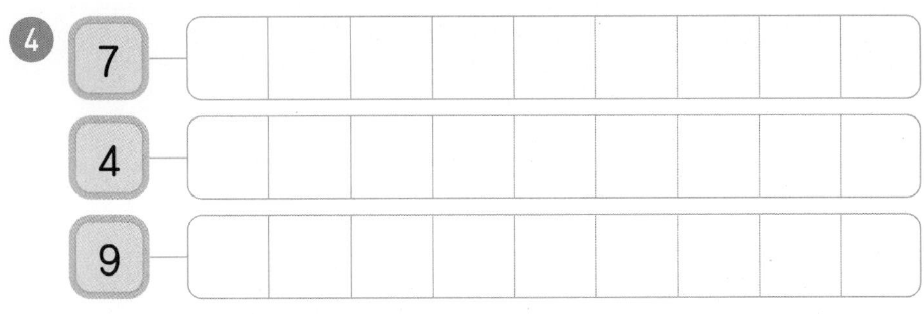

가장 작은 수는 ☐ 입니다.

5
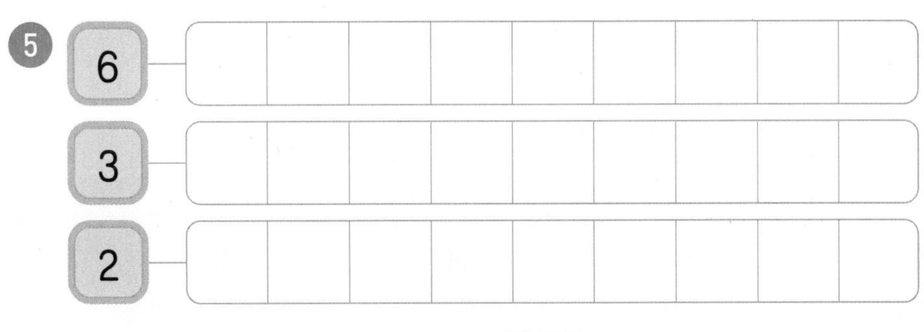

가장 큰 수는 ☐ 입니다.

6
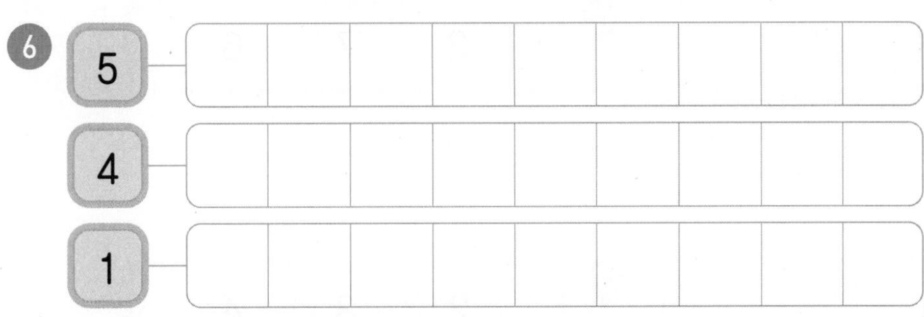

가장 작은 수는 ☐ 입니다.

가장 큰 수를 찾아 ◯표 하세요.

7 | 1 4 3

8 | 5 4 2

9 | 3 7 9

10 | 6 8 7

11 | 2 7 4

12 | 1 4 6

13 | 3 2 1

14 | 1 5 3

15 | 2 8 6

16 | 6 5 4

17 | 4 5 3

18 | 8 7 9

19 | 3 7 6

20 | 2 3 4

○ 가장 작은 수를 찾아 △표 하세요.

21 | 4 2 5

22 | 7 8 3

23 | 8 5 4

24 | 5 6 9

25 | 9 8 7

26 | 7 6 8

27 | 2 1 5

28 | 3 1 2

29 | 2 3 6

30 | 7 5 6

31 | 9 3 5

32 | 8 6 9

33 | 6 4 7

34 | 3 7 4

계산 Plus+

9까지의 수 (2)

○ 왼쪽의 수보다 1만큼 더 큰 수에 ○표, 1만큼 더 작은 수에 △표 하세요.

① 3 — 2 4 5

② 5 — 6 8 4

③ 6 — 4 7 5

④ 2 — 6 1 3

⑤ 1 — 2 3 0

⑥ 4 — 2 5 3

⑦ 7 — 5 8 6

⑧ 8 — 9 1 7

⑨ 6 — 5 7 3

⑩ 5 — 6 4 2

가장 큰 수에 ○표, 가장 작은 수에 △표 하세요.

⑪ 8 6 5

⑫ 6 7 4

⑬ 5 3 2

⑭ 1 5 6

⑮ 7 9 6

⑯ 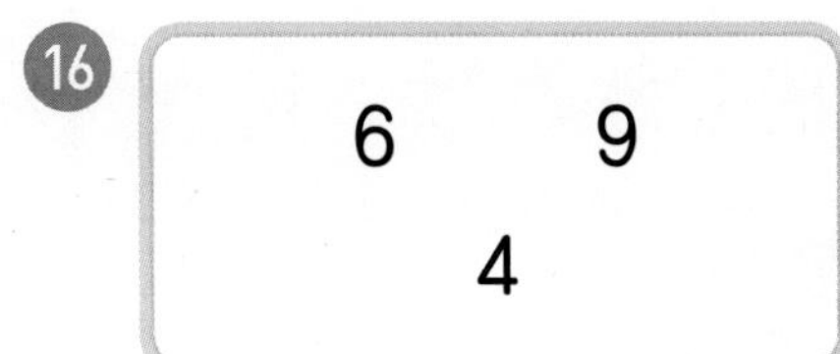

⑰ 4 0 6

⑱ 8 5 3

⑲ 7 8 9

⑳ 5 2 1

더 큰 수를 따라가서 만나는 꽃에 물을 주려고 합니다. 물을 줄 수 있는 꽃을 찾아 ◯표 하세요.

2 7 5 3 9 6 4 8

더 큰 수 쪽으로 입이 벌어지도록 ⟨ 또는 ⟩를 그려 넣으세요.

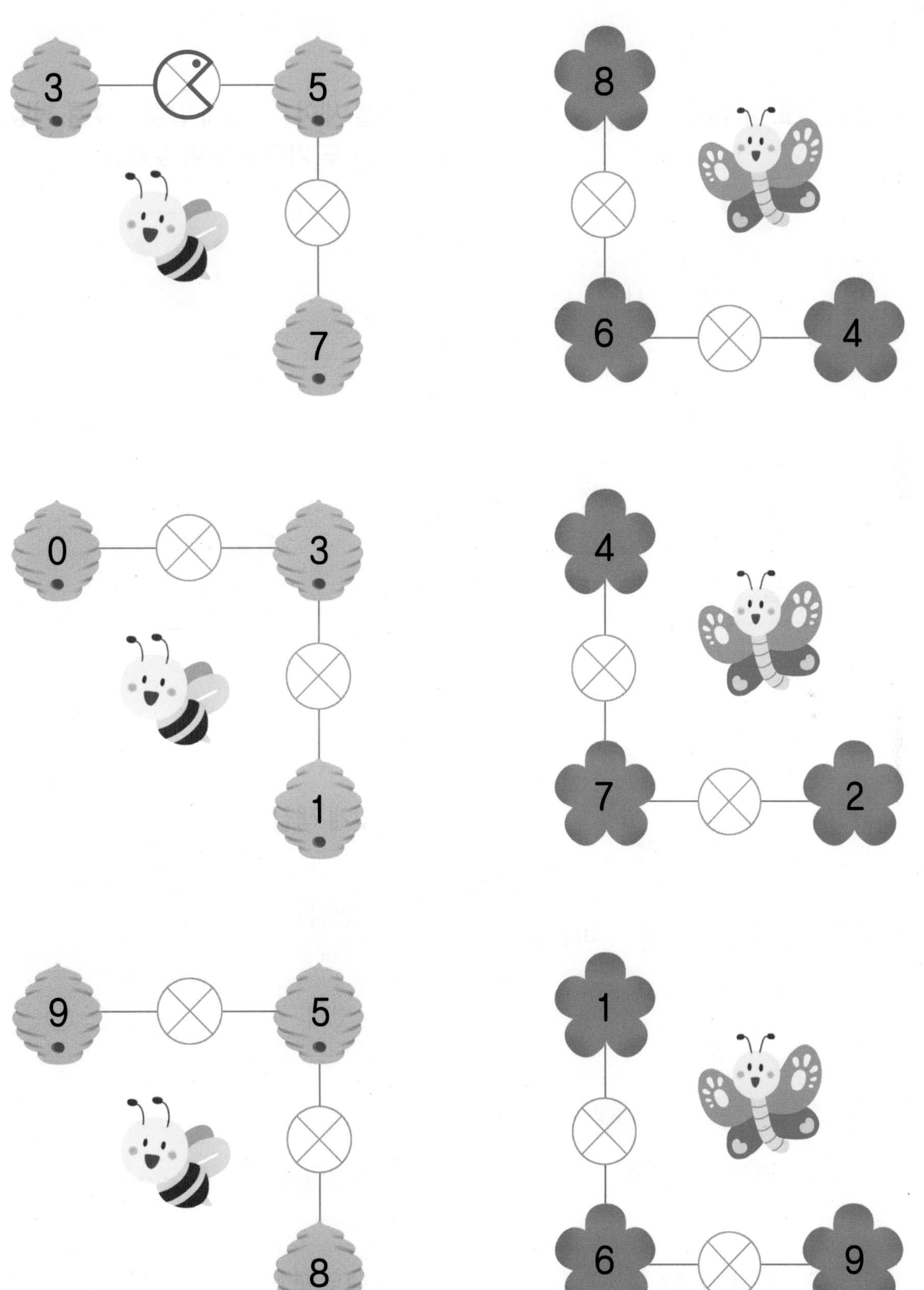

10 9까지의 수 평가

공부한 날짜 월 일

수를 세어 ◯표 하세요.

1

일 이 삼 사 오

2

하나 둘 셋 넷 다섯

3

여섯 일곱 여덟 아홉

4

육 칠 팔 구

수를 세어 ☐ 안에 알맞은 수를 써넣고, 그 수를 두 가지로 읽어 보세요.

5

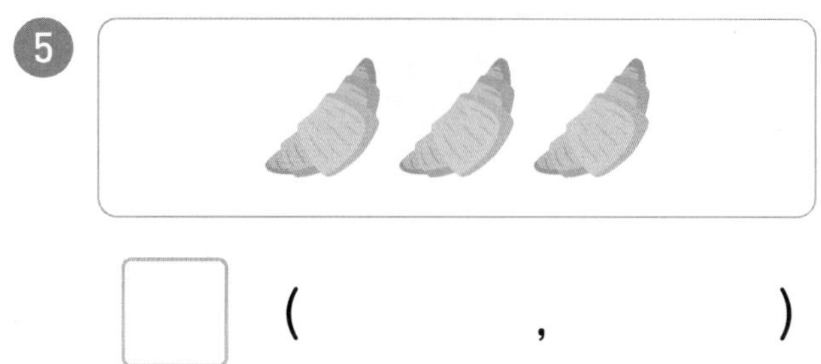

☐ (,)

6

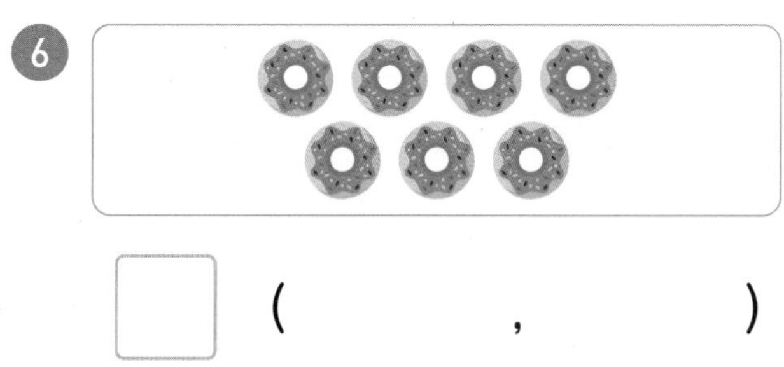

☐ (,)

알맞게 색칠해 보세요.

7

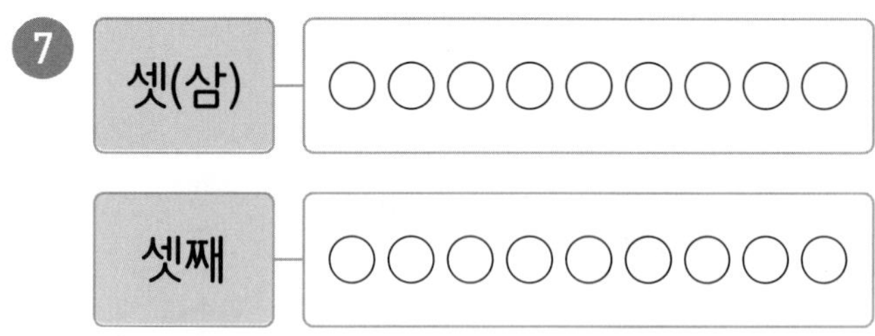

셋(삼) ○○○○○○○○○

셋째 ○○○○○○○○○

8

여덟(팔) ☆☆☆☆☆☆☆☆☆

여덟째 ☆☆☆☆☆☆☆☆☆

순서에 알맞게 빈칸에 수를 써넣으세요.

9

10
6
8
9

11
2
3
5

빈칸에 알맞은 수를 써넣으세요.

12
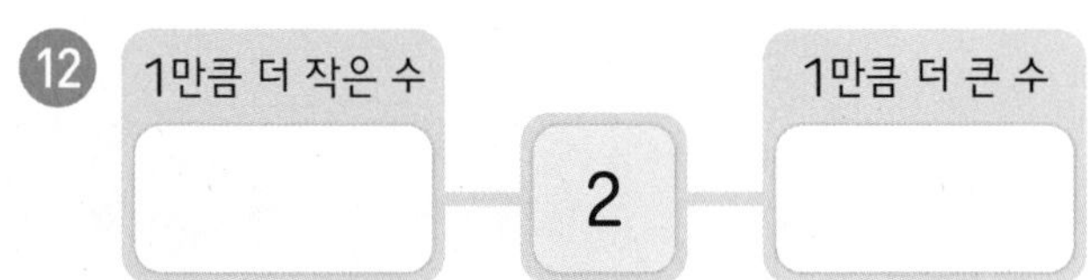

13
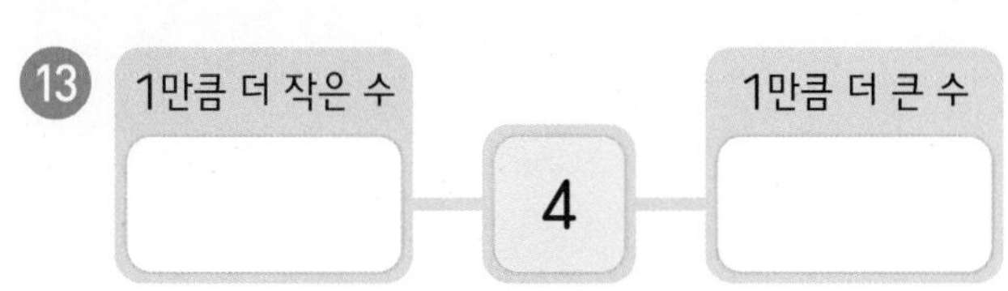

14
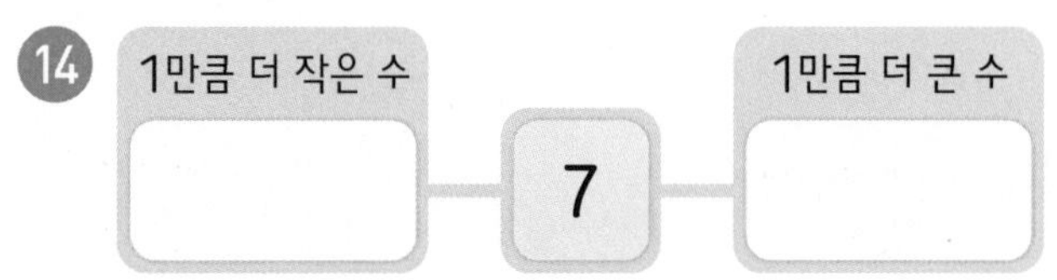

더 큰 수에 ○표 하세요.

15
5	8

16
7	6

더 작은 수에 △표 하세요.

17
3	5

18
9	4

가장 큰 수를 찾아 ○표 하세요.

19
2 5 6

20
9 7 1

모으기와 가르기 훈련을 통해 **수 감각**을 기르는 것이 중요한

2 9까지의 수를 모으기와 가르기

11 그림을 이용하여 9까지의 수 모으기

12 9까지의 수 모으기

13 그림을 이용하여 9까지의 수 가르기

14 9까지의 수 가르기

15 계산 Plus+

16 9까지의 수를 모으기와 가르기 평가

11 그림을 이용하여 9까지의 수 모으기

두 수를 모아 3 만들기

가지 2개와 1개를 모으면 3개가 됩니다.

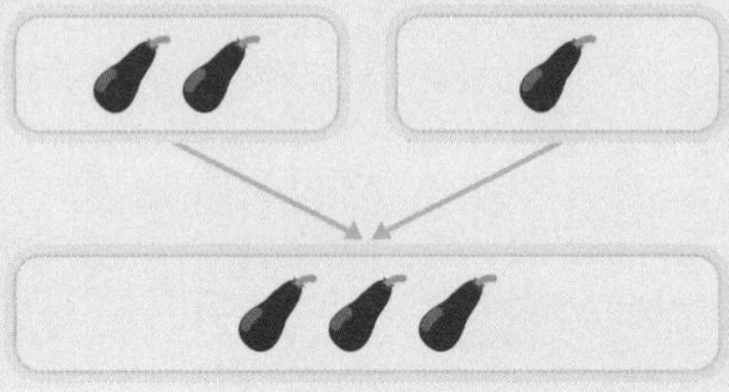

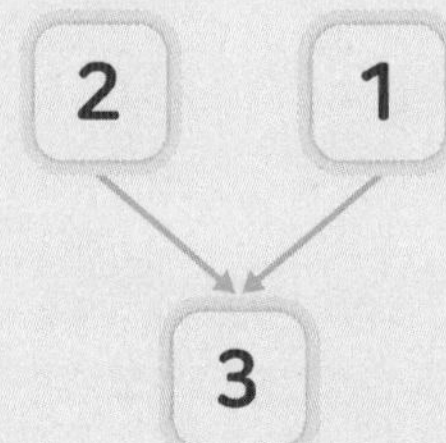

모으기를 해 보세요.

1
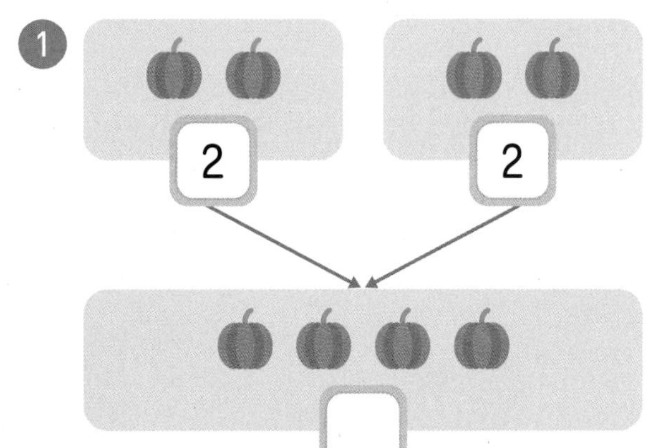

2
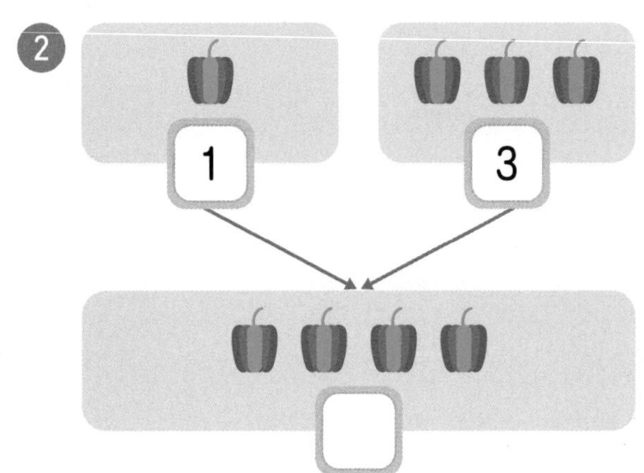

3
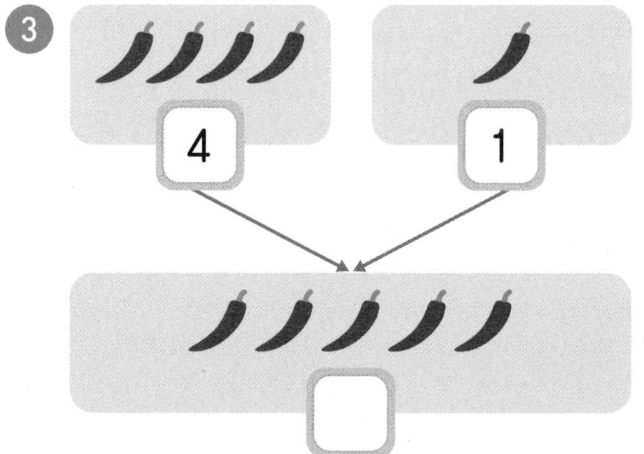

4
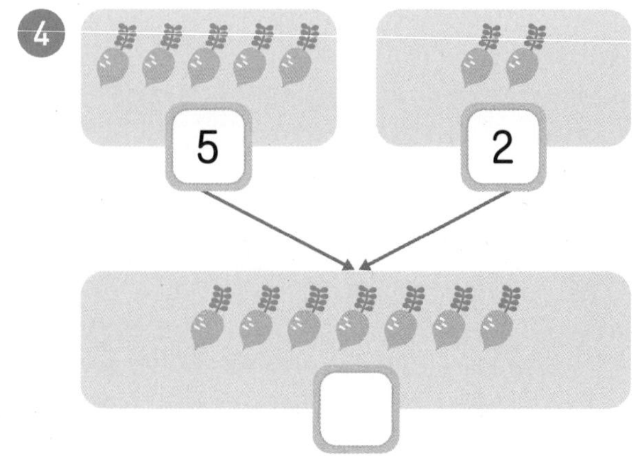

5
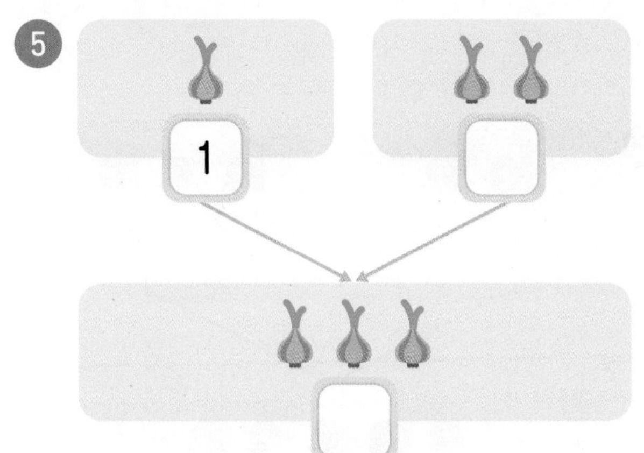

8
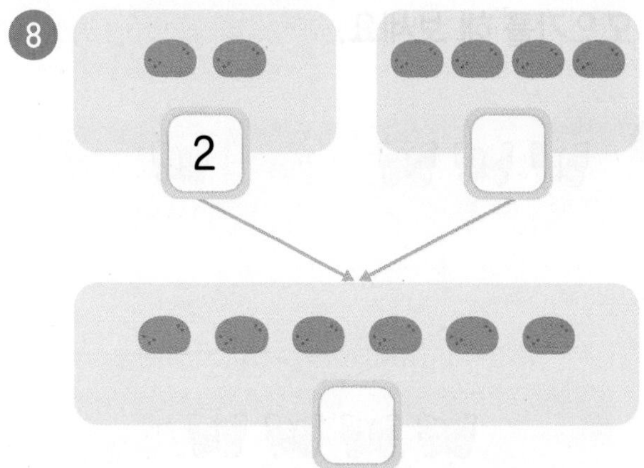

6
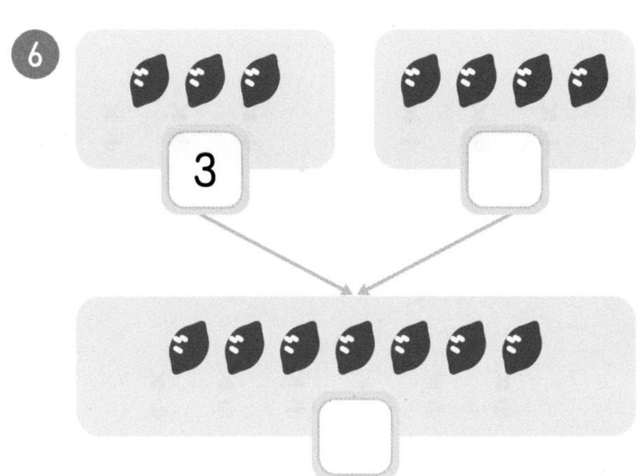

9
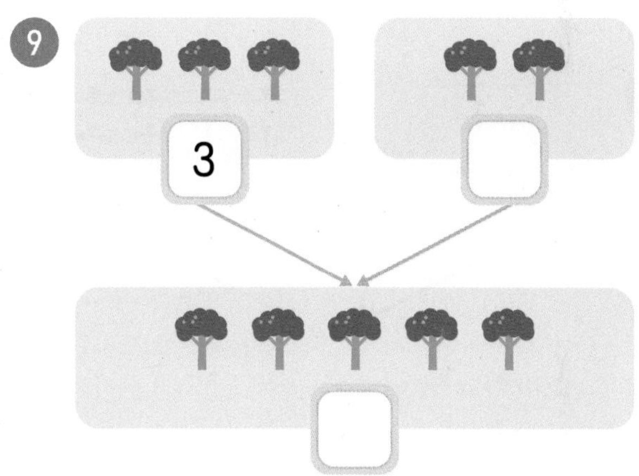

7
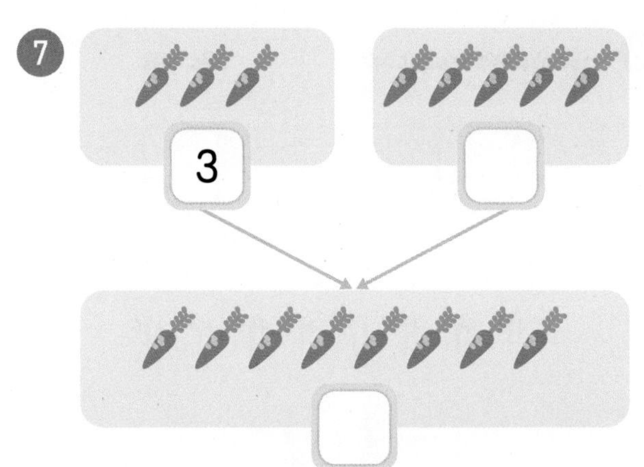

10
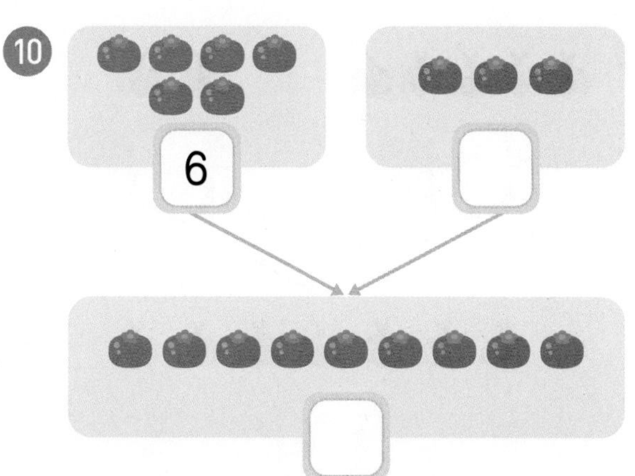

모으기를 해 보세요.

11
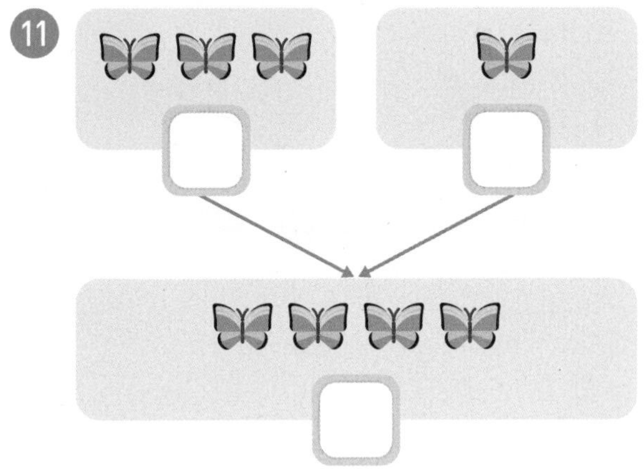

14
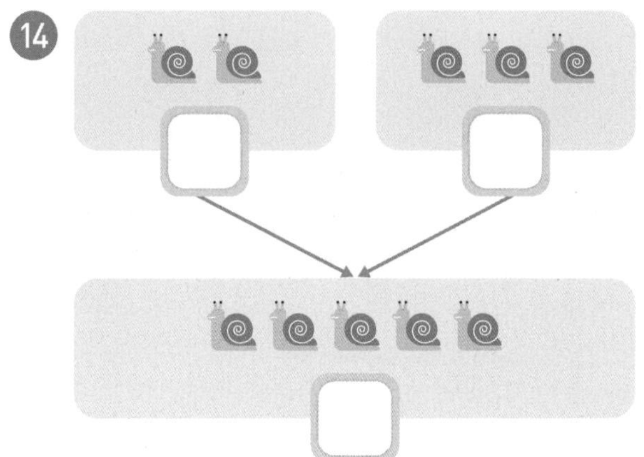

12
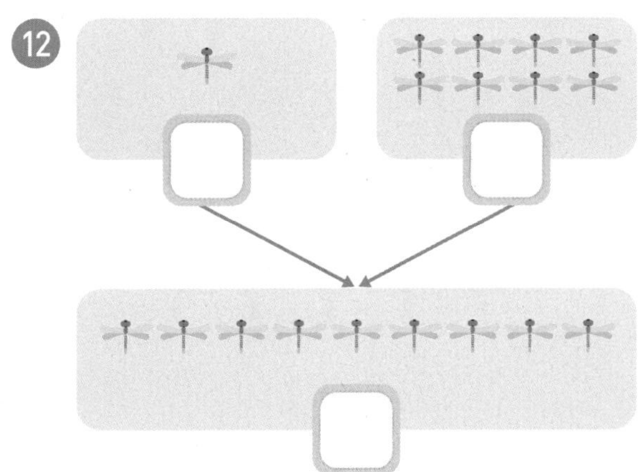

15
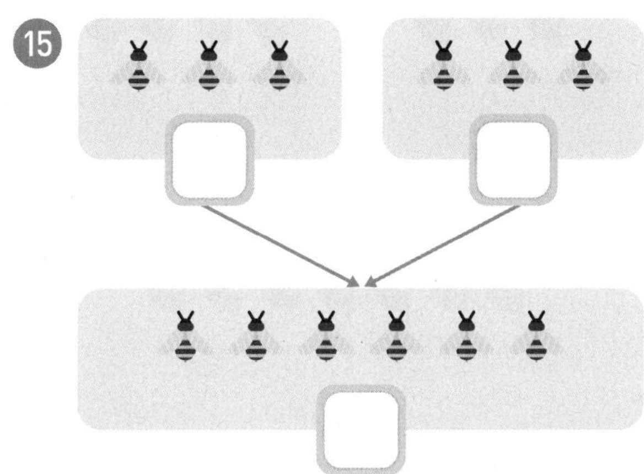

13
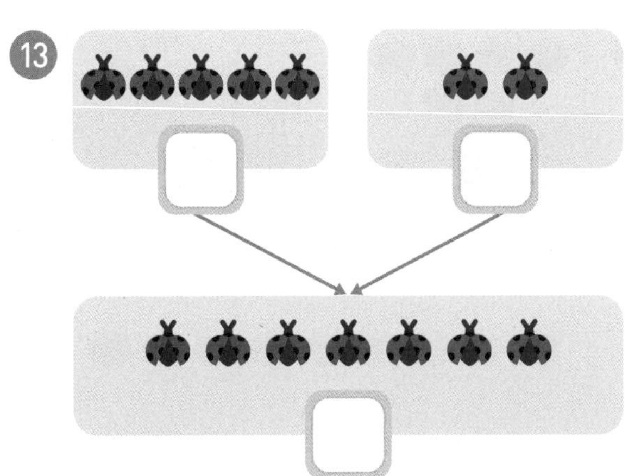

16
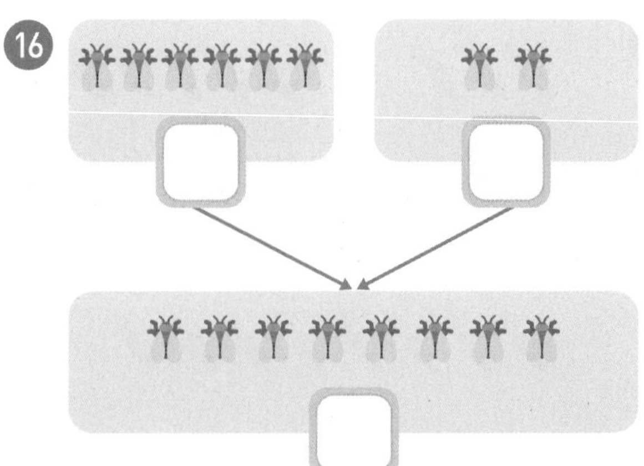

그림을 보고 알맞은 수만큼 ◯를 그리고 모으기를 해 보세요.

17
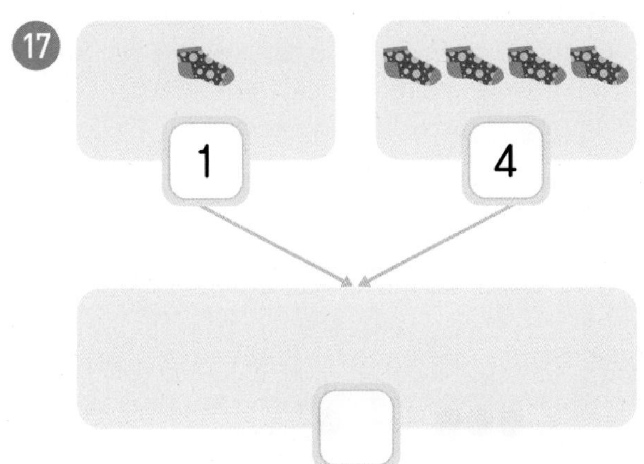

20
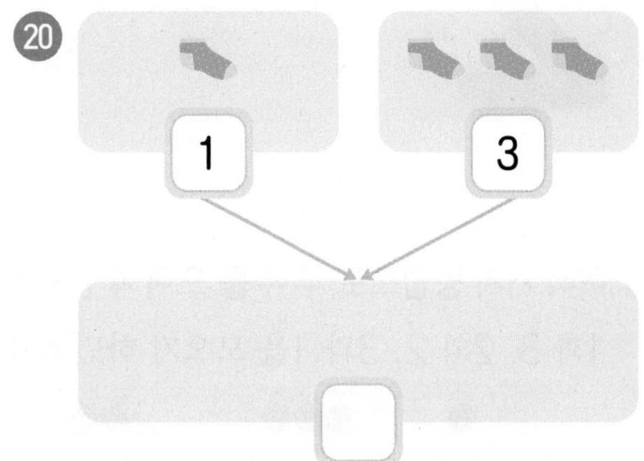

18
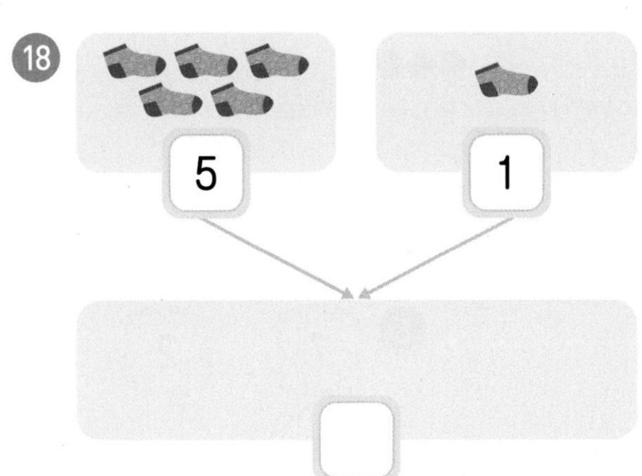

21
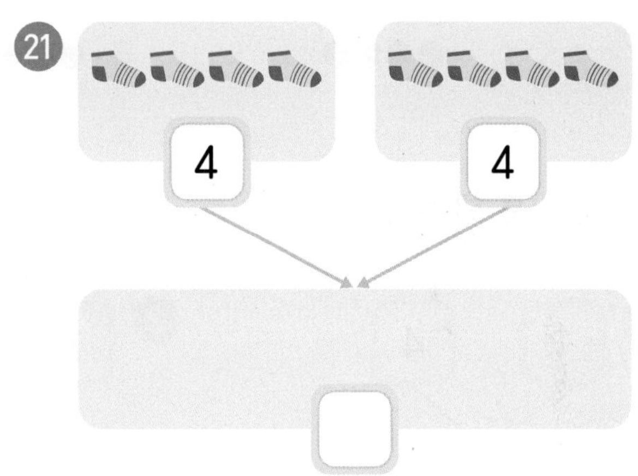

19
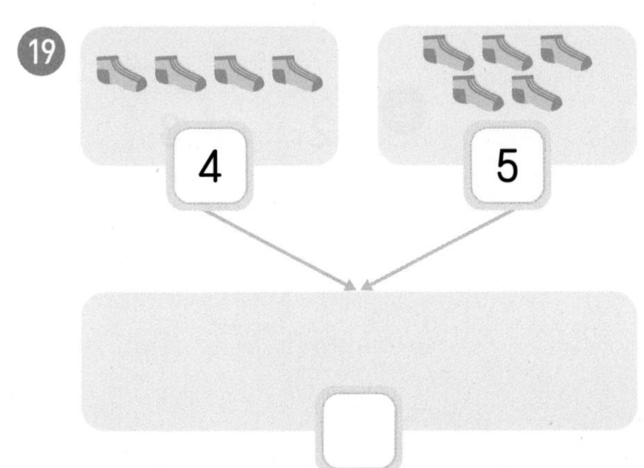

22
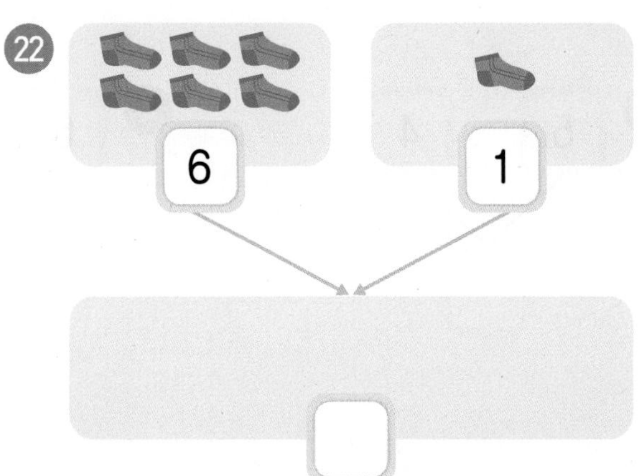

12 9까지의 수 모으기

여러 가지 방법으로 두 수를 모아 4 만들기

1과 3, 2와 2, 3과 1을 모으기 하면 4가 됩니다.

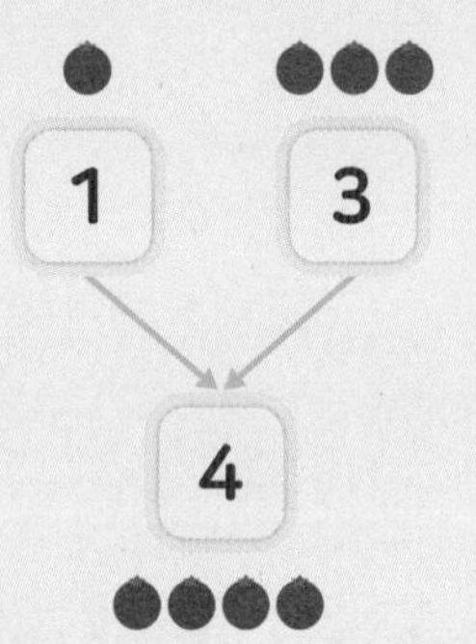

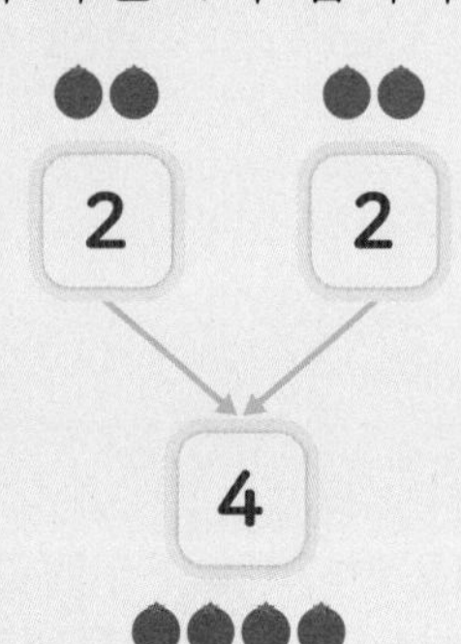

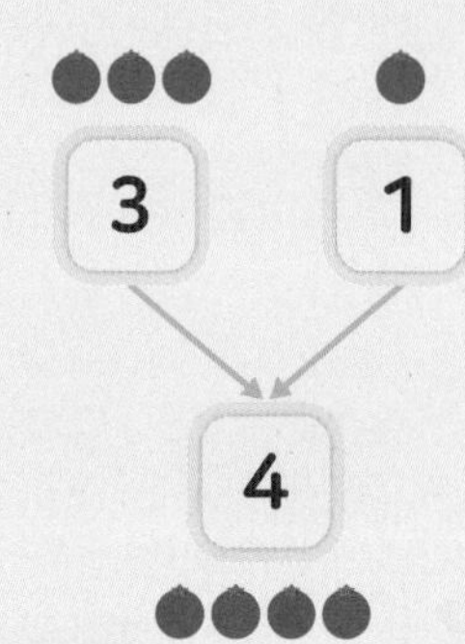

모으기를 해 보세요.

1 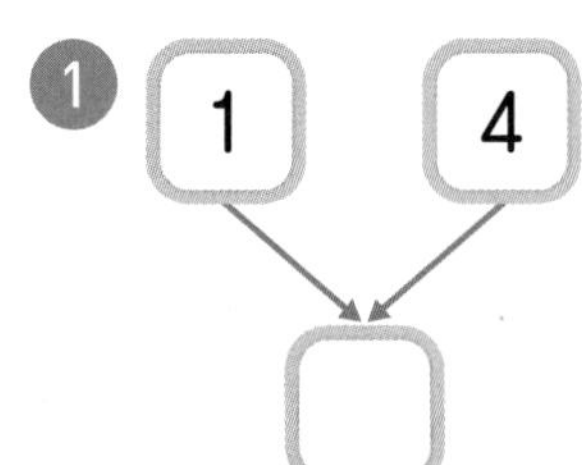

2 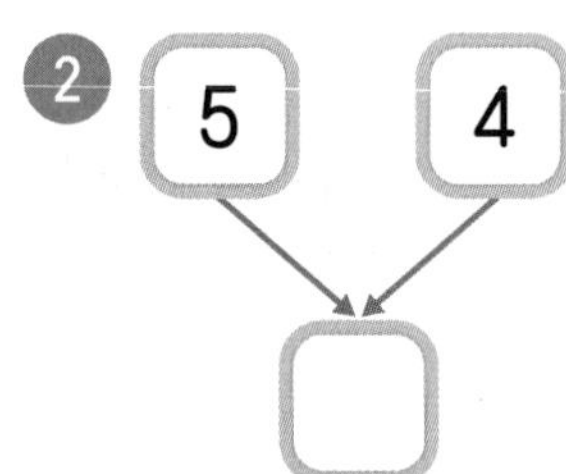

3 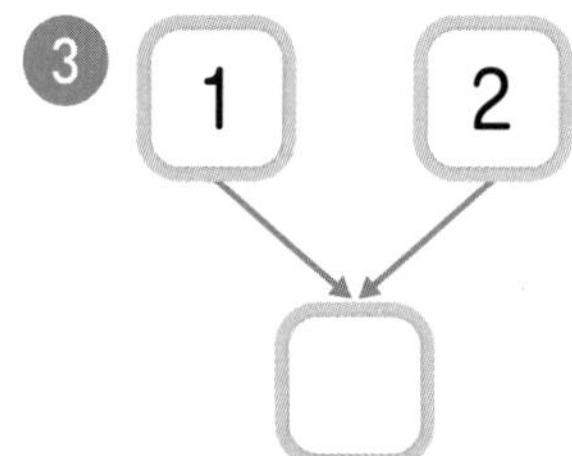

4 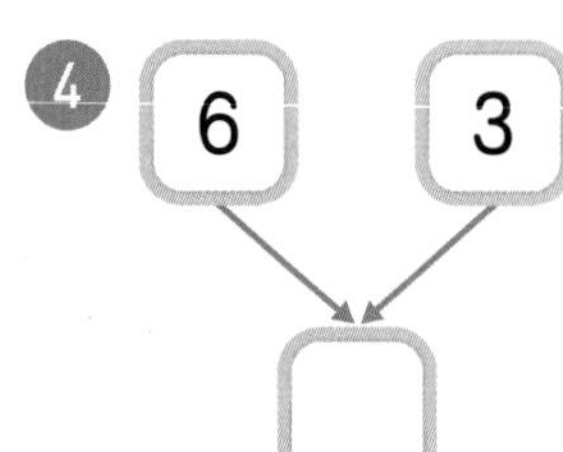

5 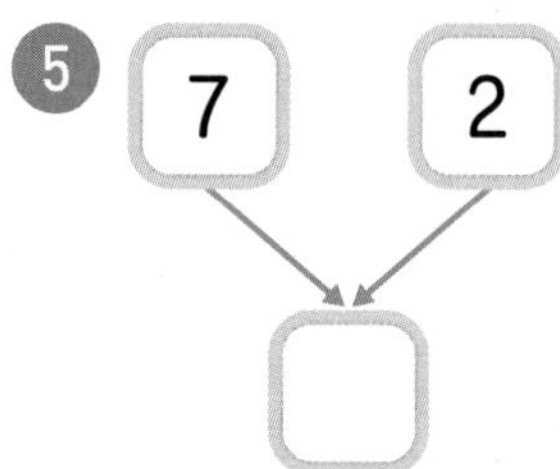

6 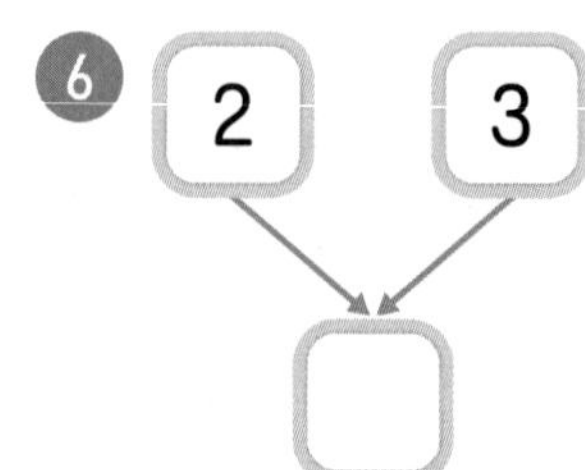

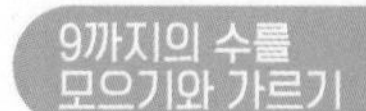
9까지의 수를
모으기와 가르기

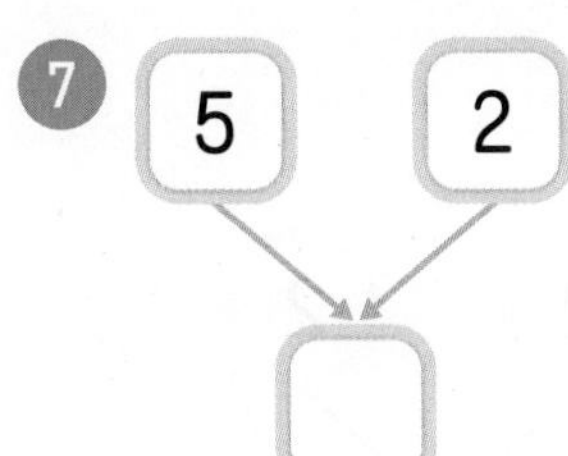
7
5
2

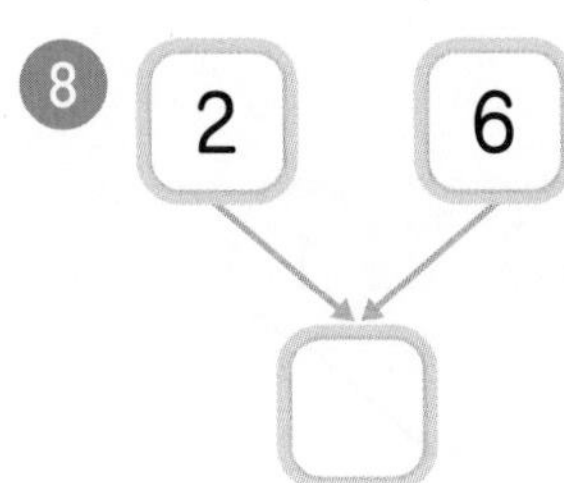
8
2
6

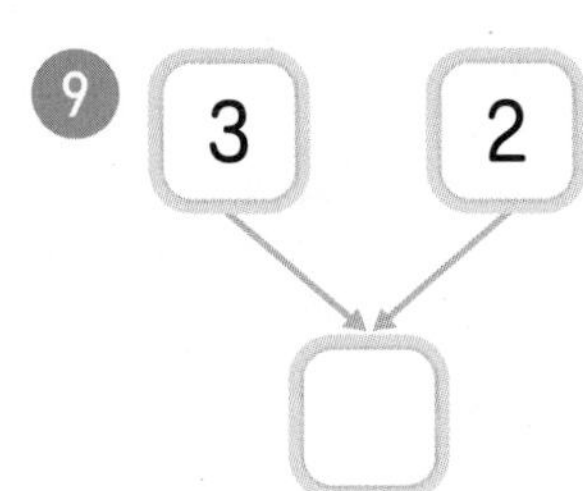
9
3
2

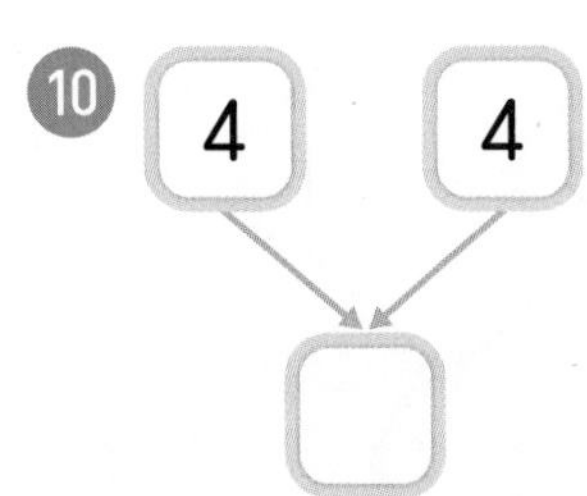
10
4
4

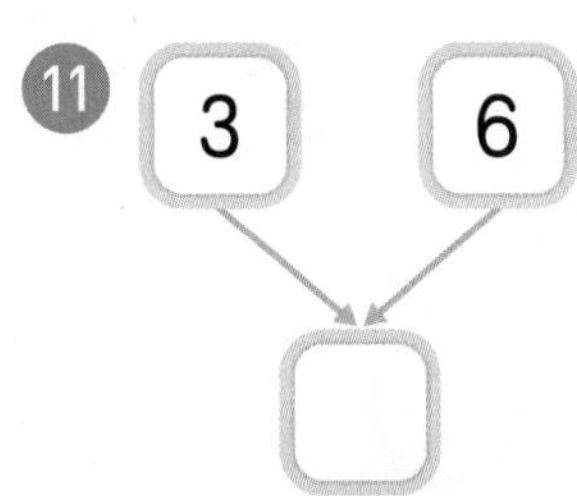
11
3
6

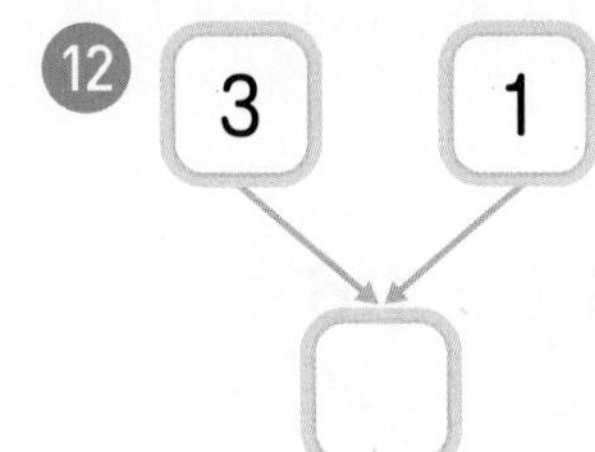
12
3
1

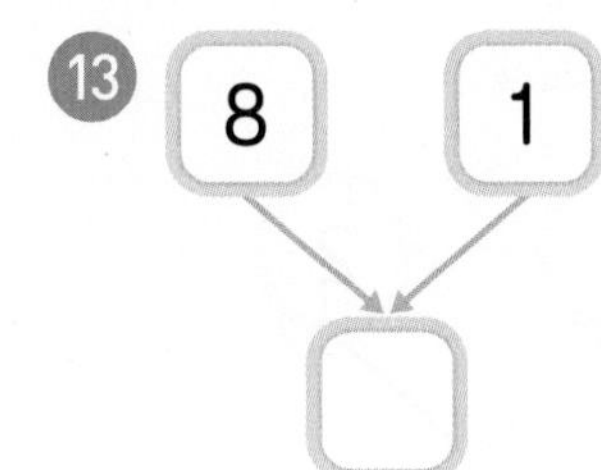
13
8
1

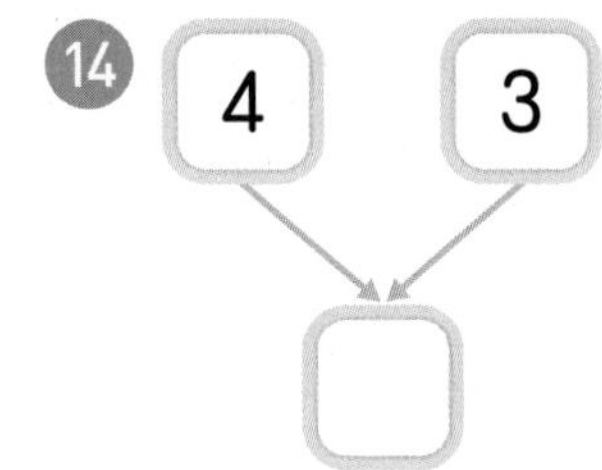
14
4
3

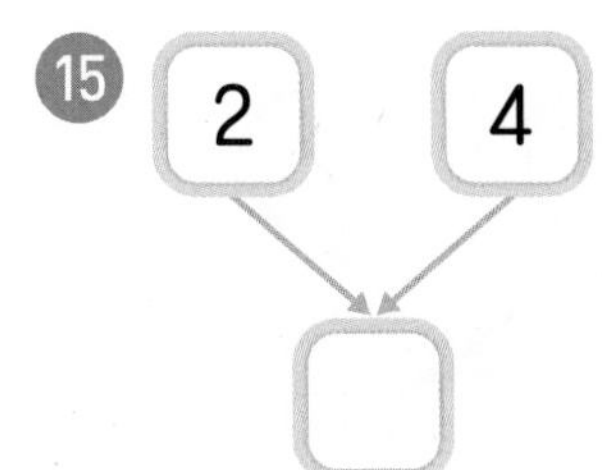
15
2
4

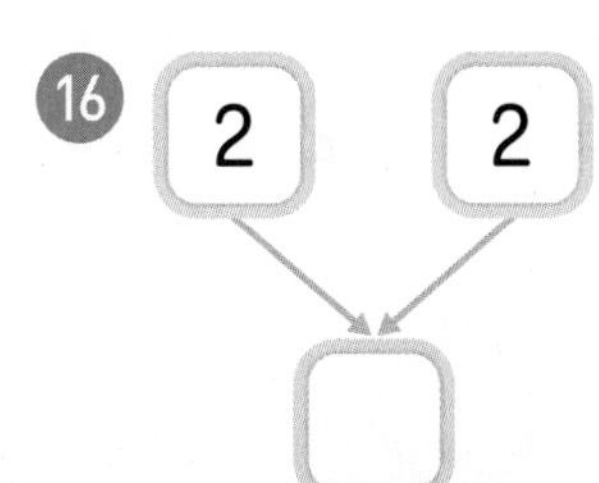
16
2
2

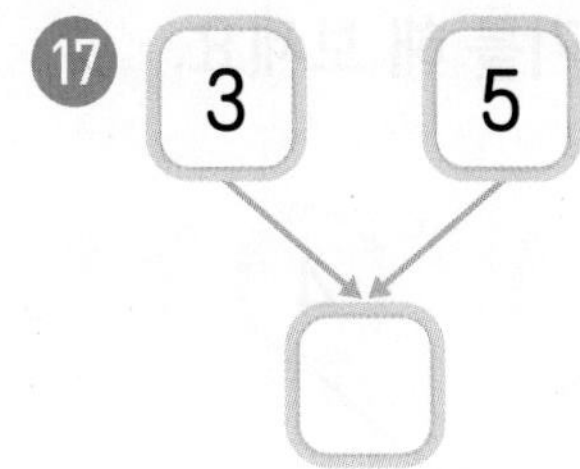
17
3
5

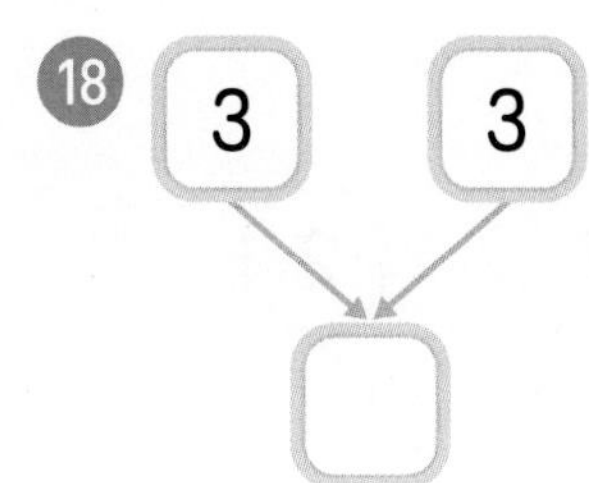
18
3
3

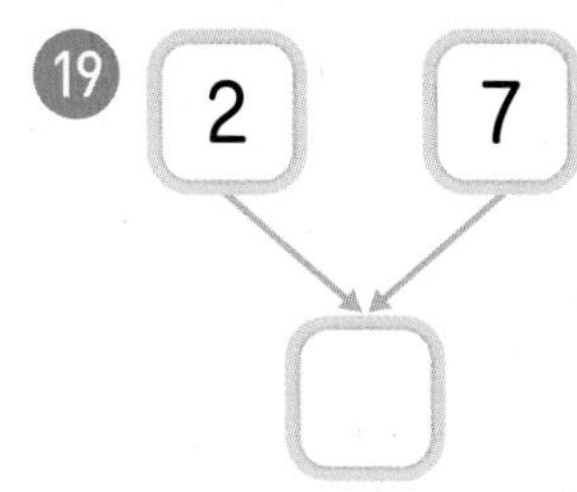
19
2
7

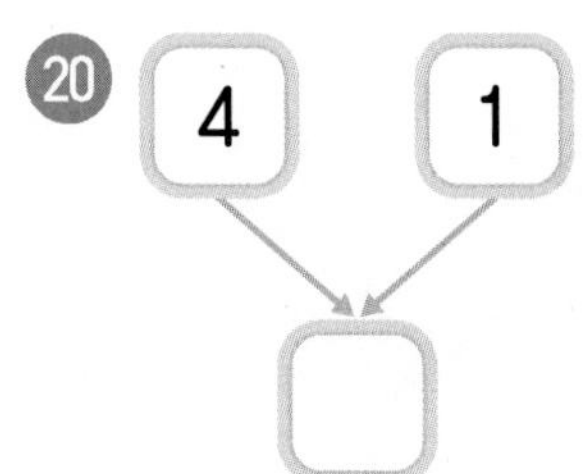
20
4
1

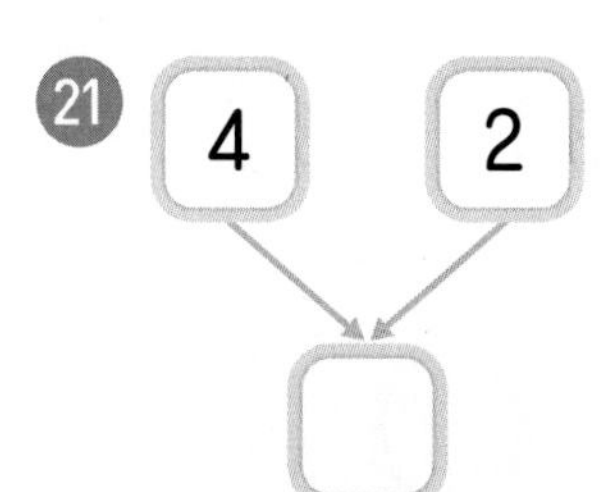
21
4
2

◎ 모으기를 해 보세요.

22
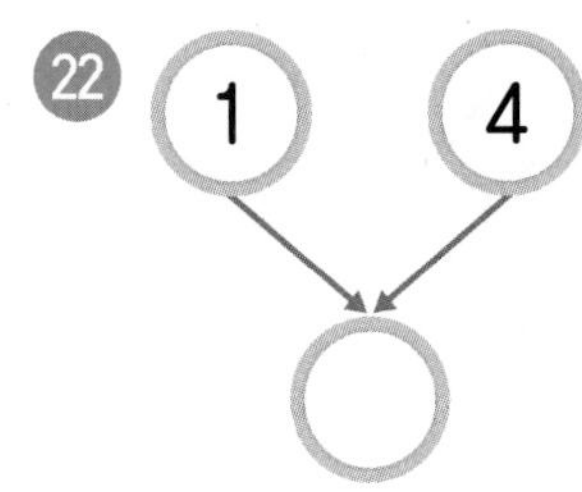

27
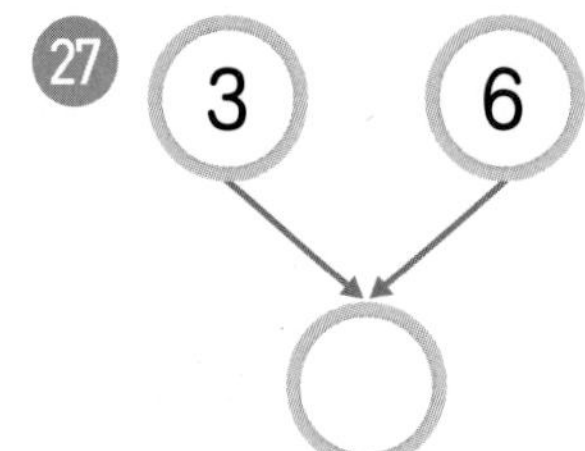

32
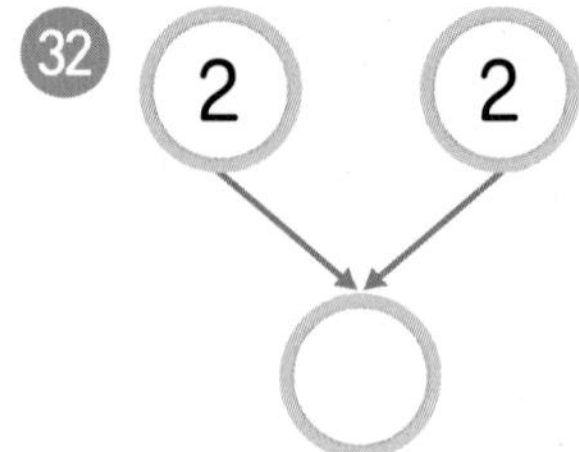

23
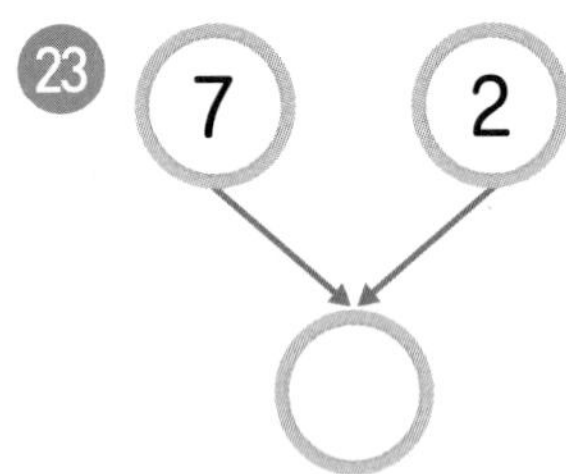

28
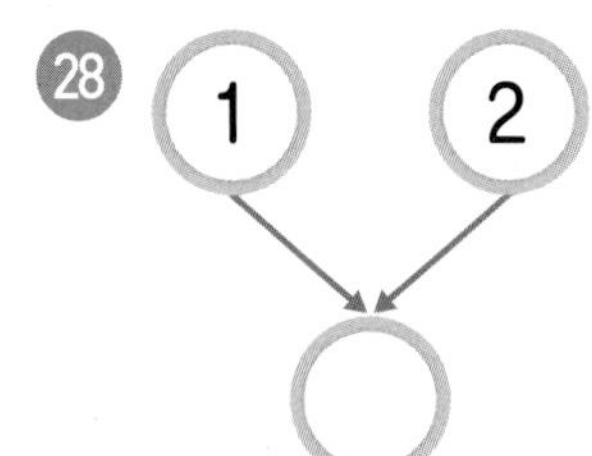

33
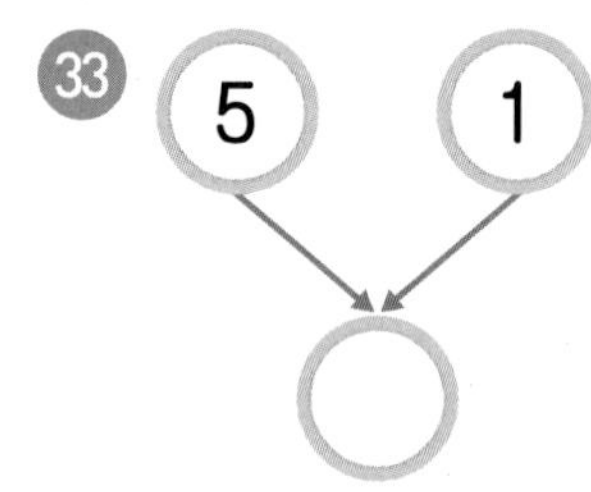

24
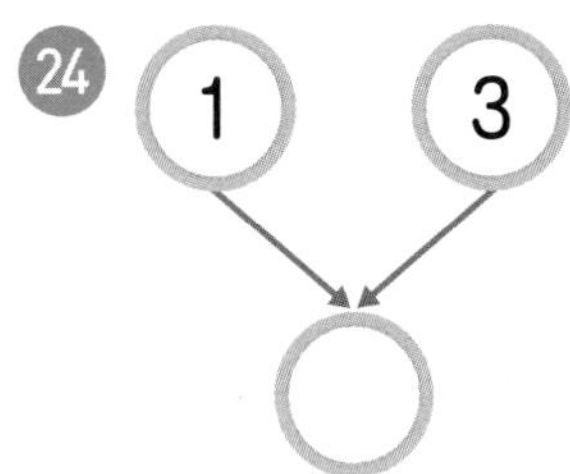

29
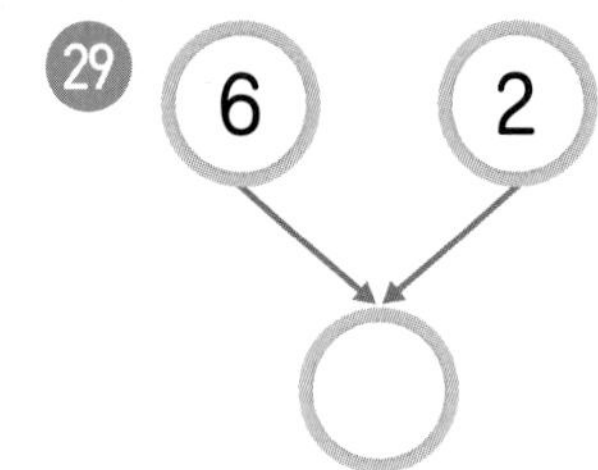

34
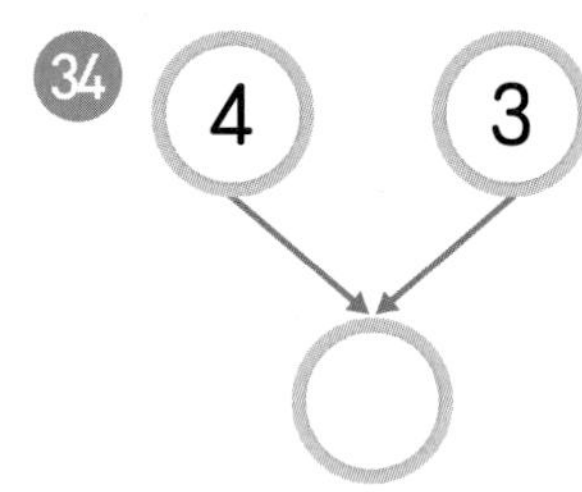

25
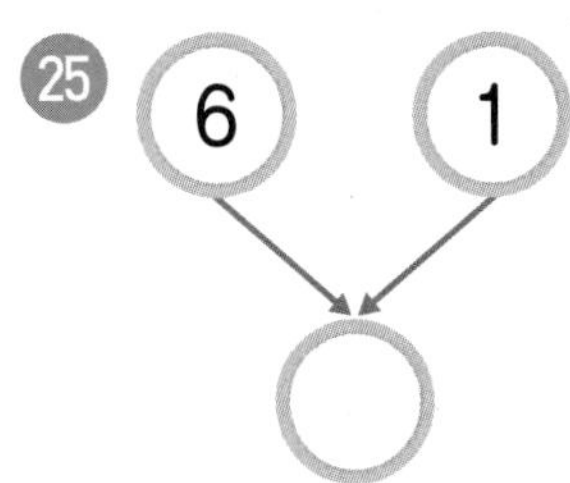

30
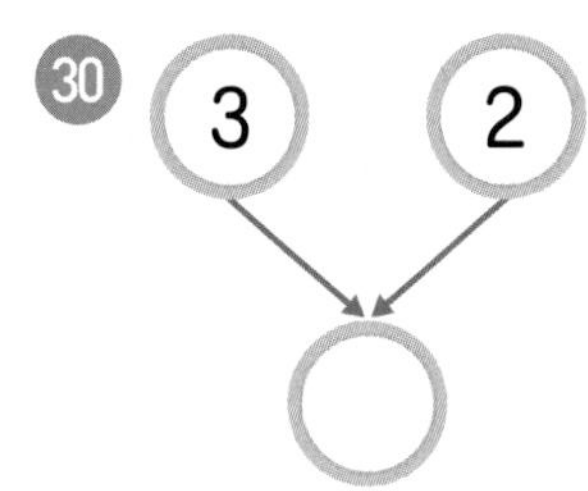

35
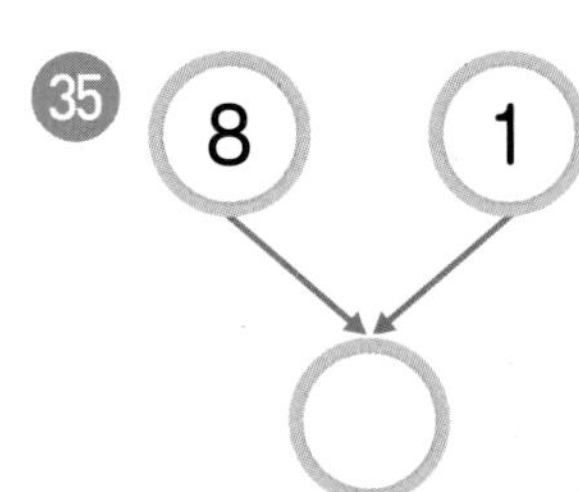

26
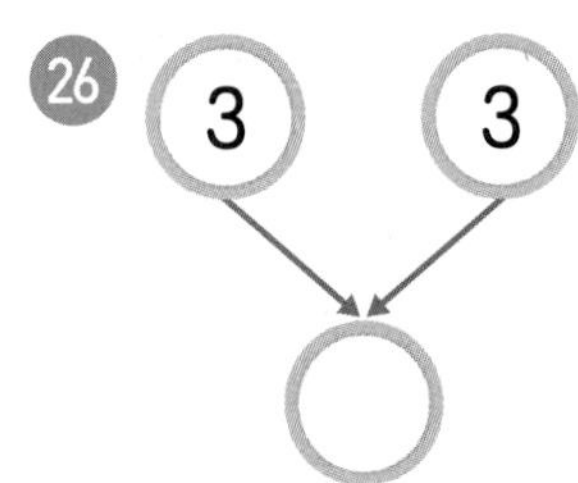

31
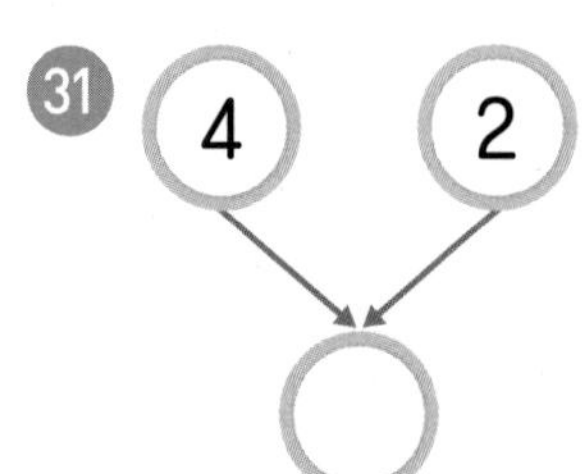

36
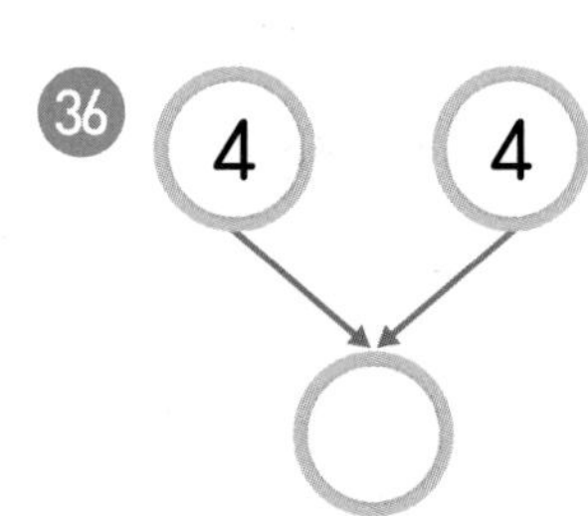

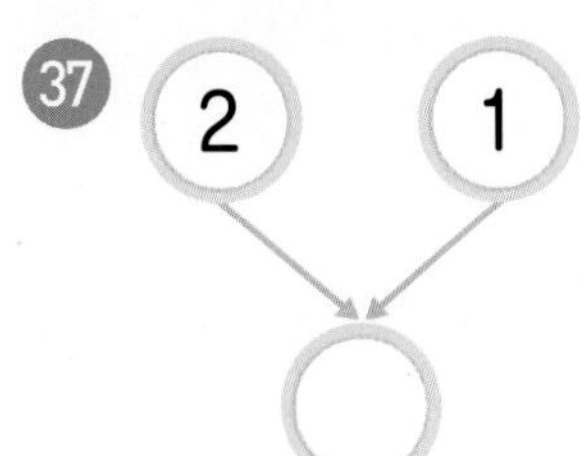
37
2
1

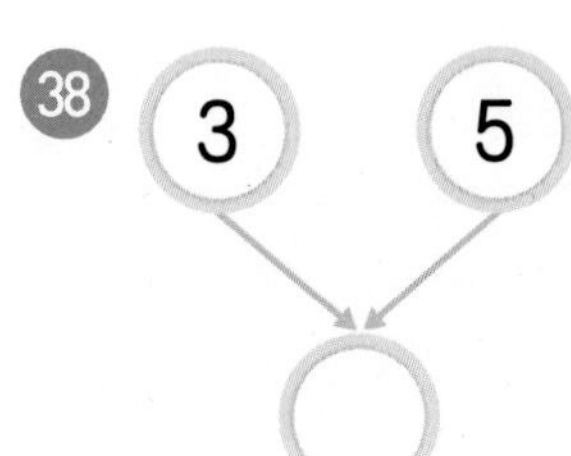
38
3
5

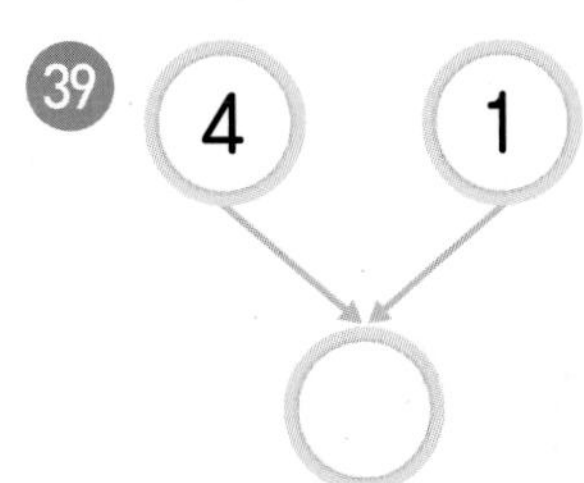
39
4
1

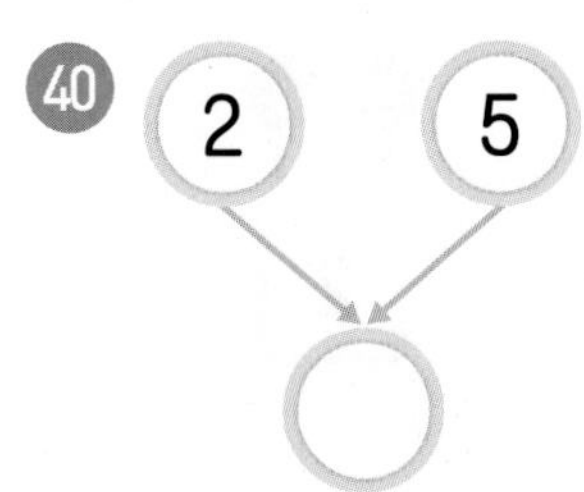
40
2
5

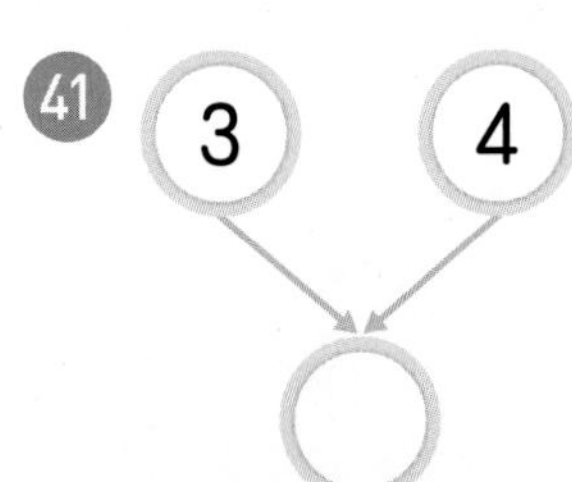
41
3
4

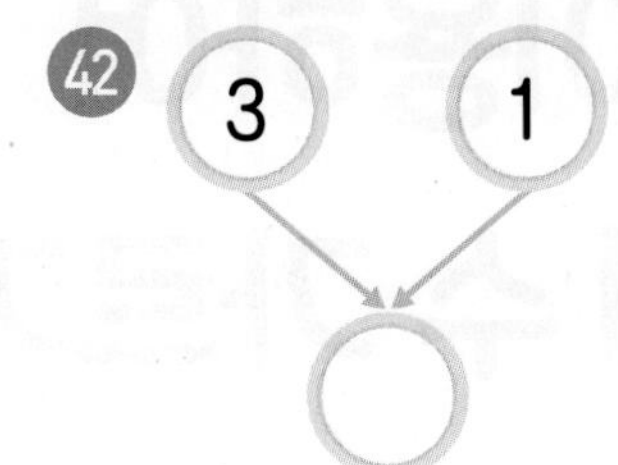
42
3
1

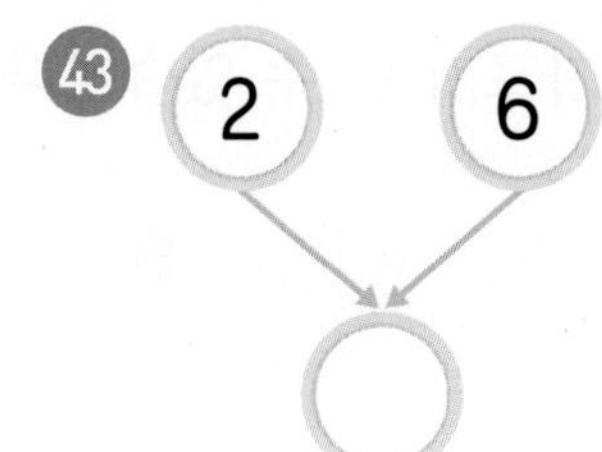
43
2
6

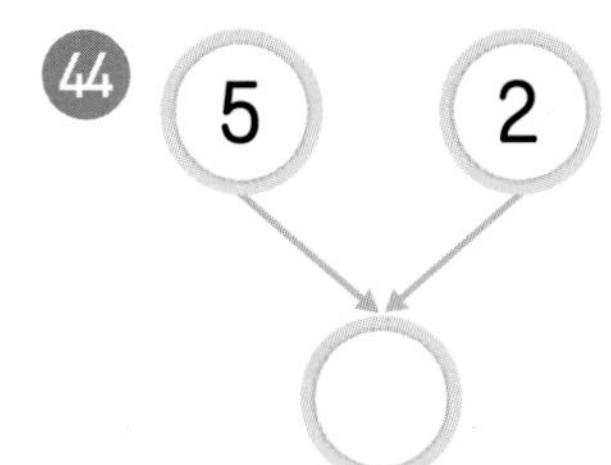
44
5
2

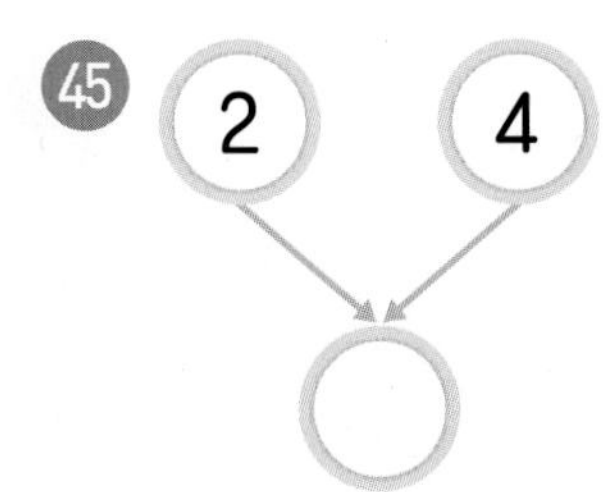
45
2
4

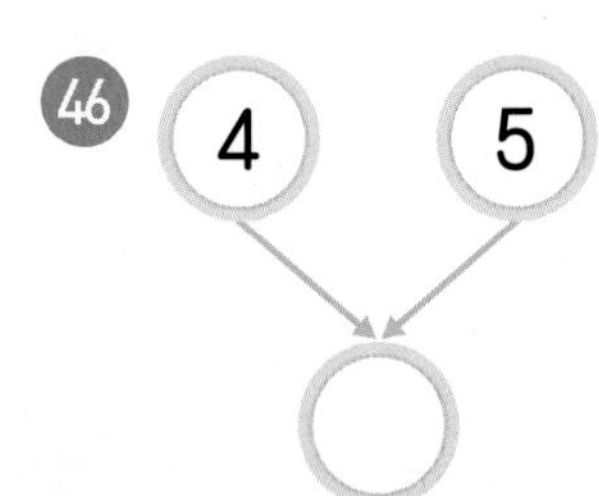
46
4
5

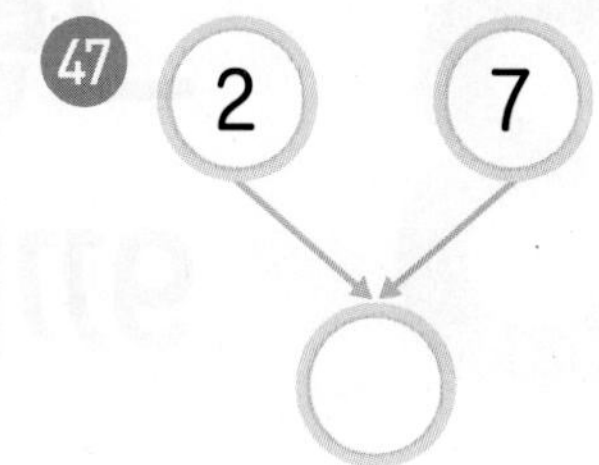
47
2
7

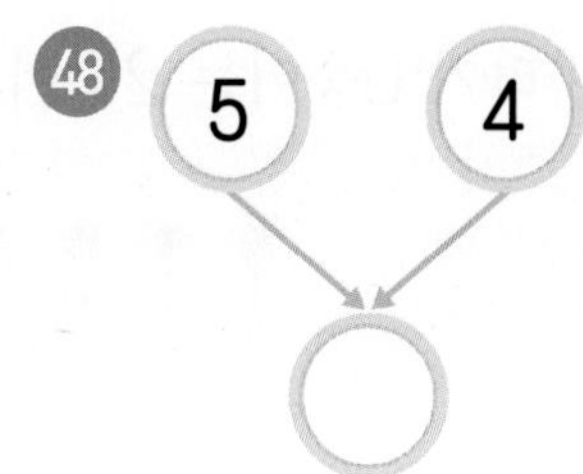
48
5
4

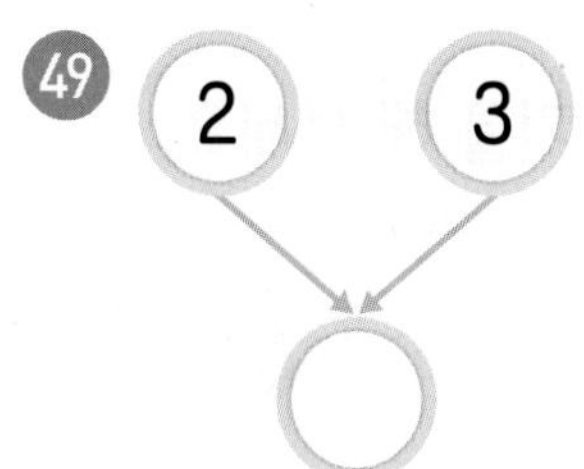
49
2
3

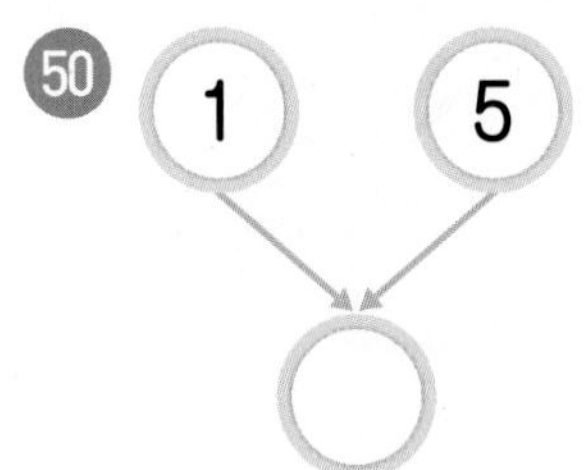
50
1
5

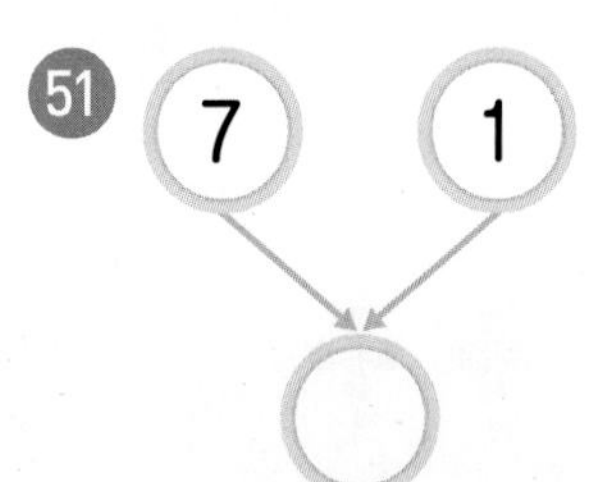
51
7
1

13 그림을 이용하여 9까지의 수 가르기

6을 두 수로 가르기

해바라기 6송이는 2송이와 4송이로 가르기 할 수 있습니다.

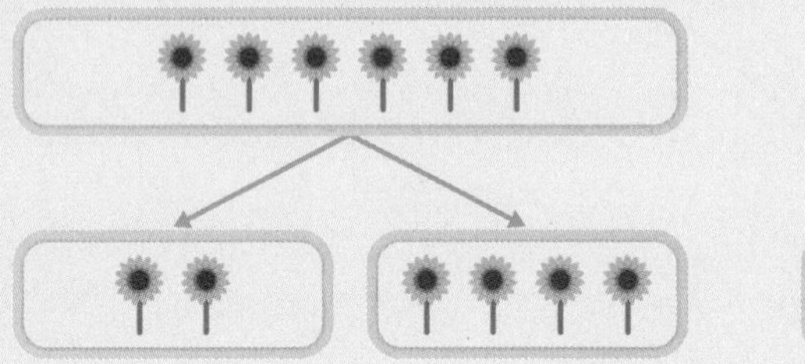

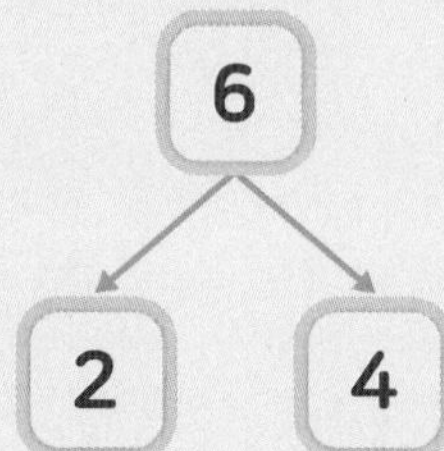

가르기를 해 보세요.

1

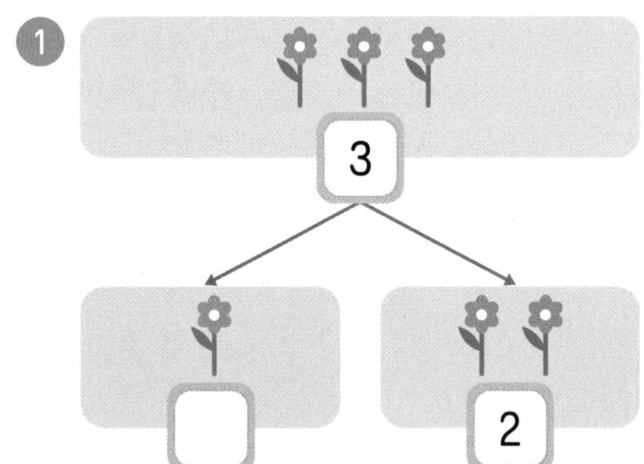

2

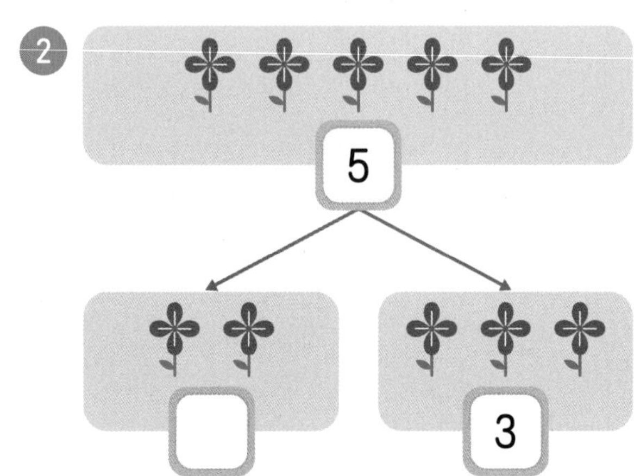

3

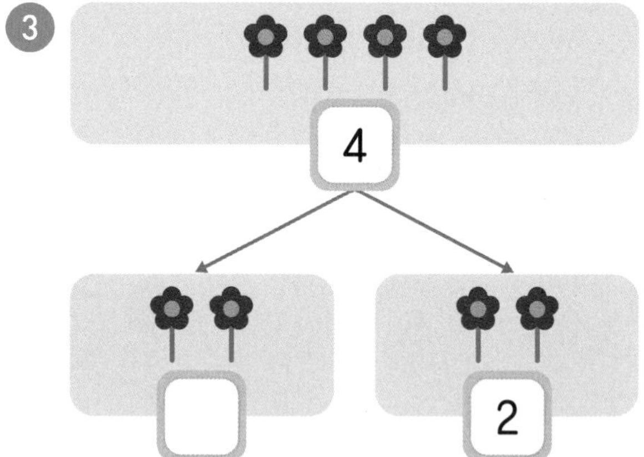

4

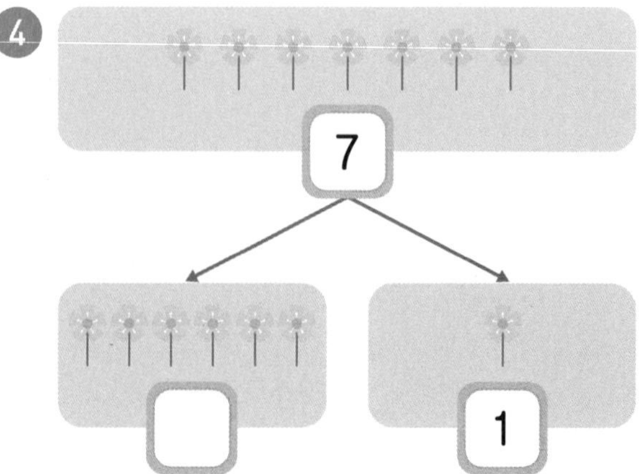

5
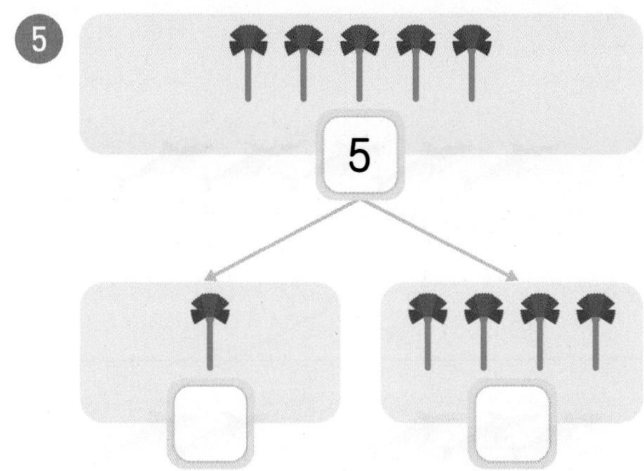

8
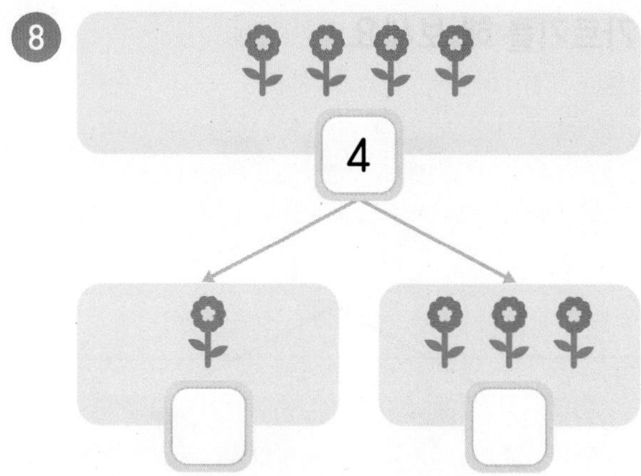

6
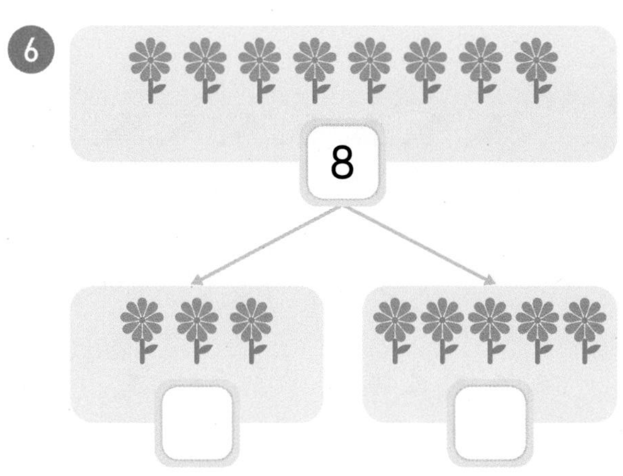

9
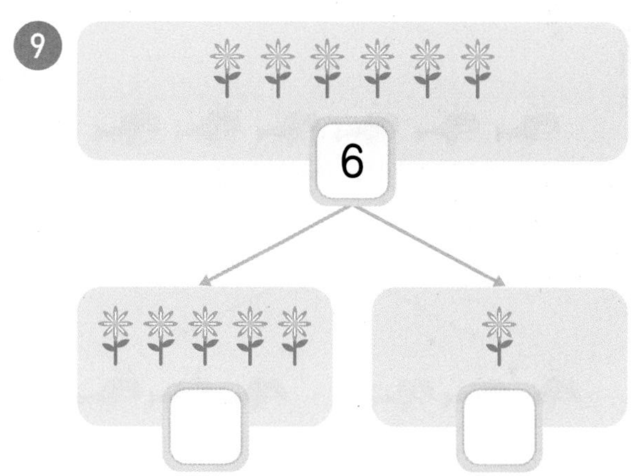

7
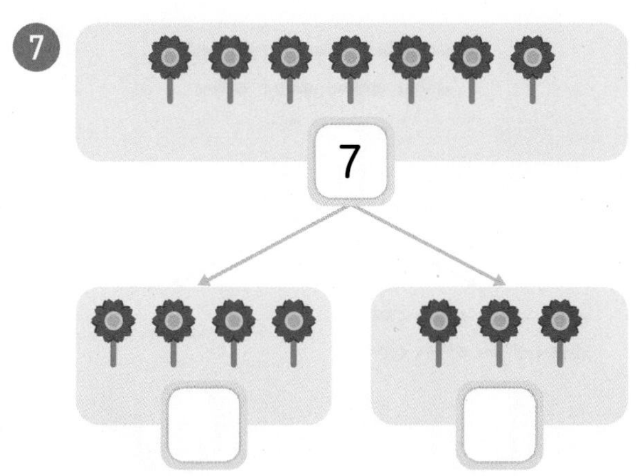

10
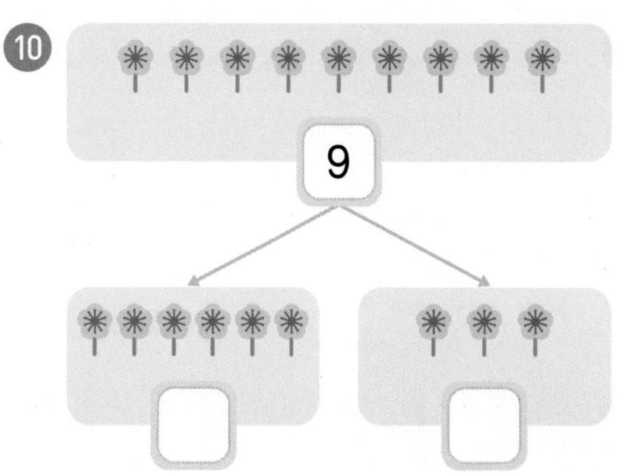

가르기를 해 보세요.

11

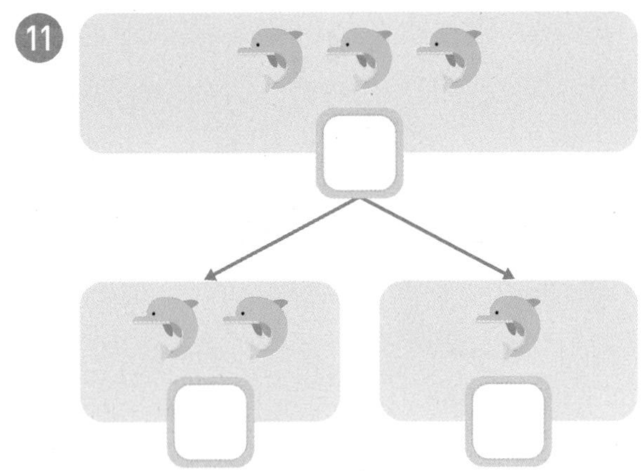

14

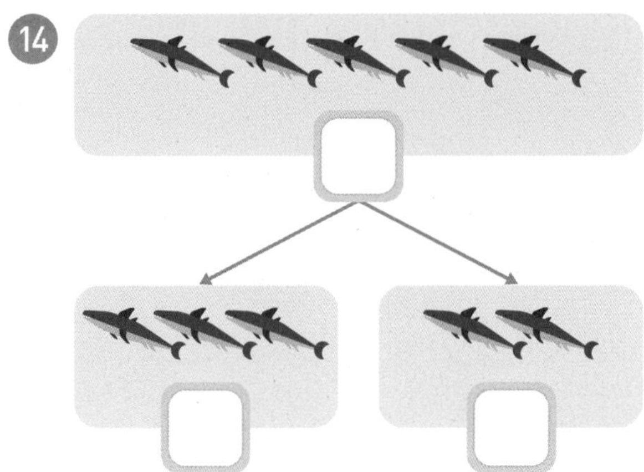

12

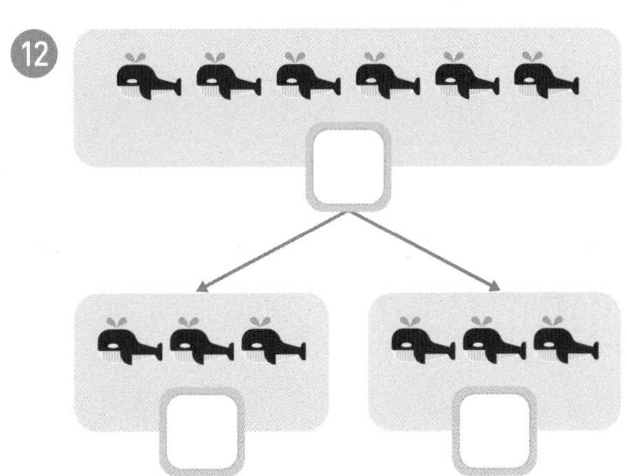

15

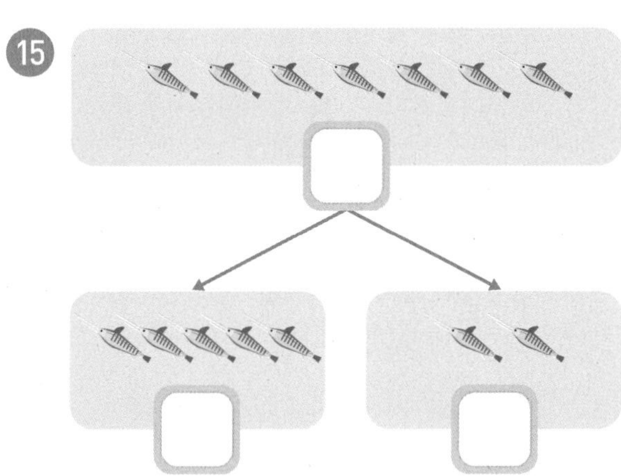

13

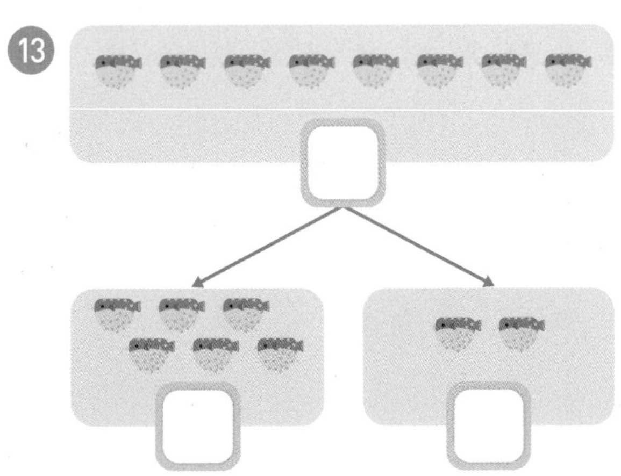

16

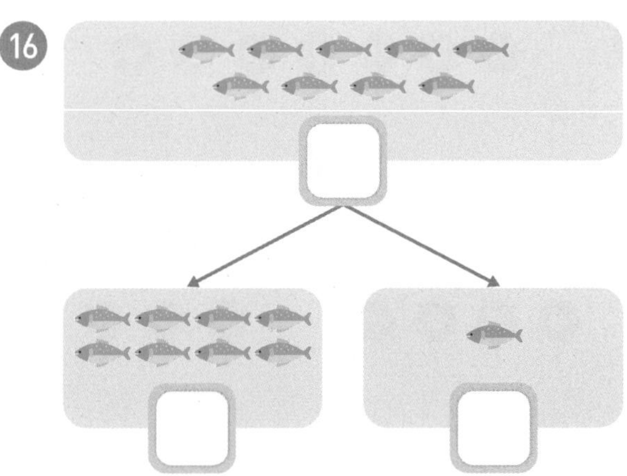

그림을 보고 알맞은 수만큼 ◯를 그리고 가르기를 해 보세요.

17
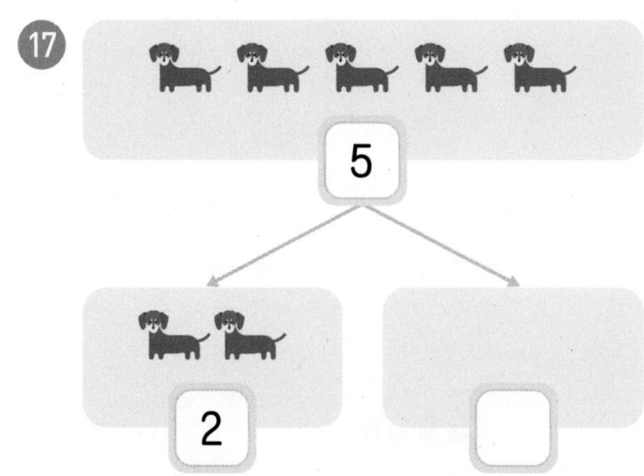

20
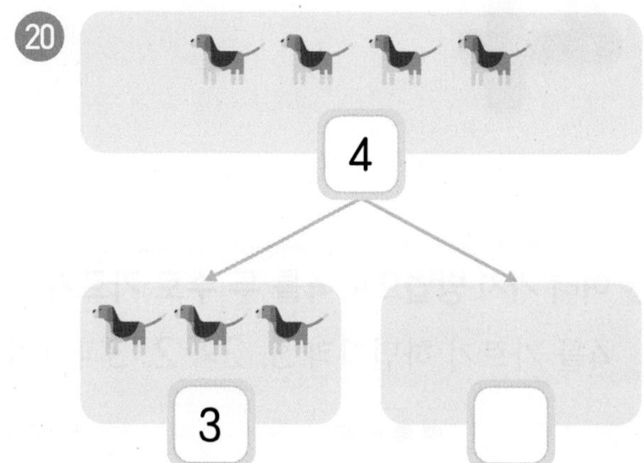

18
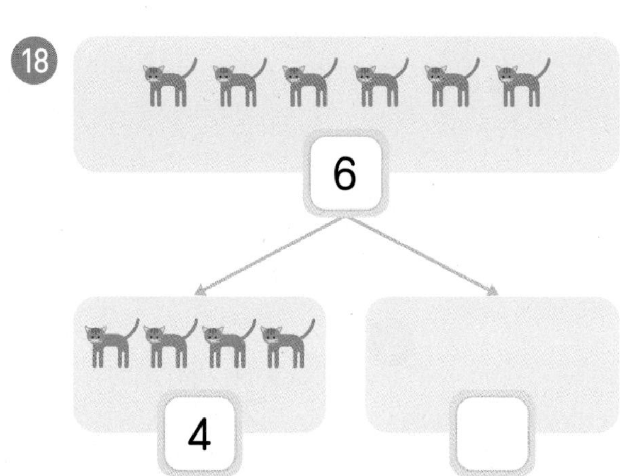

21
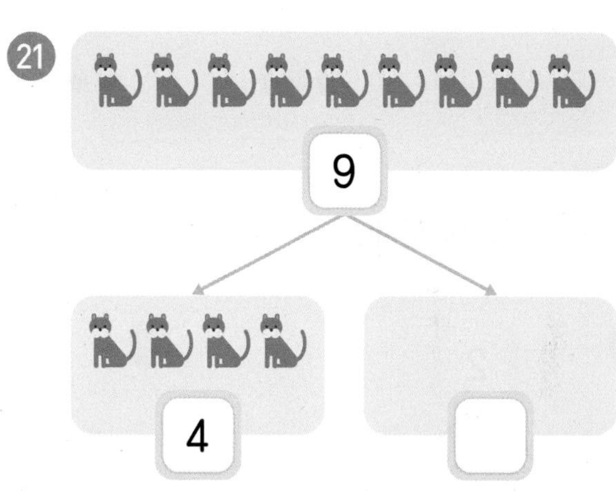

19
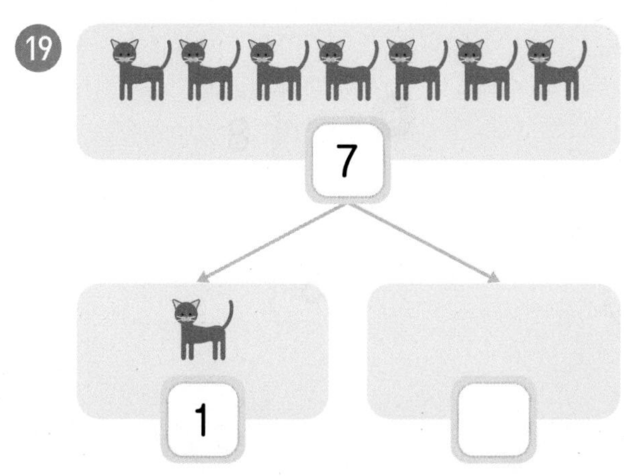

22
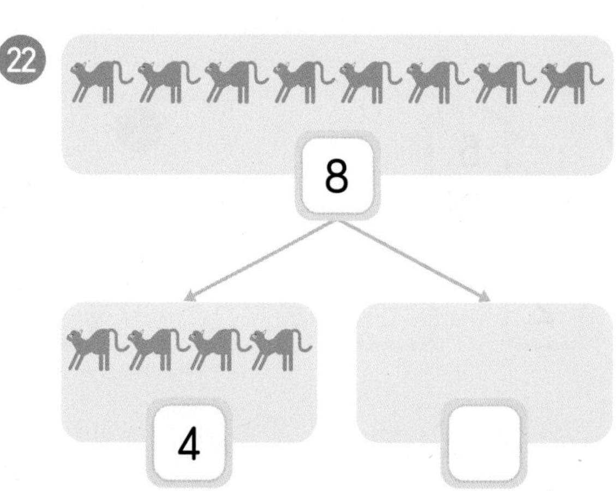

9까지의 수 가르기

여러 가지 방법으로 4를 두 수로 가르기

4를 가르기 하면 1과 3, 2와 2, 3과 1이 됩니다.

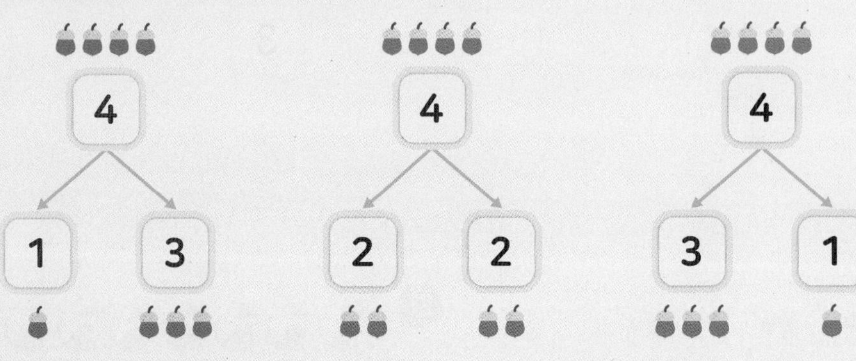

가르기를 해 보세요.

1 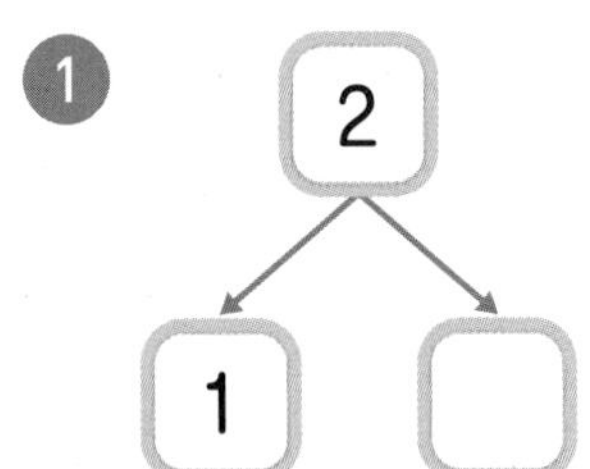

2 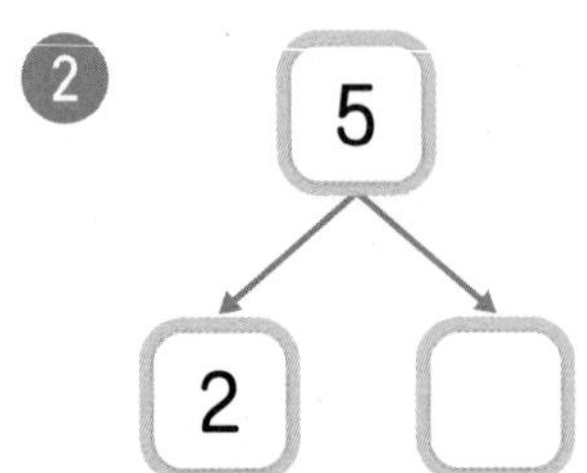

3 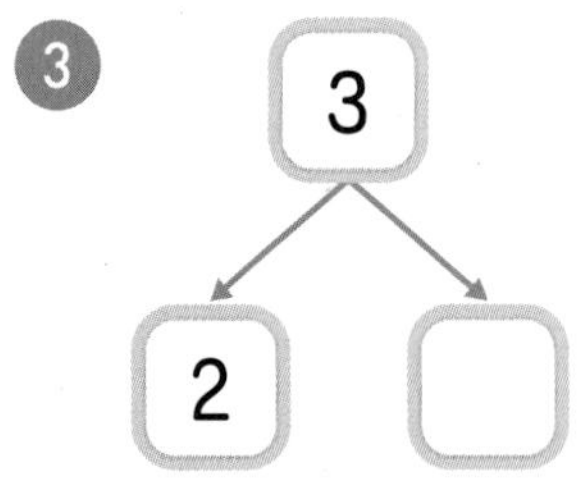

4 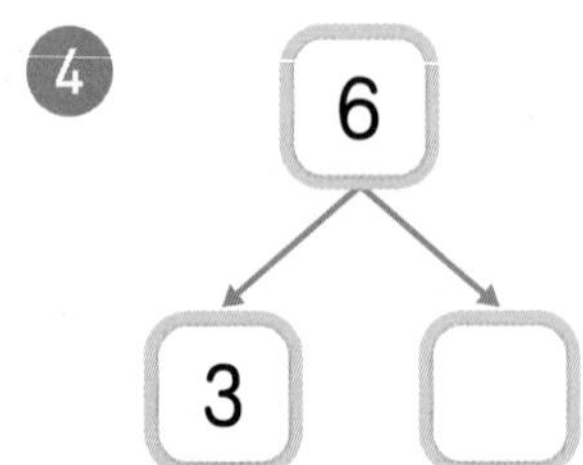

5 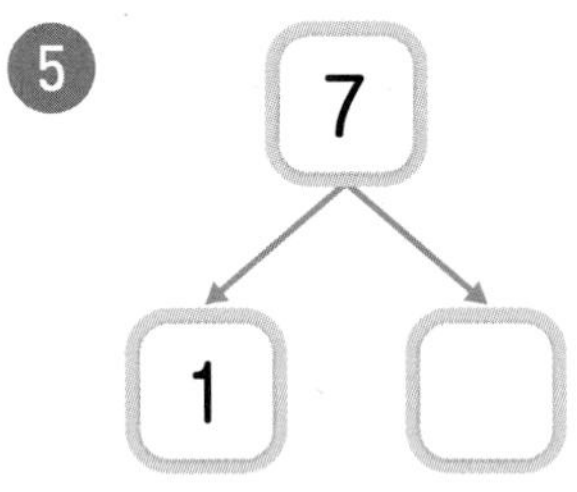

6 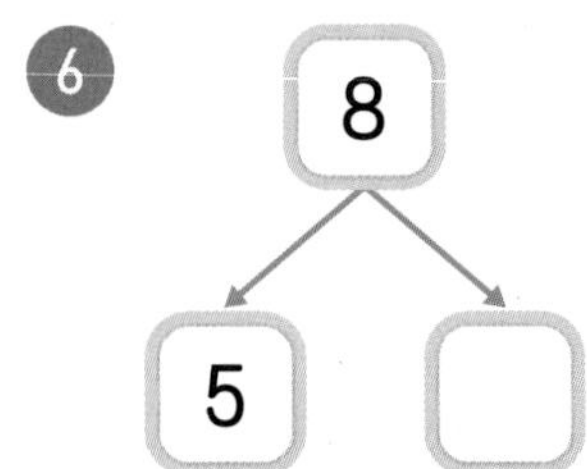

7
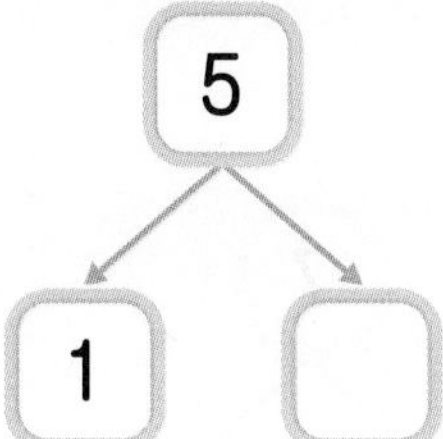

8
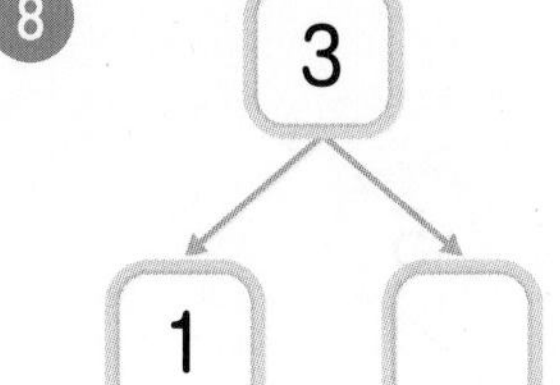

9
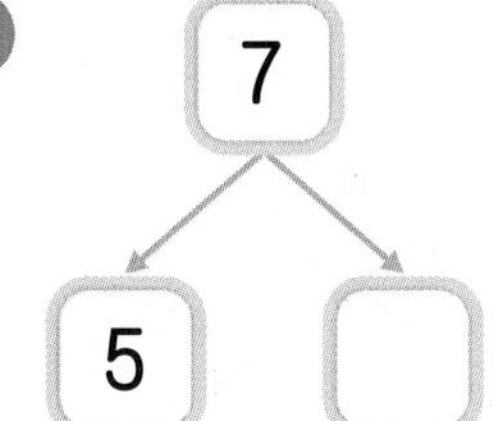

10
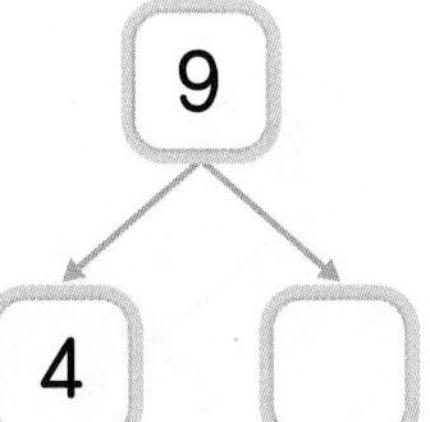

11
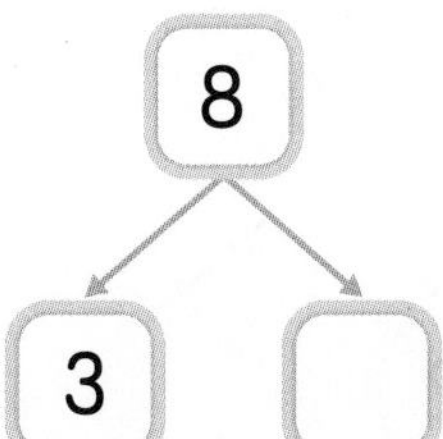

12
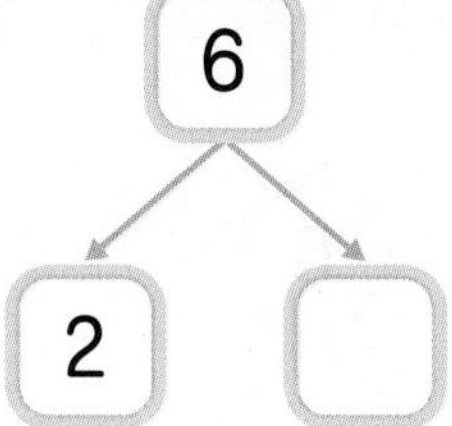

13
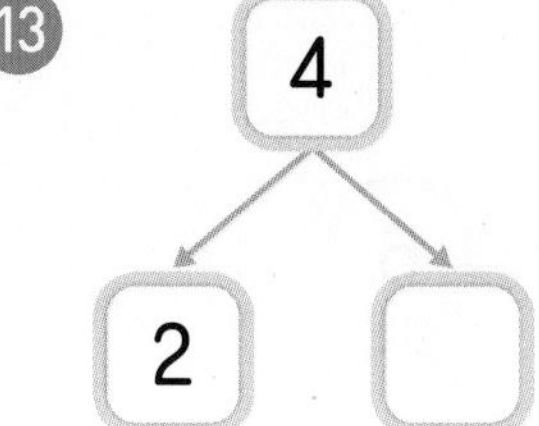

14
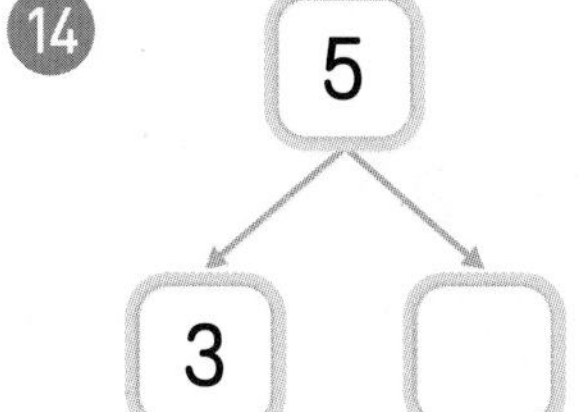

15
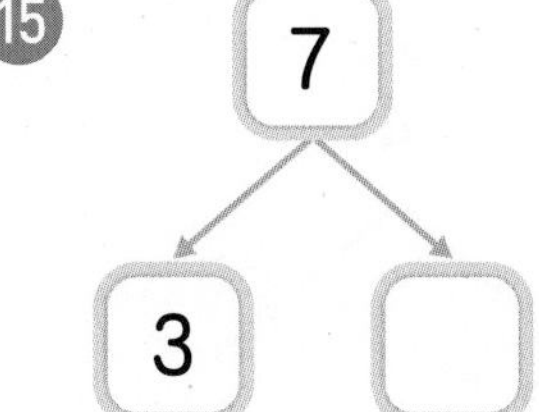

16
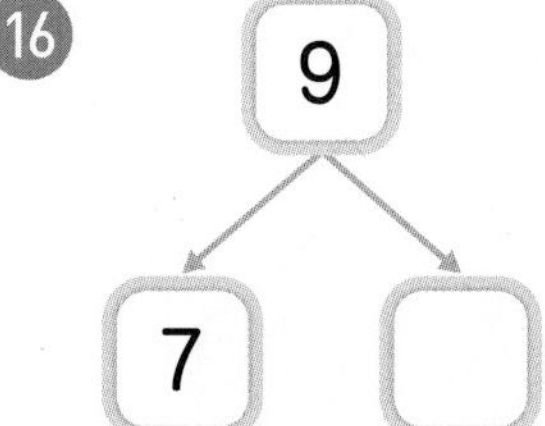

17
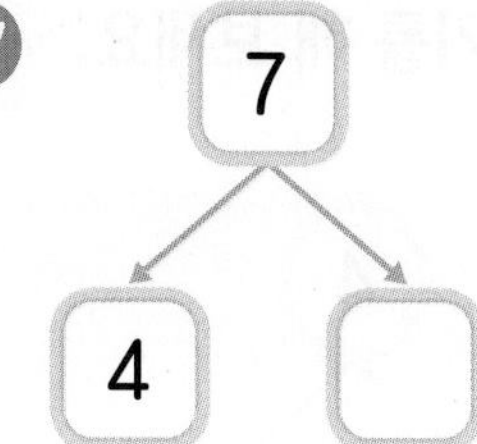

18
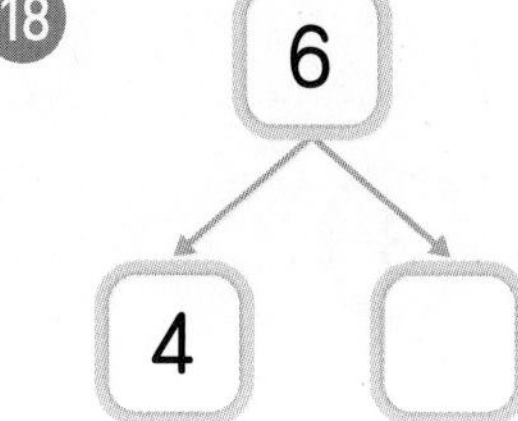

19
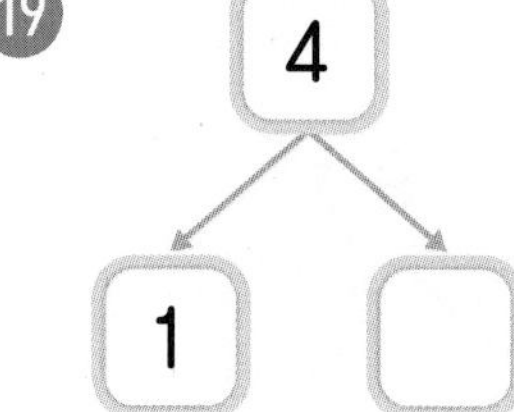

20
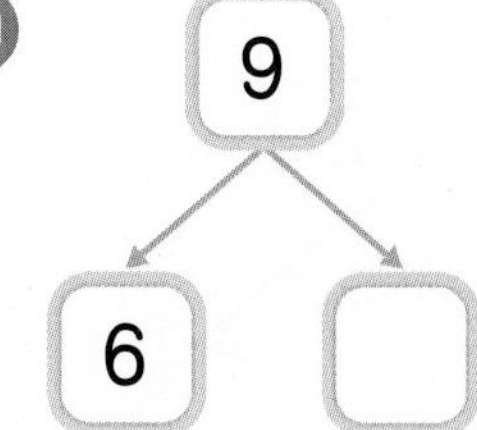

21
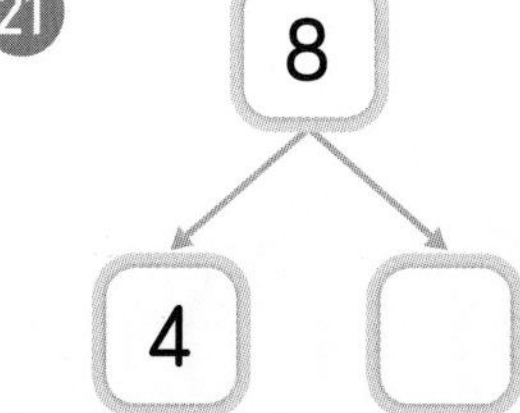

 가르기를 해 보세요.

22
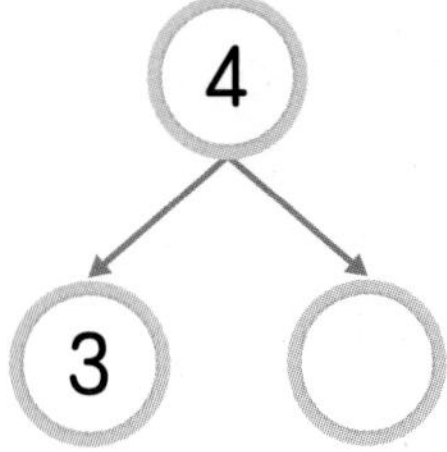

23
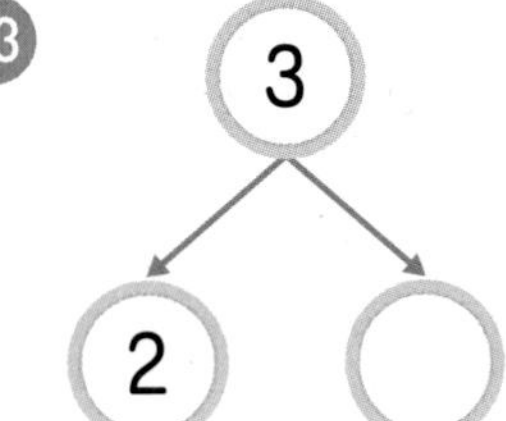

24
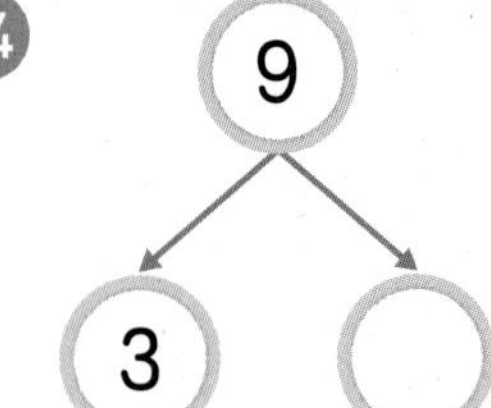

25
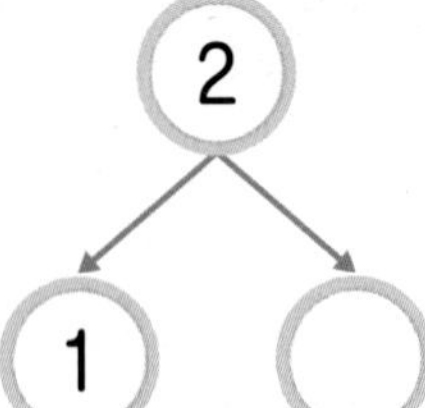

26
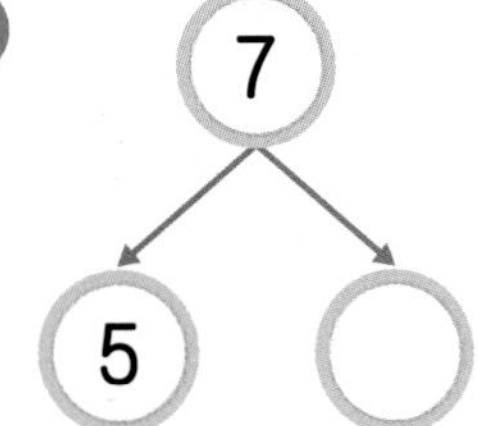

27
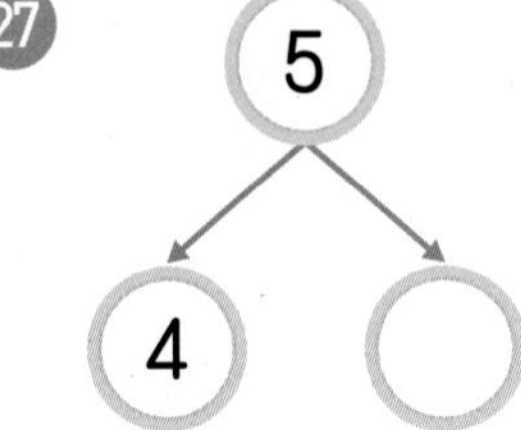

28
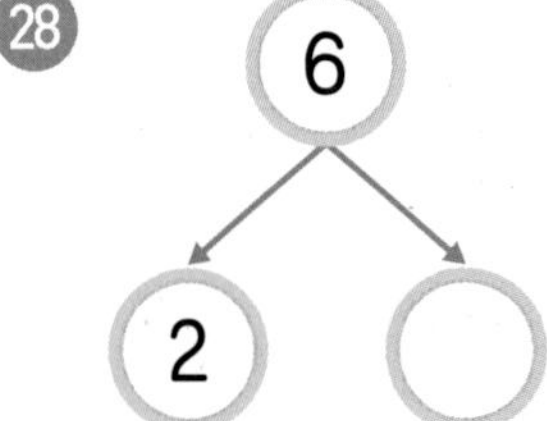

29
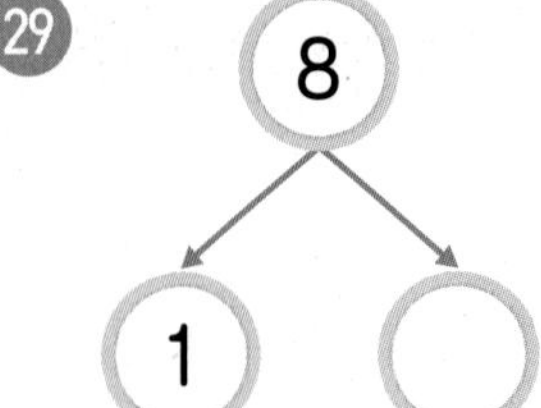

30
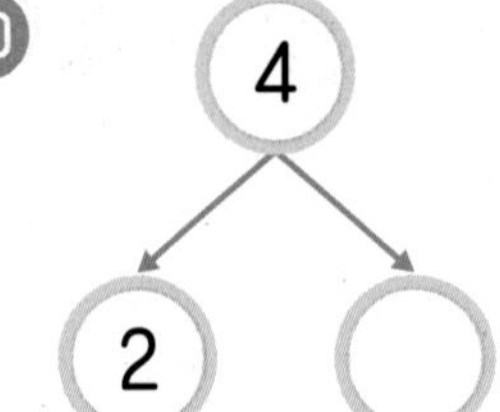

31
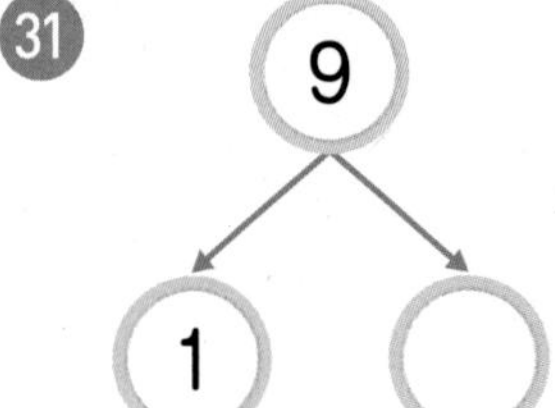

32
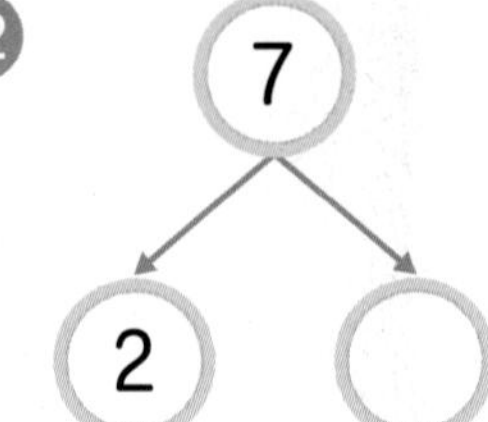

33
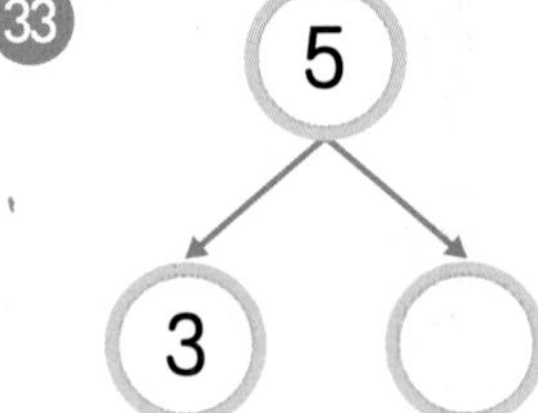

34
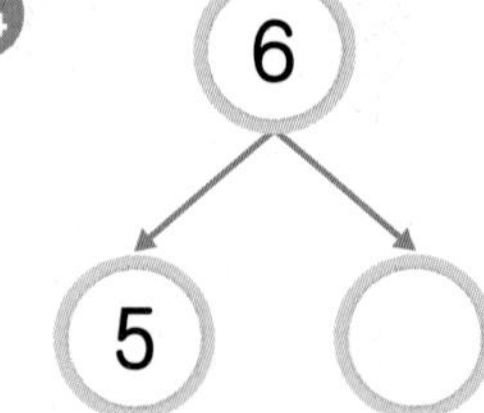

35
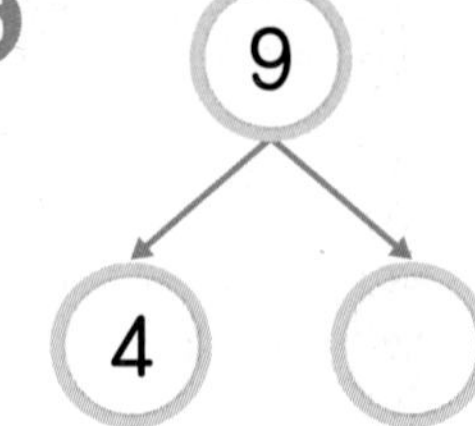

36
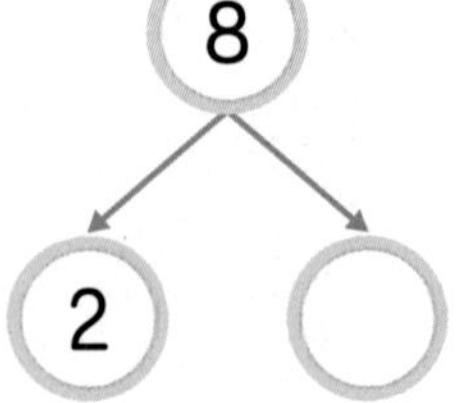

37
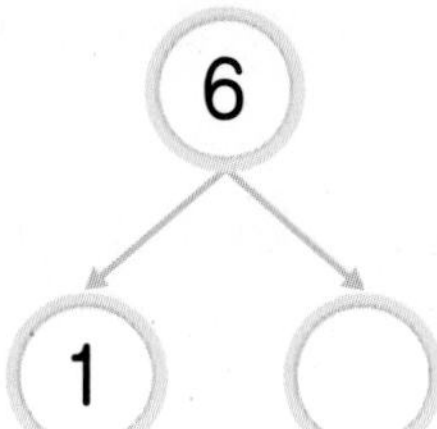

42
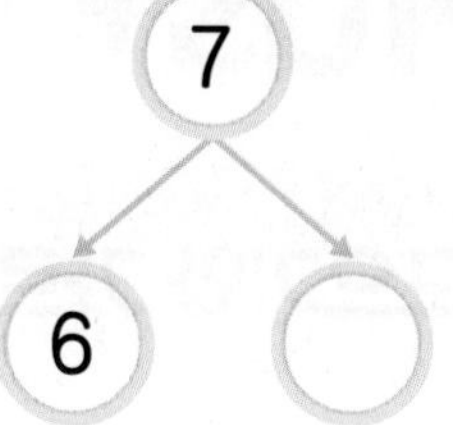

47
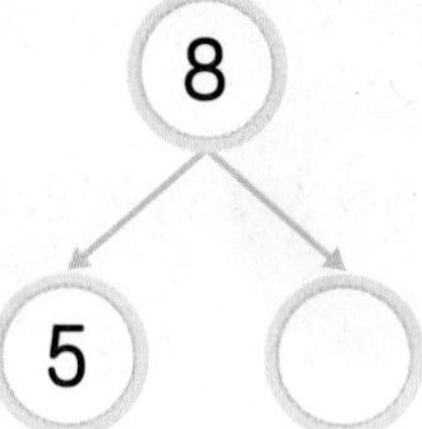

38
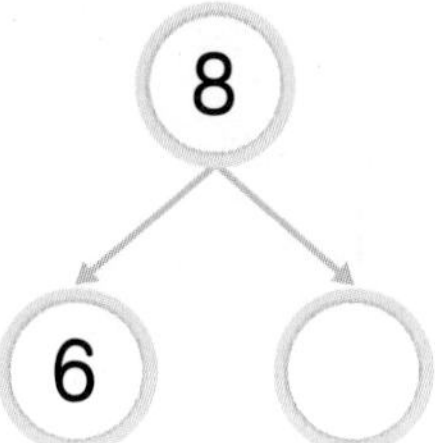

43
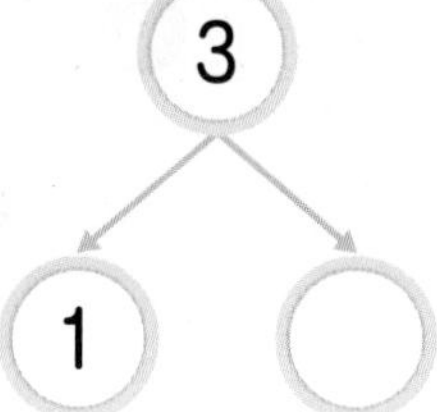

48
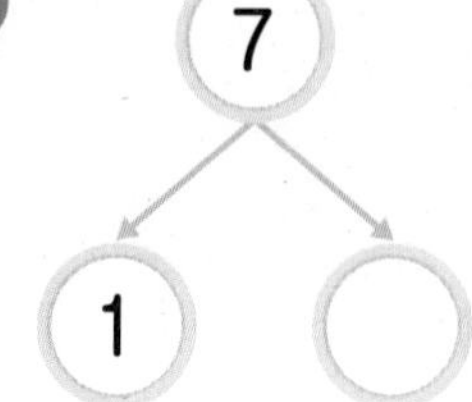

39
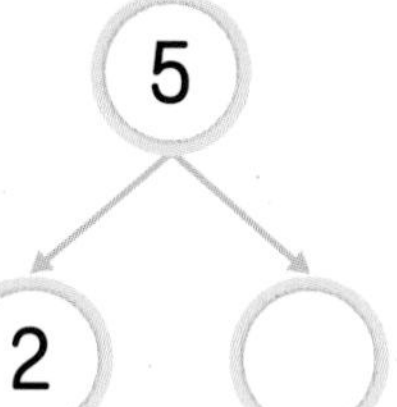

44
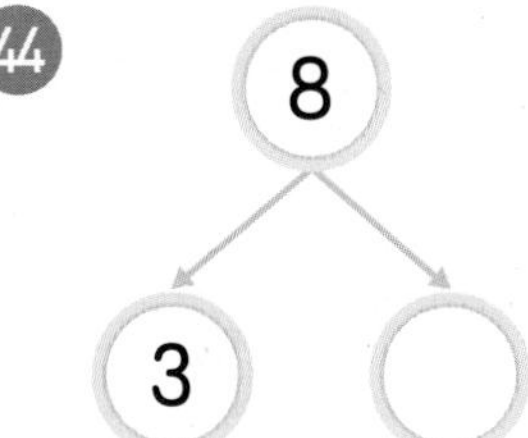

49
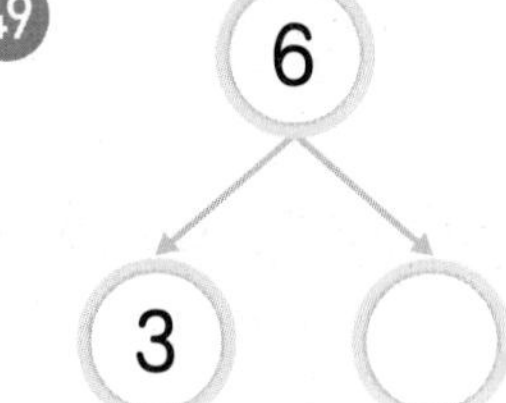

40
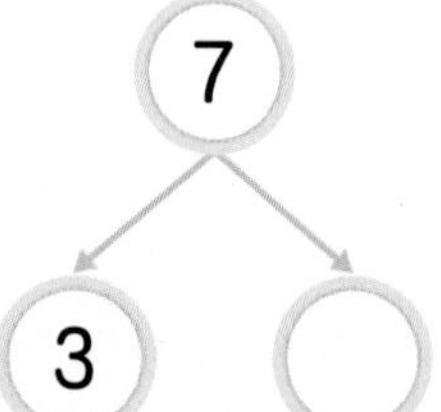

45
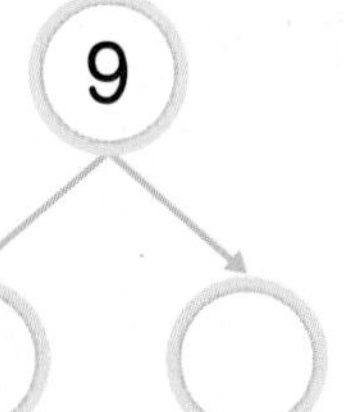

50
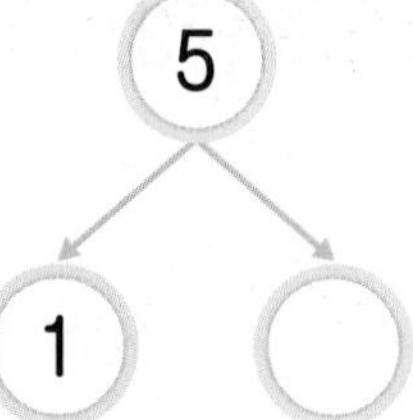

41
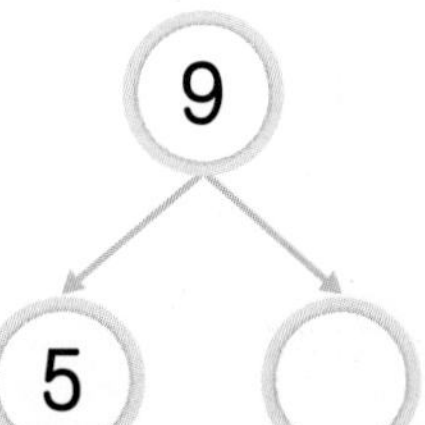

46
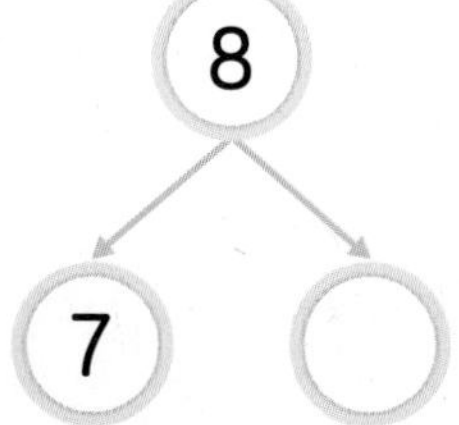

51
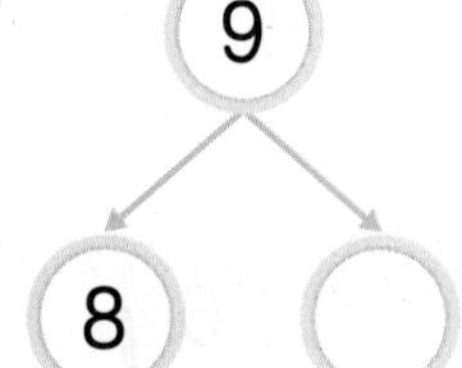

15 계산 Plus+

9까지의 수를 모으기와 가르기

○ 수를 가르거나 모아서 빈칸에 알맞은 수를 써넣으세요.

❶
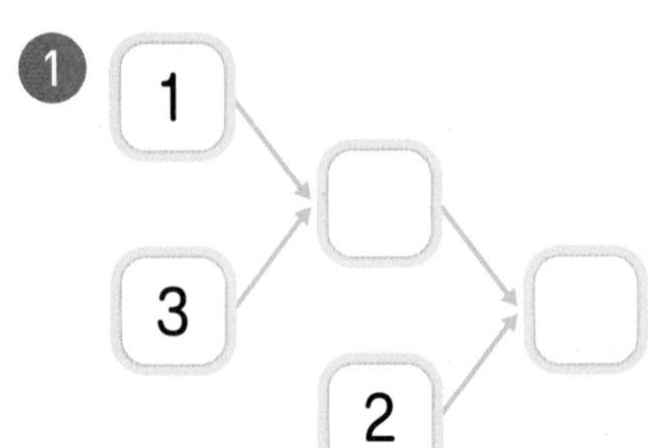

❹
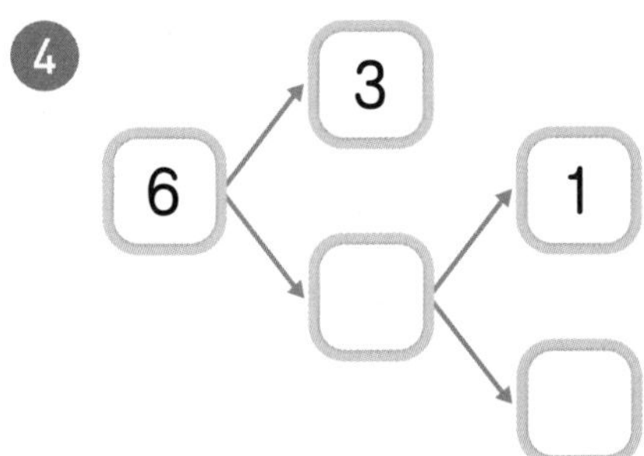

❷
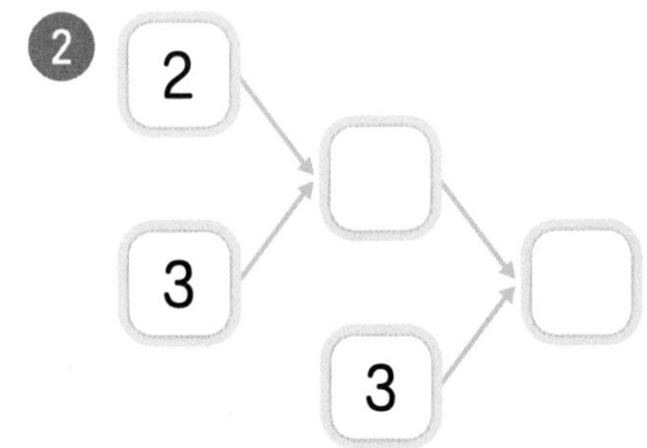

❺
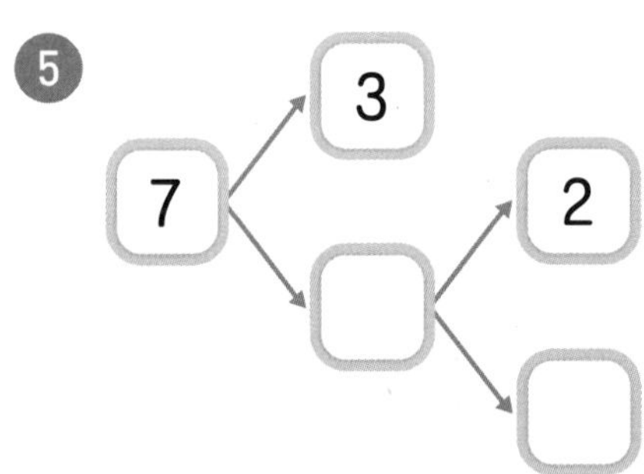

❸
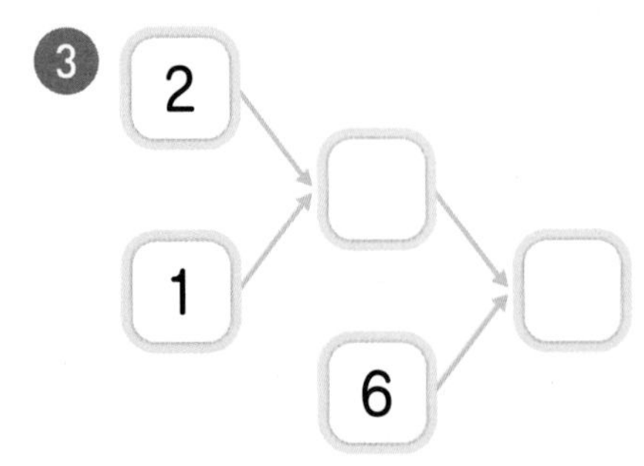

❻
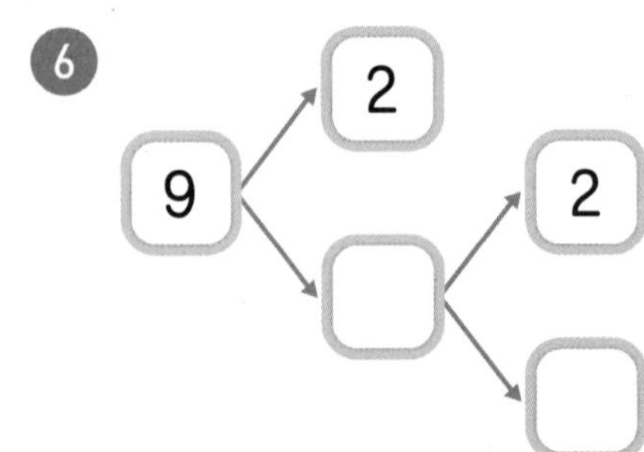

7

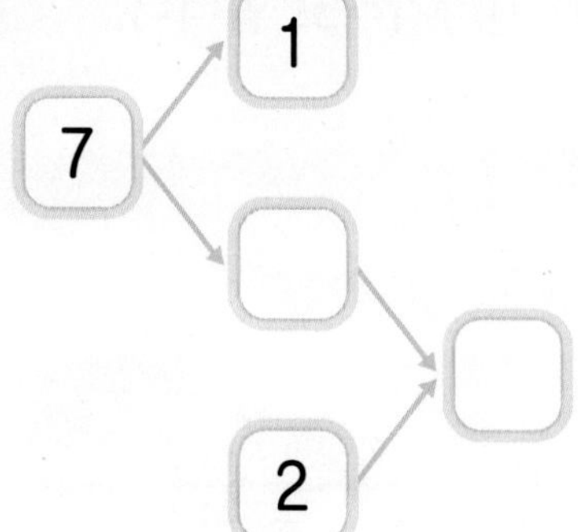

11

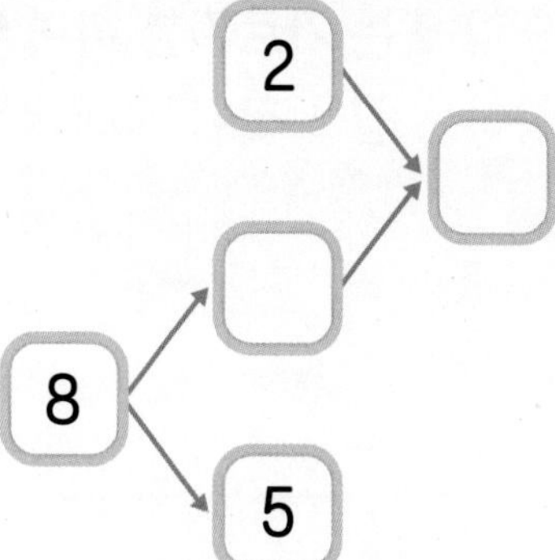

8

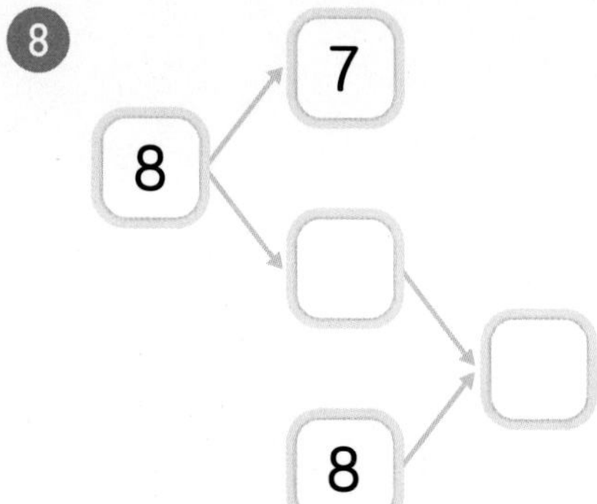

12

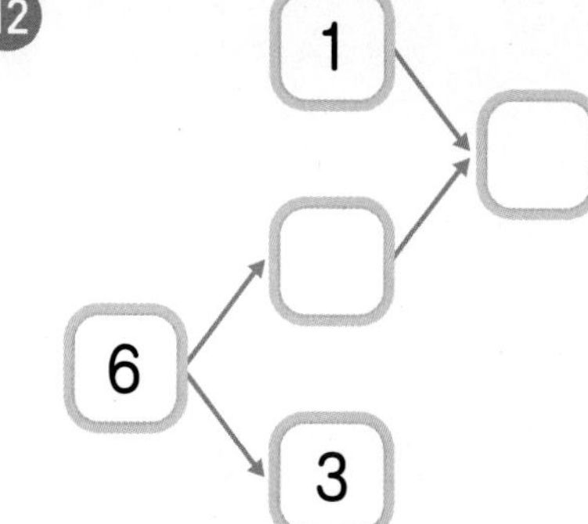

9

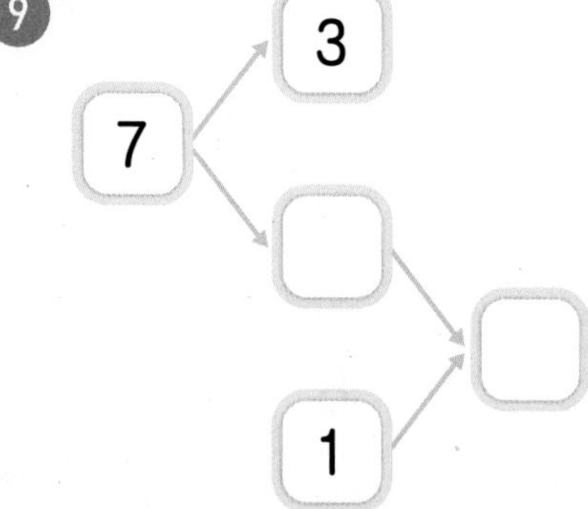

13

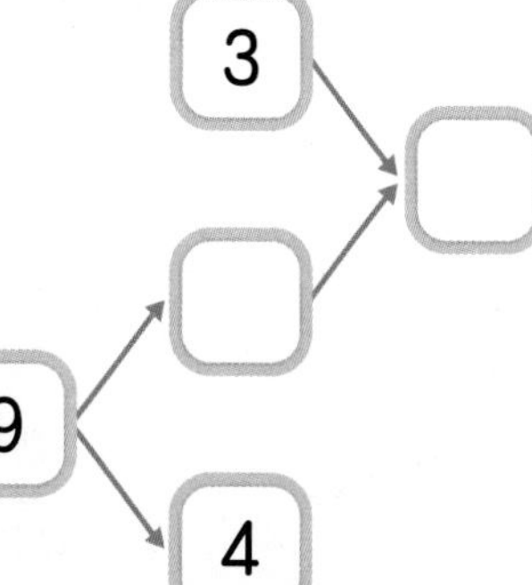

10

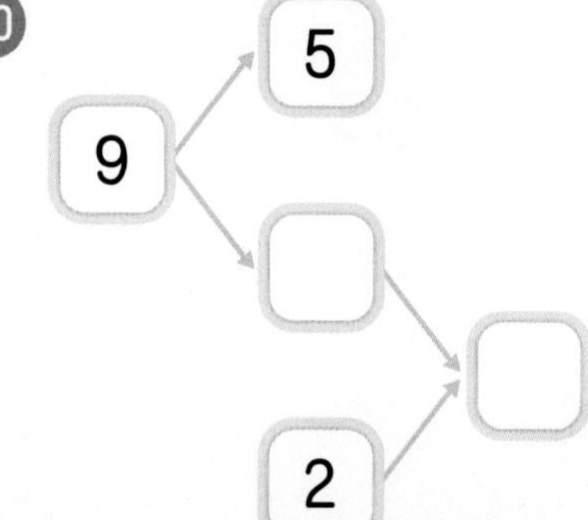

14

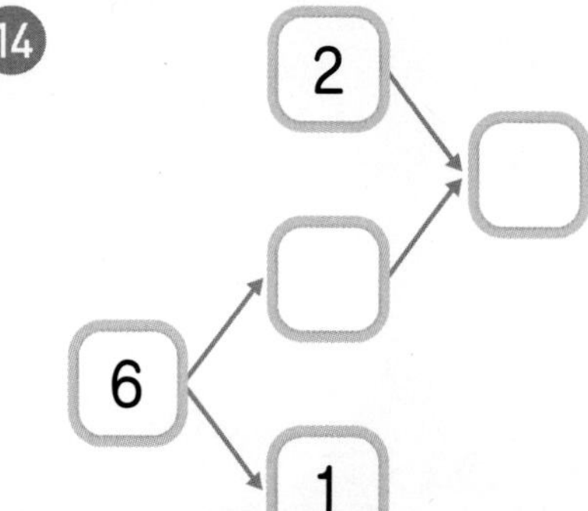

두더지가 모으기 또는 가르기를 하여 맞으면 ➡, 틀리면 ➡를 따라가려고 합니다.
두더지가 도착하는 집을 찾아 ○표 하세요.

2 6
8

7
4 3

5
1 4

3 2
4

5 3
9

4 4
8

○ □ 안에 알맞은 수가 2인 상자 안에 보물이 들어 있습니다.
보물이 들어 있는 상자를 찾아 상자에 쓰인 글자를 차례대로 써 보세요.

공부한 날짜 월 일

16 9까지의 수를 모으기와 가르기 평가

그림을 보고 빈칸에 알맞은 수를 써넣으세요.

1
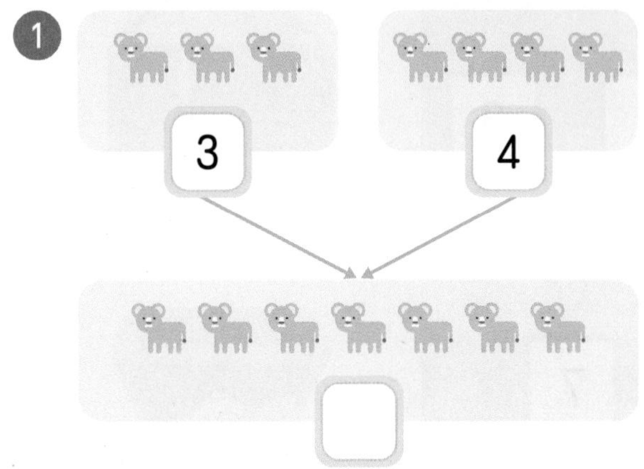

4
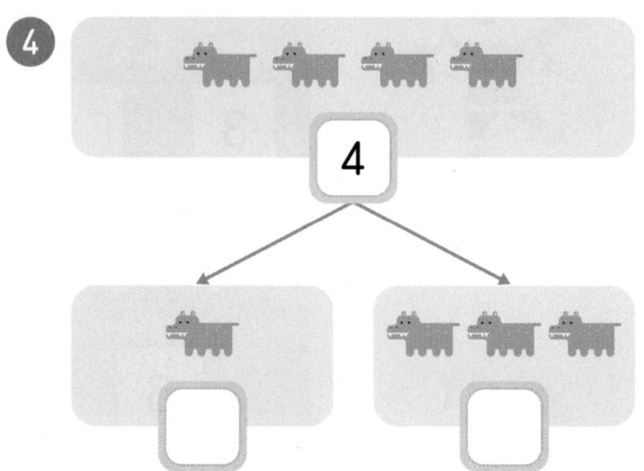

2
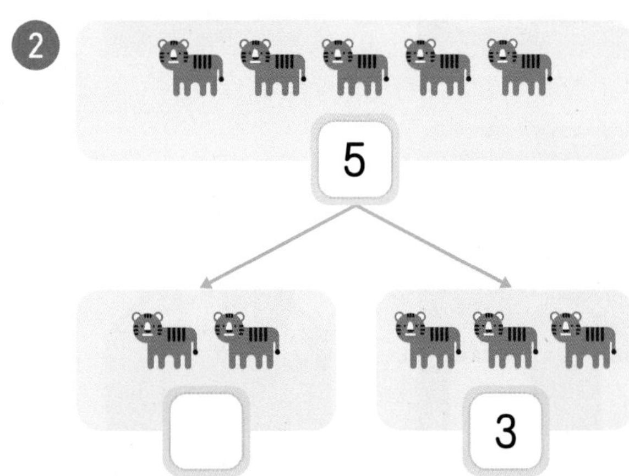

5
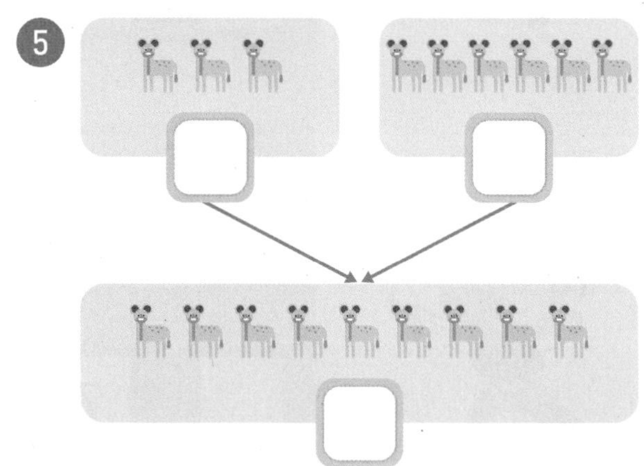

3
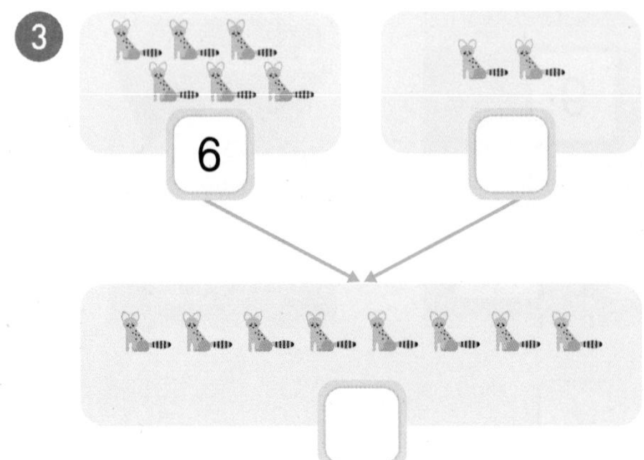

6
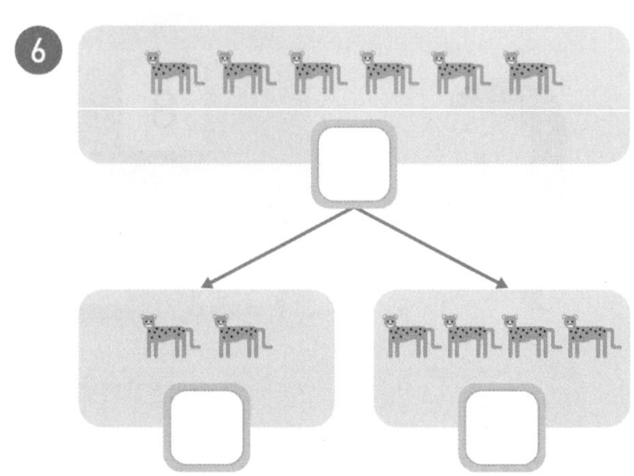

○ 빈칸에 알맞은 수를 써넣으세요.

7
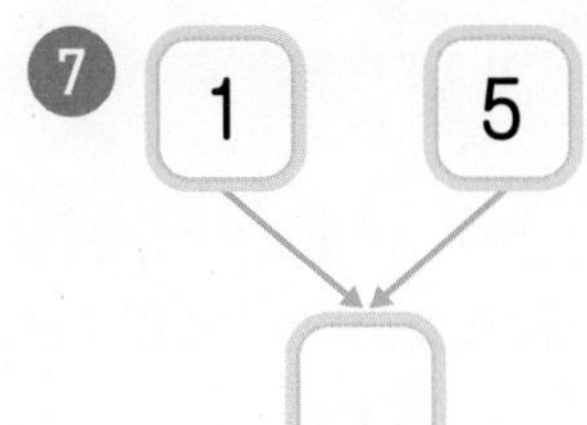

12
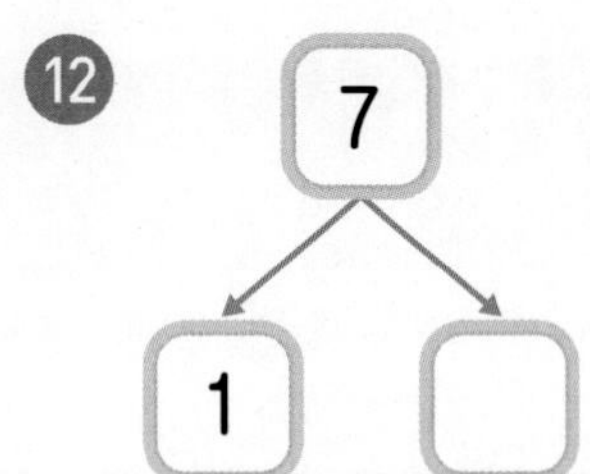

8
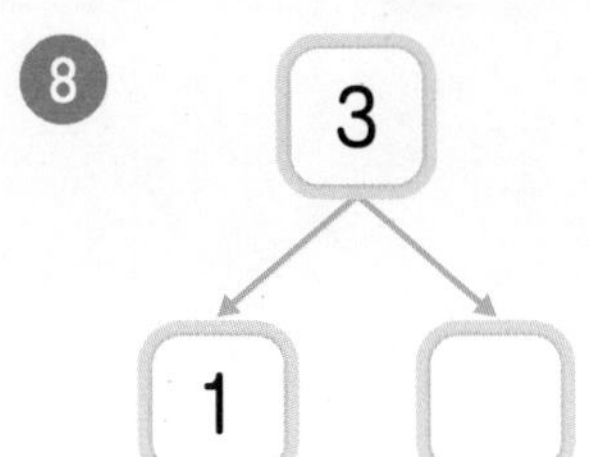

13
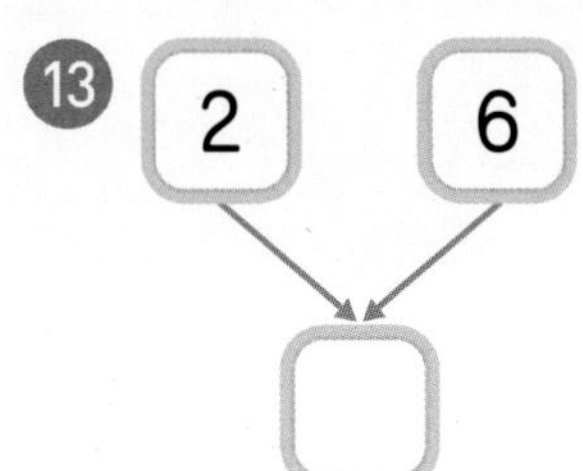

9
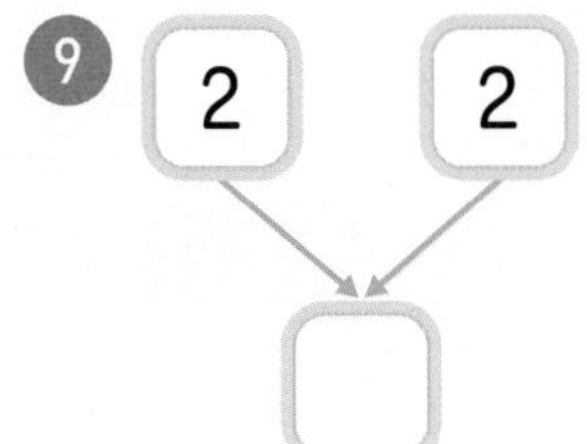

14
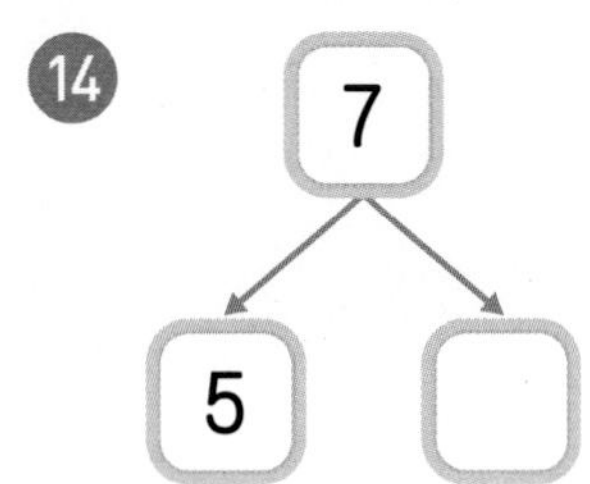

10
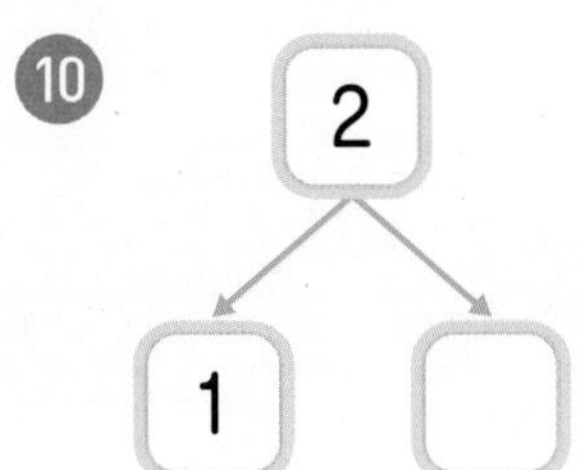

15
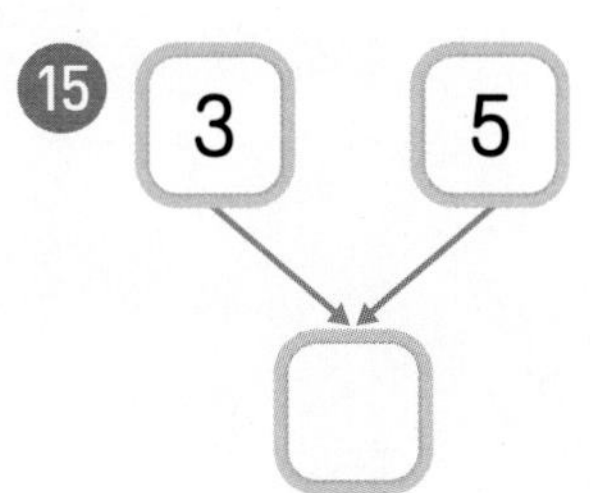

11
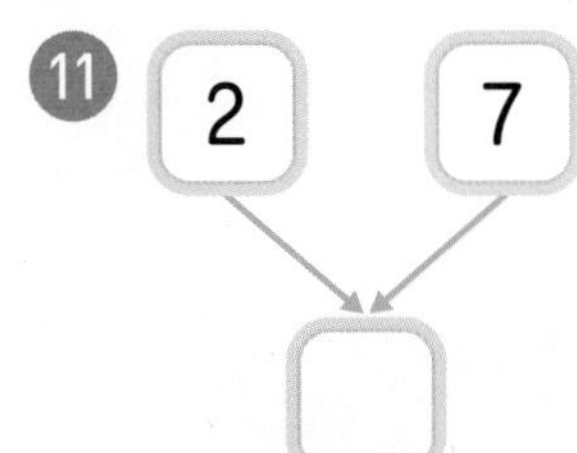

16
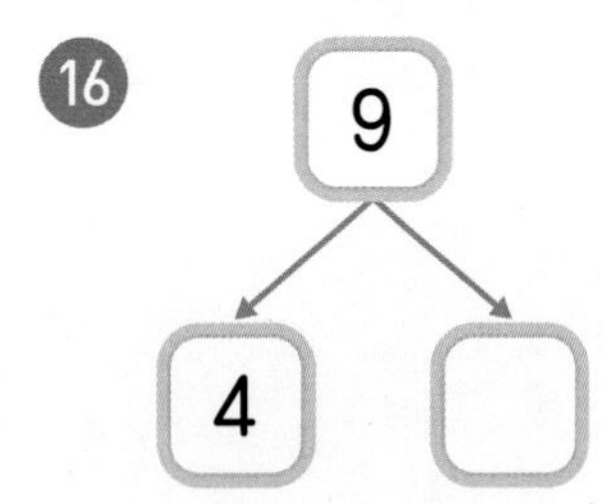

3 덧셈

덧셈의 의미를 이해하는 것이 중요한

17 덧셈식을 쓰고 읽기

18 그림 그리기를 이용하여 덧셈하기 / 0을 더하기

19 모으기를 이용하여 덧셈하기

20 계산 Plus+

21 덧셈 평가

17 덧셈식을 쓰고 읽기

그림을 보고 덧셈식을 쓰고 읽기

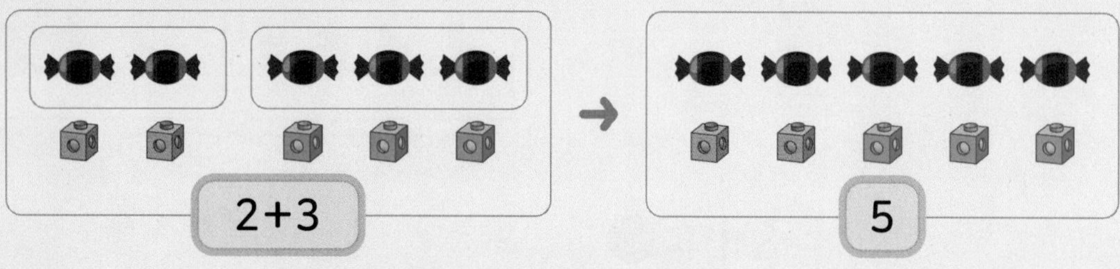

쓰기 $2+3=5$

읽기 2 더하기 3은 5와 같습니다.
2와 3의 합은 5입니다.

그림에 알맞은 덧셈식을 쓰고 읽어 보세요.

1

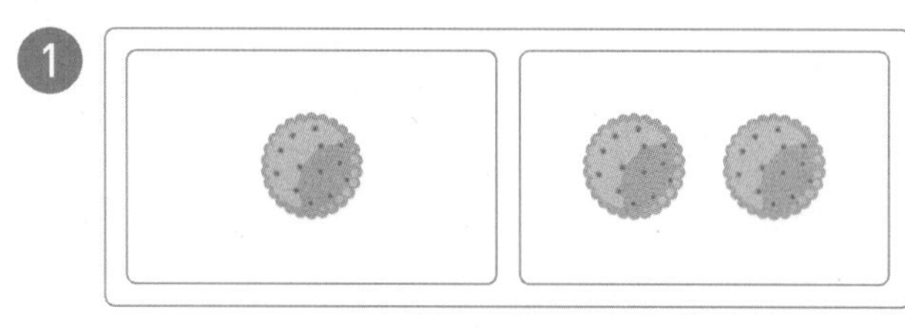

쓰기 $1+2=$ □

읽기
- 1 더하기 2는 □과 같습니다.
- 1과 2의 합은 □입니다.

2

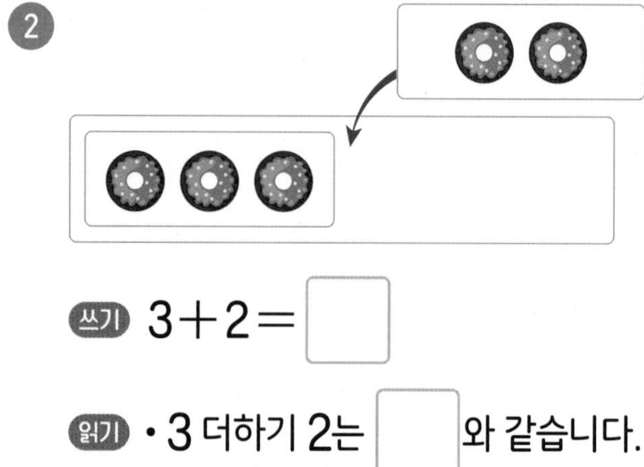

쓰기 $3+2=$ □

읽기
- 3 더하기 2는 □와 같습니다.
- 3과 2의 합은 □입니다.

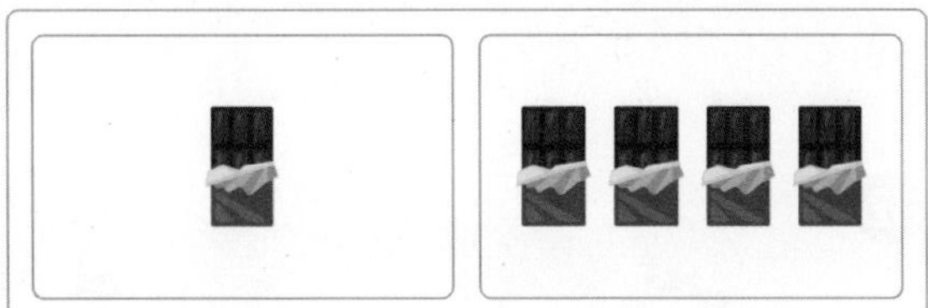

쓰기 1+4=□

읽기 • 1 더하기 4는 □와 같습니다.

• 1과 4의 합은 □입니다.

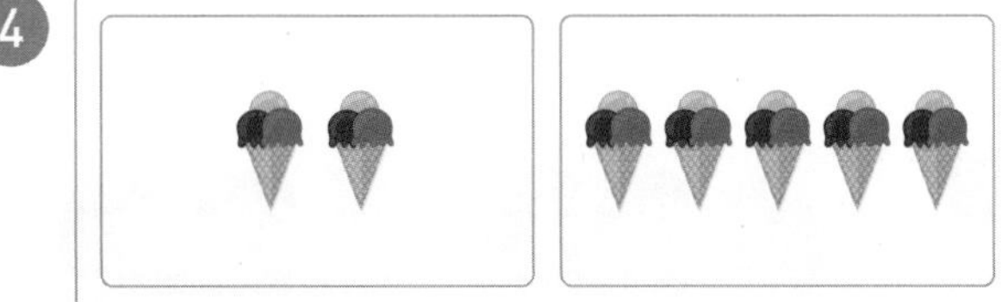

쓰기 2+5=□

읽기 • 2 더하기 5는 □과 같습니다.

• 2와 5의 합은 □입니다.

5

쓰기 3+6=□

읽기 • 3 더하기 6은 □와 같습니다.

• 3과 6의 합은 □입니다.

6

쓰기 4+2=□

읽기 • 4 더하기 2는 □과 같습니다.

• 4와 2의 합은 □입니다.

7

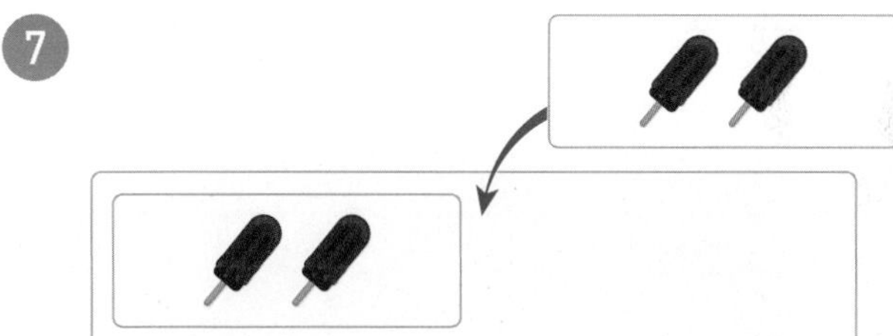

쓰기 2+2=□

읽기 • 2 더하기 2는 □와 같습니다.

• 2와 2의 합은 □입니다.

8

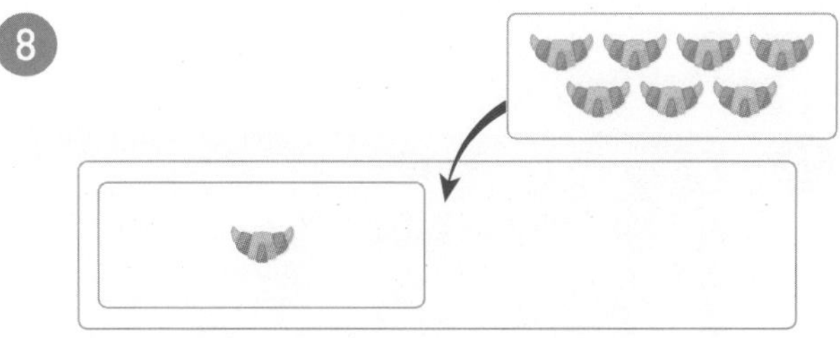

쓰기 1+7=□

읽기 • 1 더하기 7은 □과 같습니다.

• 1과 7의 합은 □입니다.

◎ 그림에 알맞은 덧셈식을 쓰고 읽어 보세요.

9

1+ ☐ = ☐

1 더하기 3은 ☐ 와 같습니다.

10

5+ ☐ = ☐

5 더하기 1은 ☐ 과 같습니다.

11

2+ ☐ = ☐

2 더하기 6은 ☐ 과 같습니다.

12

4+ ☐ = ☐

4와 3의 합은 ☐ 입니다.

13

3+ ☐ = ☐

3과 2의 합은 ☐ 입니다.

14

7+ ☐ = ☐

7과 2의 합은 ☐ 입니다.

15 

2+ ☐ = ☐

2 더하기 2는 ☐ 와 같습니다.

16 

2+ ☐ = ☐

2 더하기 3은 ☐ 와 같습니다.

17 

4+ ☐ = ☐

4 더하기 2는 ☐ 과 같습니다.

18 

3+ ☐ = ☐

3과 4의 합은 ☐ 입니다.

19 

5+ ☐ = ☐

5와 3의 합은 ☐ 입니다.

20 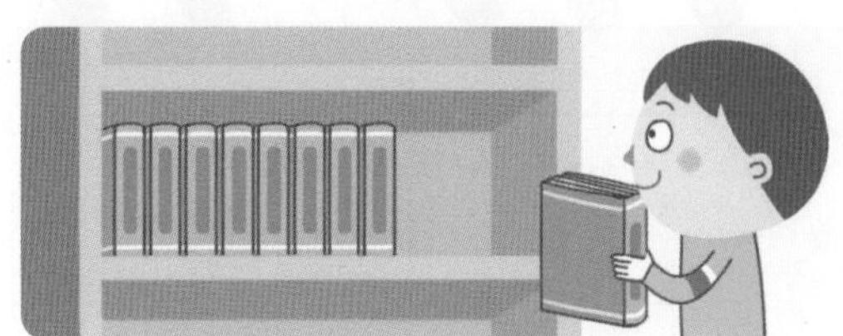

8+ ☐ = ☐

8과 1의 합은 ☐ 입니다.

18 그림 그리기를 이용하여 덧셈하기 / 0을 더하기

○를 그려 덧셈하기

딸기 아이스크림의 수만큼 ○를 2개 그리고 이어서 초콜릿 아이스크림의 수만큼 ○를 4개 그리면 ○는 모두 6개입니다. ➜ 아이스크림은 모두 6개입니다.

○	○	○	○	○
○				

$2+4=6$

(어떤 수)+0

어떤 수에 0을 더하면 항상 어떤 수가 됩니다.

$2+0=2$

0+(어떤 수)

0에 어떤 수를 더하면 항상 어떤 수가 됩니다.

$0+4=4$

그림을 보고 ○를 그려 덧셈을 해 보세요.

1

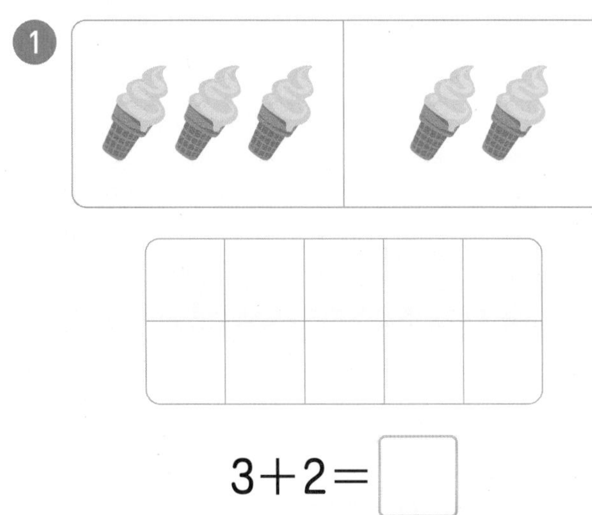

$3+2=$ □

2

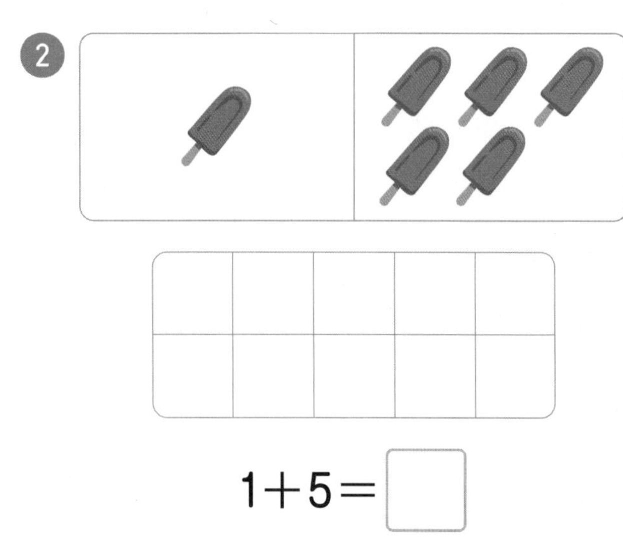

$1+5=$ □

식에 알맞게 ◯를 그려 덧셈을 해 보세요.

❸

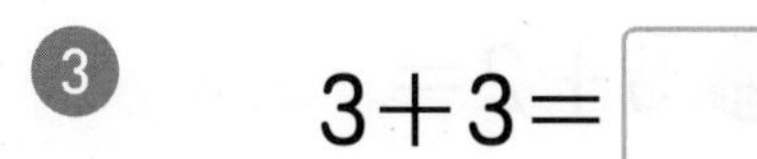

$3+3=\square$

❹ $5+2=\square$

❺ $4+5=\square$

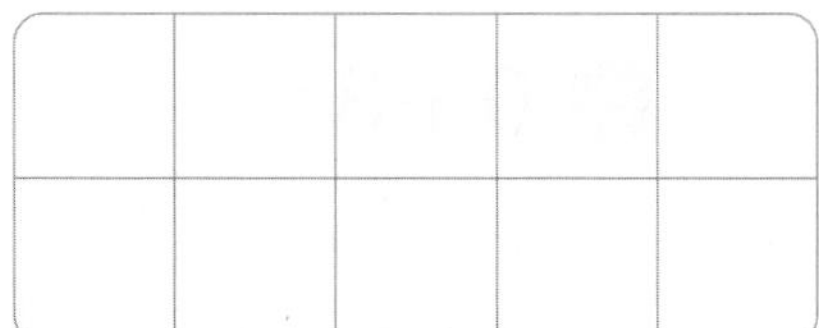

❻ $1+7=\square$

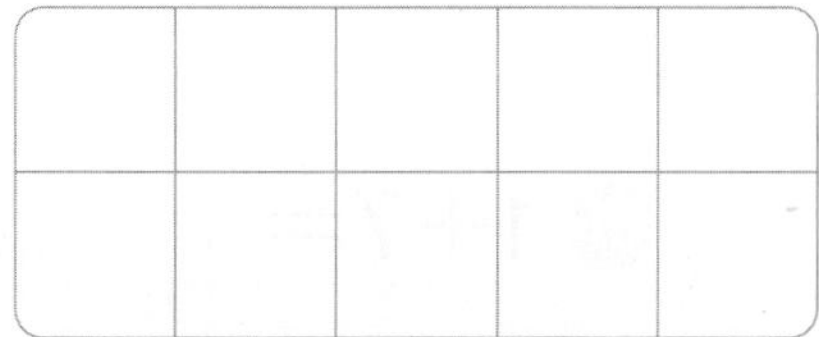

❼ $3+5=\square$

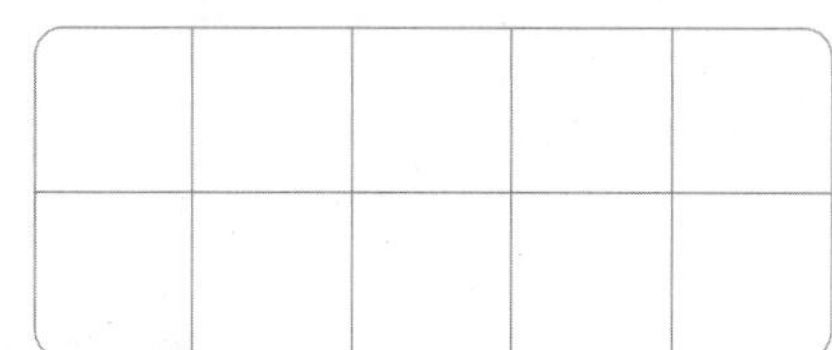

❽ $1+8=\square$

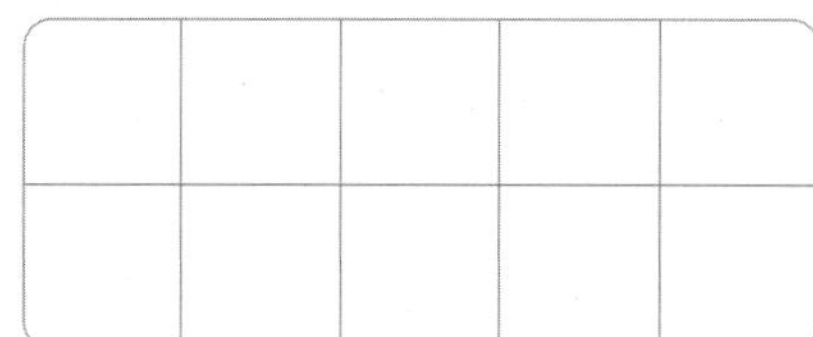

❾ $4+1=\square$

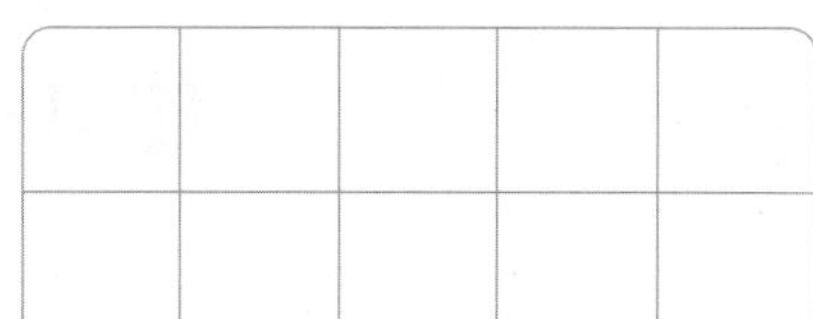

❿ $3+4=\square$

○ 덧셈을 해 보세요.

⑪ $1+2=$

⑫ $3+5=$

⑬ $1+3=$

⑭ $5+4=$

⑮ $1+5=$

⑯ $8+0=$

⑰ $6+2=$

⑱ $3+4=$

⑲ $3+6=$

⑳ $4+0=$

㉑ $1+4=$

㉒ $4+3=$

㉓ $4+1=$

㉔ $1+6=$

㉕ $5+2=$

㉖ $4+5=$

㉗ $6+3=$

㉘ $2+7=$

㉙ $0+3=$

㉚ $4+2=$

㉛ $1+7=$

㉜ $3+1=$

㉝ $2+3=$

㉞ $0+7=$

㉟ $6+1=$

㊱ $5+3=$

㊲ $8+1=$

㊳ $2+2=$

㊴ $2+6=$

㊵ $1+0=$

㊶ $1+8=$

㊷ $2+1=$

㊸ $2+4=$

㊹ $7+2=$

㊺ $2+0=$

㊻ $3+3=$

㊼ $2+5=$

㊽ $3+2=$

㊾ $5+1=$

㊿ $7+1=$

51 $4+4=$

52 $0+9=$

19 모으기를 이용하여 덧셈하기

모으기를 이용하여 덧셈하기

2와 3을 모으기 하면 5가 되므로 기린 2마리와 3마리를 합하면 모두 5마리입니다.

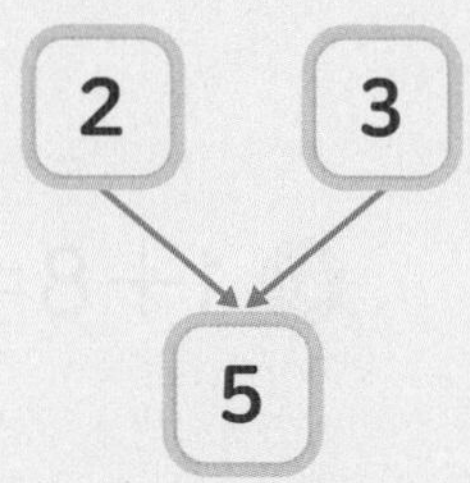

$2+3=5$

그림을 보고 덧셈을 해 보세요.

1

1 2

□

$1+\square=\square$

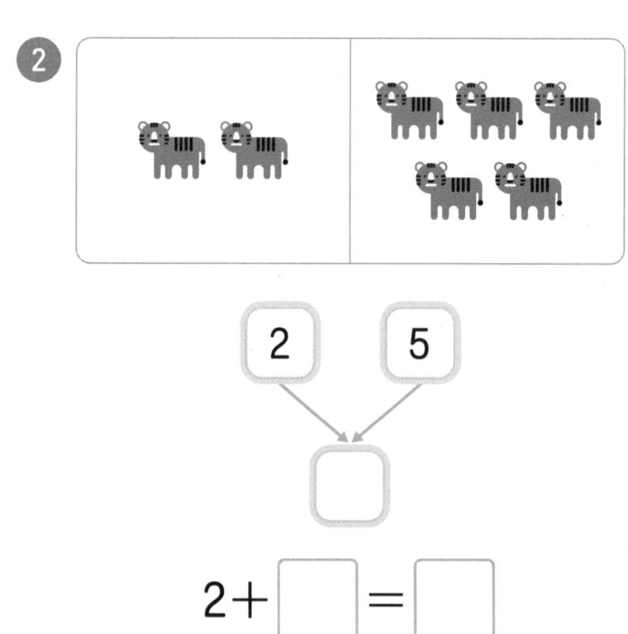

○ 모으기를 이용하여 덧셈을 해 보세요.

3 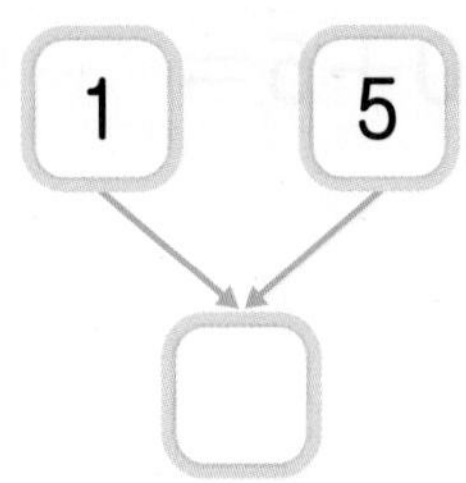

1+□=□

4 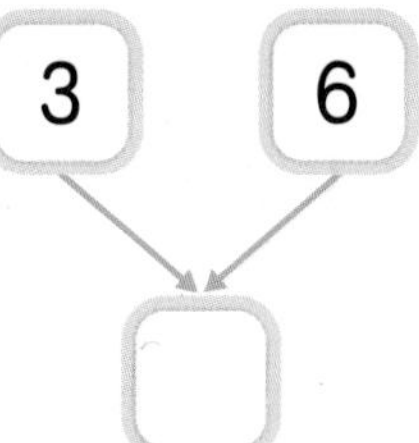

3+□=□

5 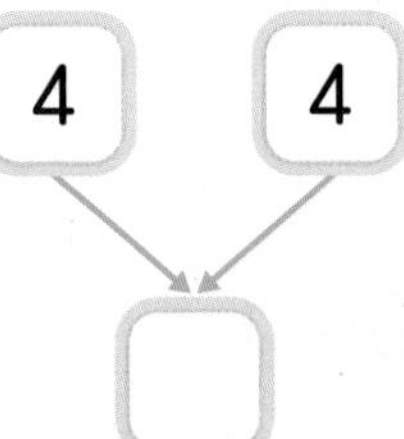

4+□=□

6 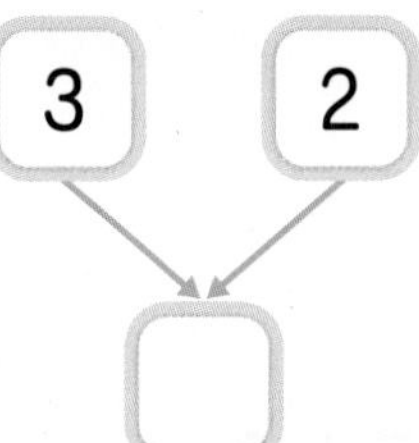

3+□=□

7 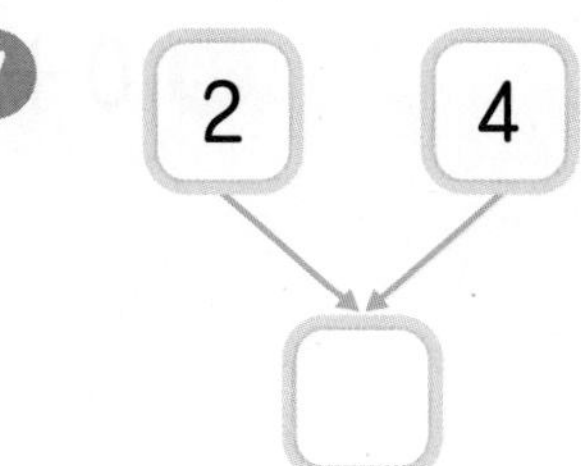

2+□=□

8 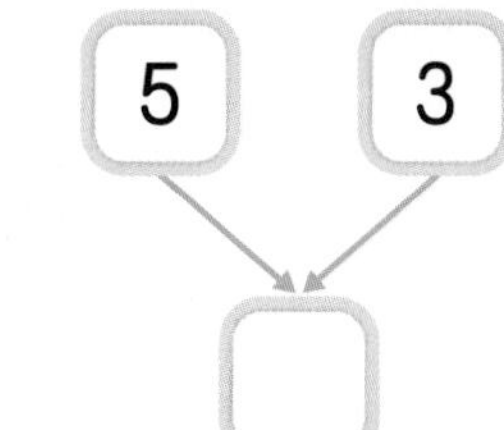

5+□=□

9 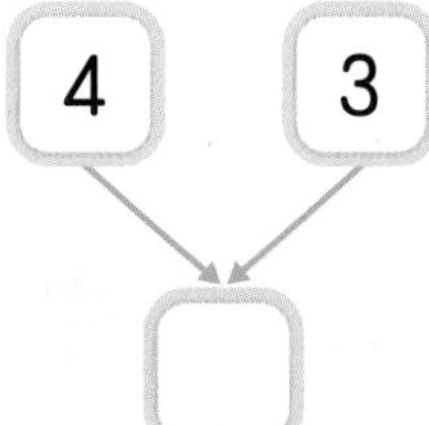

4+□=□

10 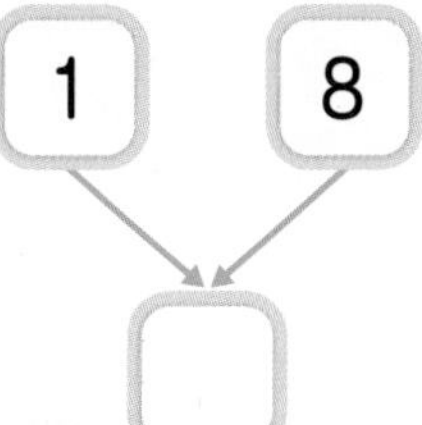

1+□=□

○ 덧셈을 해 보세요.

⑪ $1+4=$

⑫ $4+4=$

⑬ $8+1=$

⑭ $1+3=$

⑮ $4+5=$

⑯ $7+0=$

⑰ $3+3=$

⑱ $0+6=$

⑲ $6+3=$

⑳ $3+2=$

㉑ $4+2=$

㉒ $5+3=$

㉓ $0+1=$

㉔ $2+1=$

㉕ $0+5=$

㉖ $3+4=$

㉗ $7+1=$

㉘ $3+6=$

㉙ $6+1=$

㉚ $1+5=$

㉛ $5+0=$

㉜ $9+0=$

㉝ $4+1=$

㉞ $6+2=$

㉟ $3+0=$

㊱ $7+2=$

㊲ $2+5=$

㊳ $2+4=$

㊴ $5+2=$

㊵ $2+3=$

㊶ $5+4=$

㊷ $5+1=$

㊸ $3+5=$

㊹ $0+4=$

㊺ $2+2=$

㊻ $2+7=$

㊼ $6+0=$

㊽ $0+2=$

㊾ $3+1=$

㊿ $1+2=$

51 $1+8=$

52 $4+3=$

계산 Plus+

덧셈

○ 빈칸에 알맞은 수를 써넣으세요.

1
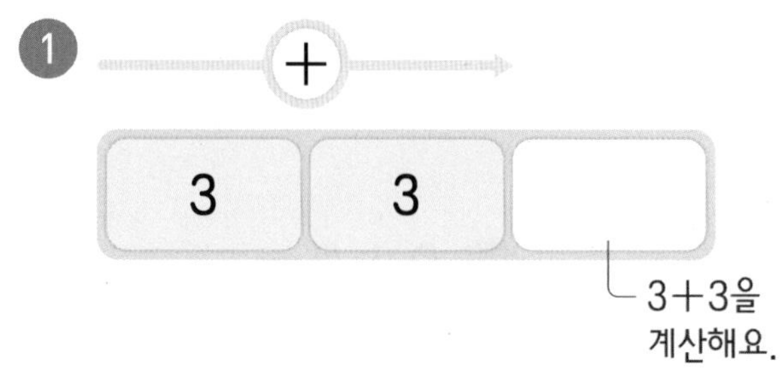

2
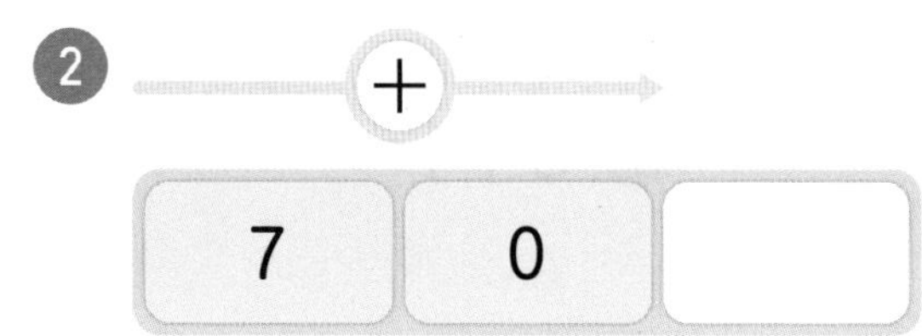

3 + : 6, 3, [ ]

4 + : 2, 2, [ ]

5
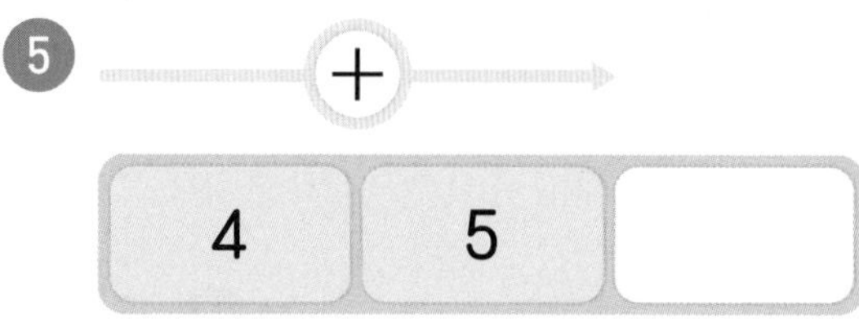

6
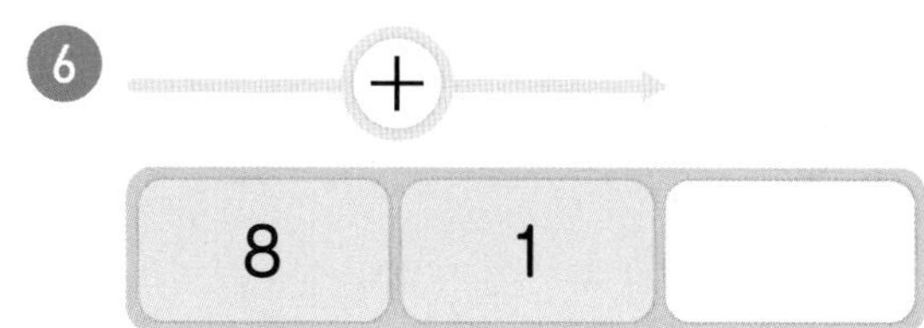

7
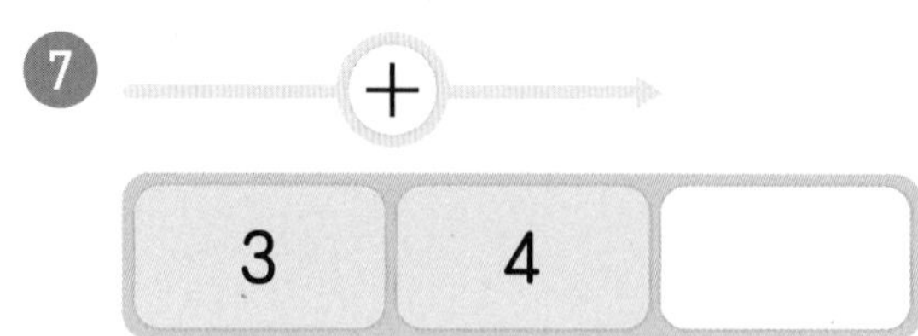

8 + : 7, 2, [ ]

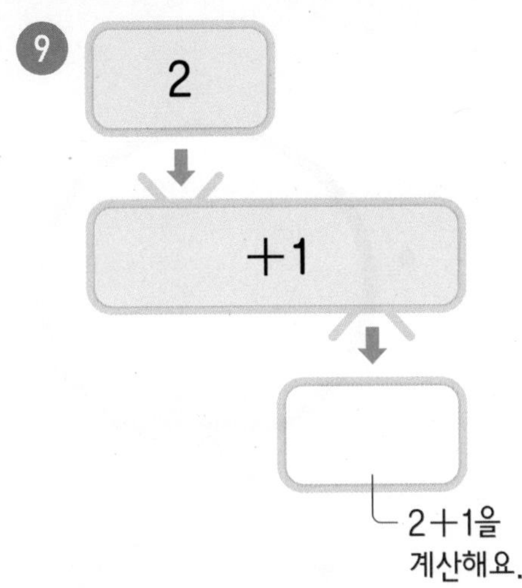
9
2
+1
2+1을
계산해요.

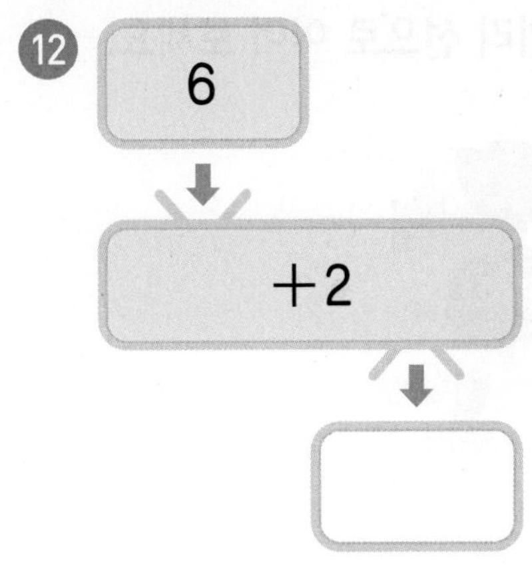
12
6
+2

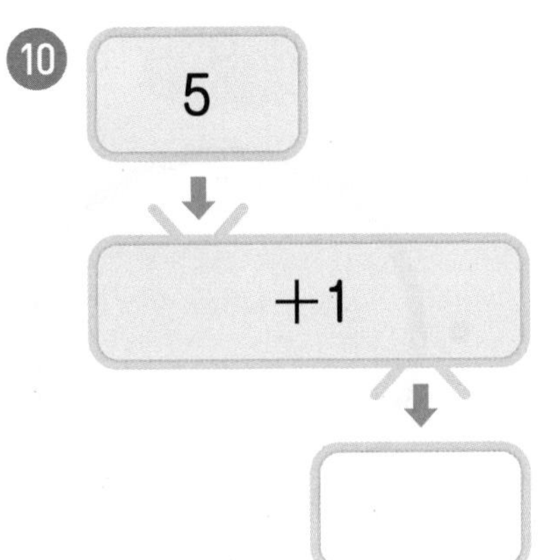
10
5
+1

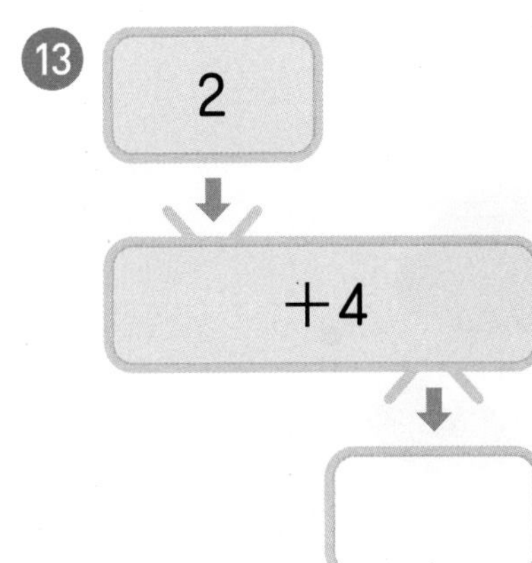
13
2
+4

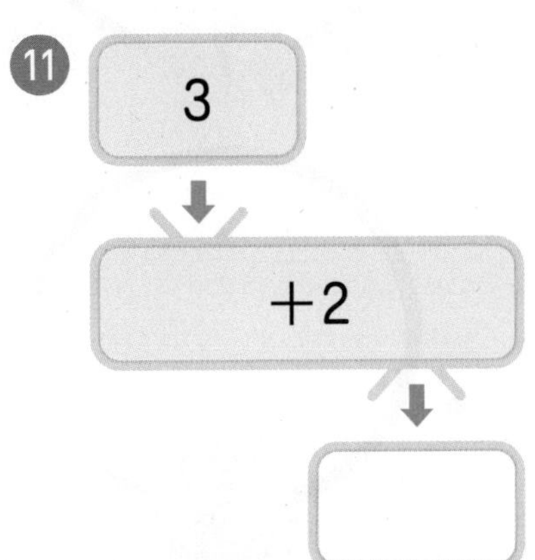
11
3
+2

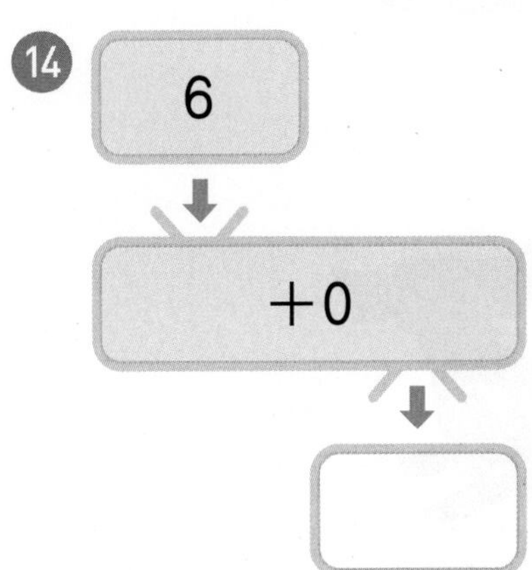
14
6
+0

◎ 관계있는 것끼리 선으로 이어 보세요.

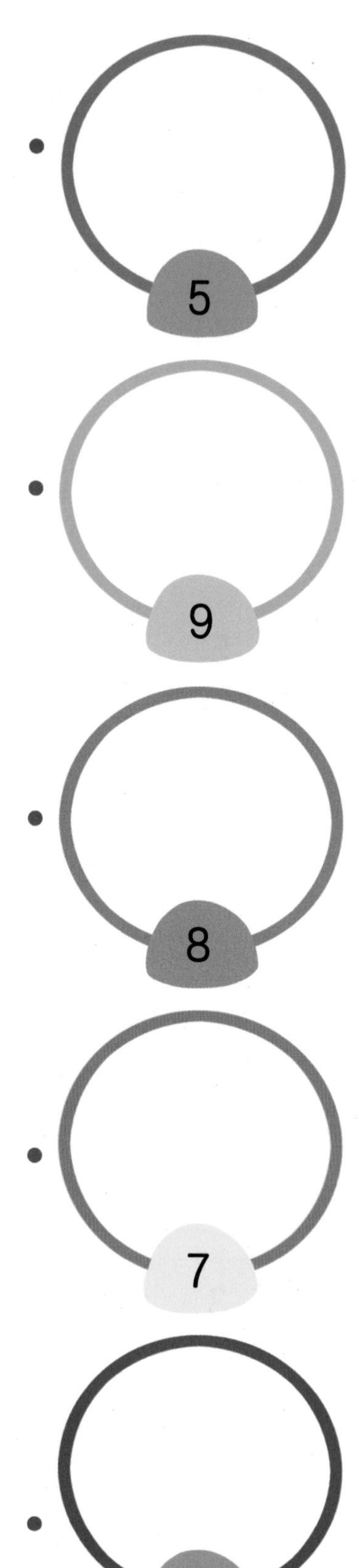

덧셈을 하여 합이 나타내는 색으로 색칠해 보세요.

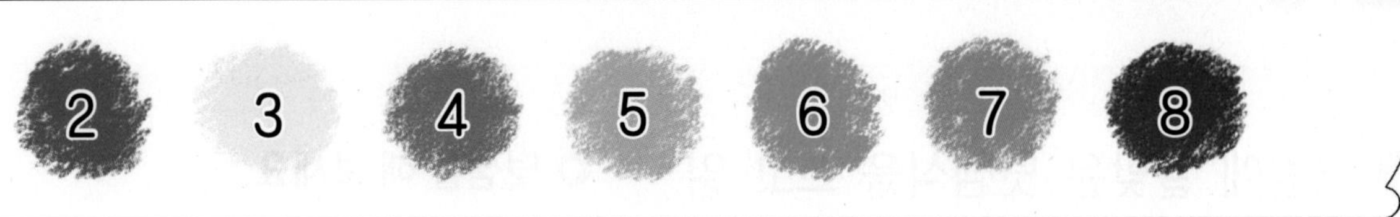

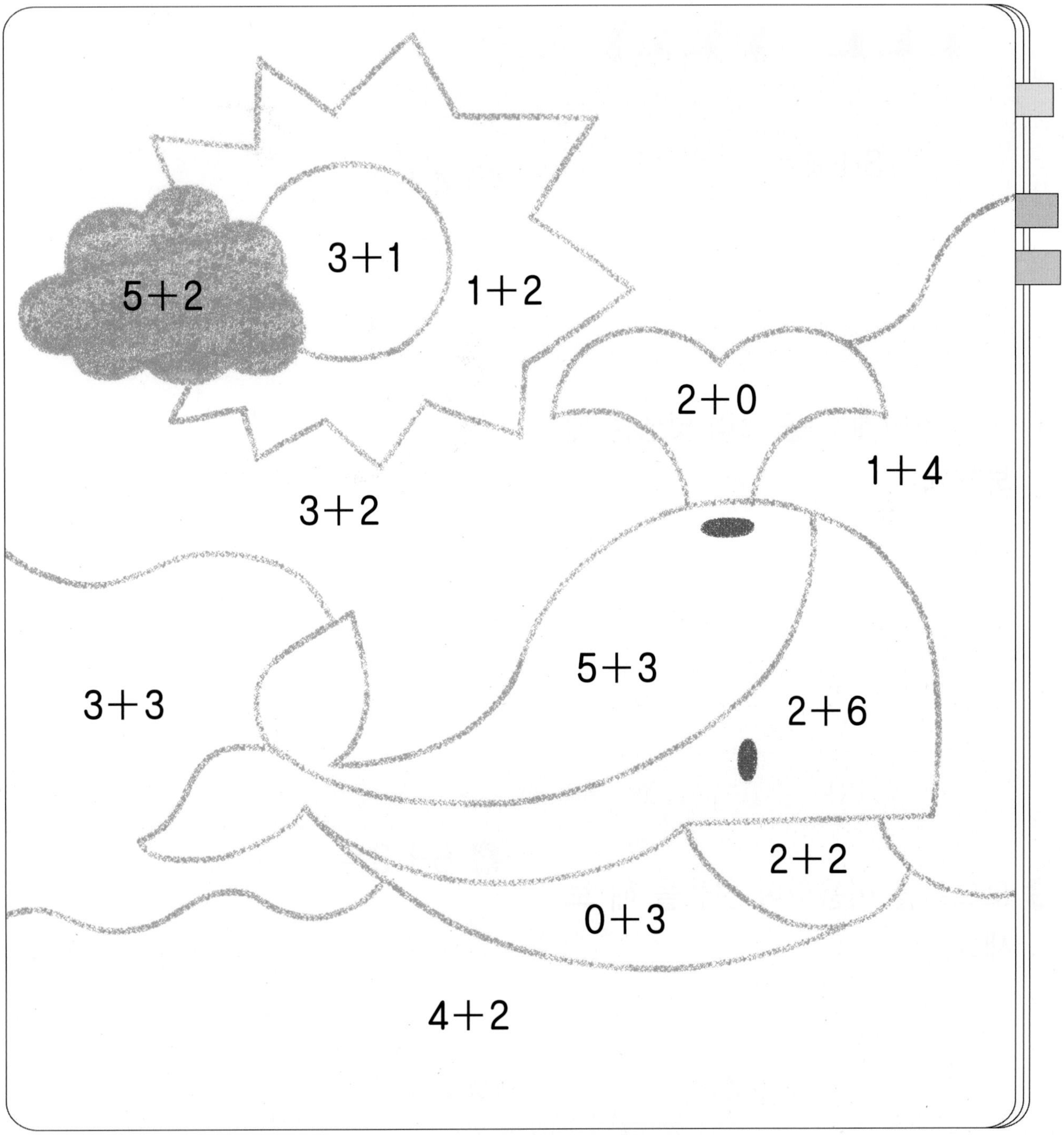

5+2

3+1

1+2

2+0

1+4

3+2

5+3

3+3

2+6

2+2

0+3

4+2

21 덧셈 평가

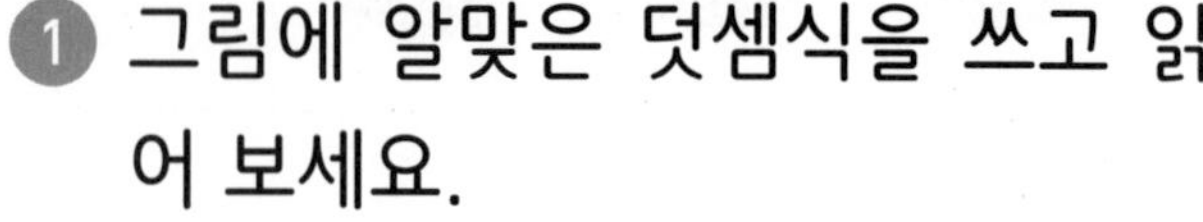

1 그림에 알맞은 덧셈식을 쓰고 읽어 보세요.

3+4=□

3 더하기 4는 □과 같습니다.

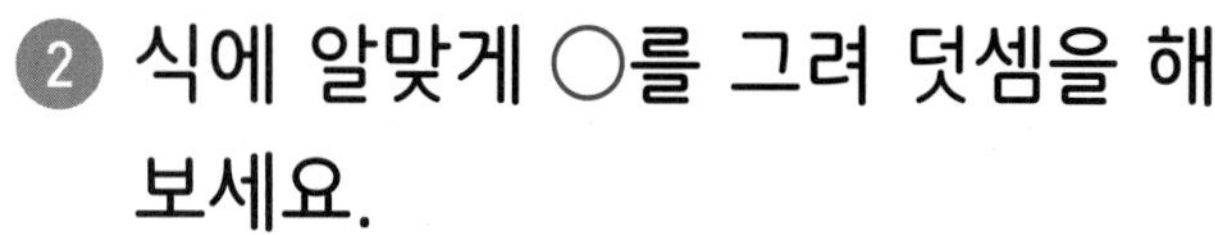

2 식에 알맞게 ○를 그려 덧셈을 해 보세요.

5+3=□

3 모으기를 이용하여 덧셈을 해 보세요.

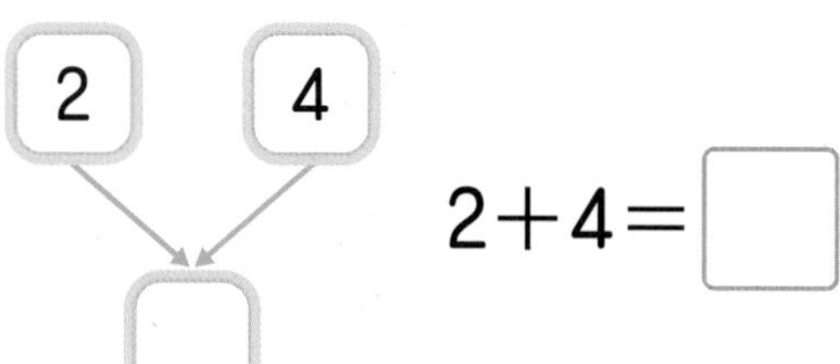

2+4=□

○ 덧셈을 해 보세요.

4 5+2=

5 4+2=

6 2+3=

7 0+7=

8 6+3=

9 2+2=

○ 덧셈을 하여 합이 나타내는 색으로 색칠해 보세요.

2
3
4
5
6
7
8

5+2
3+1
1+2
2+0
1+4
3+2
5+3
3+3
2+6
2+2
0+3
4+2

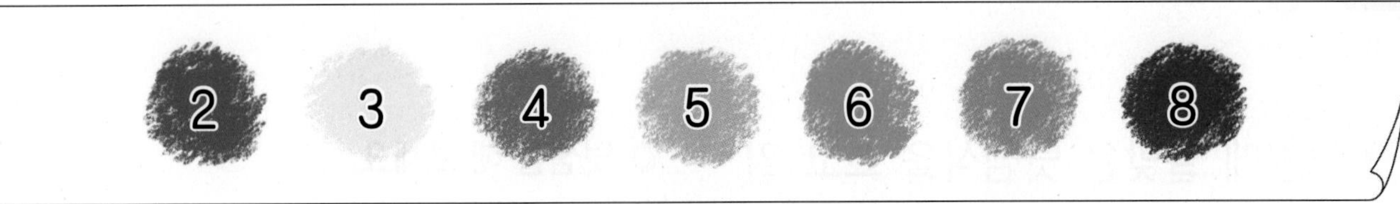

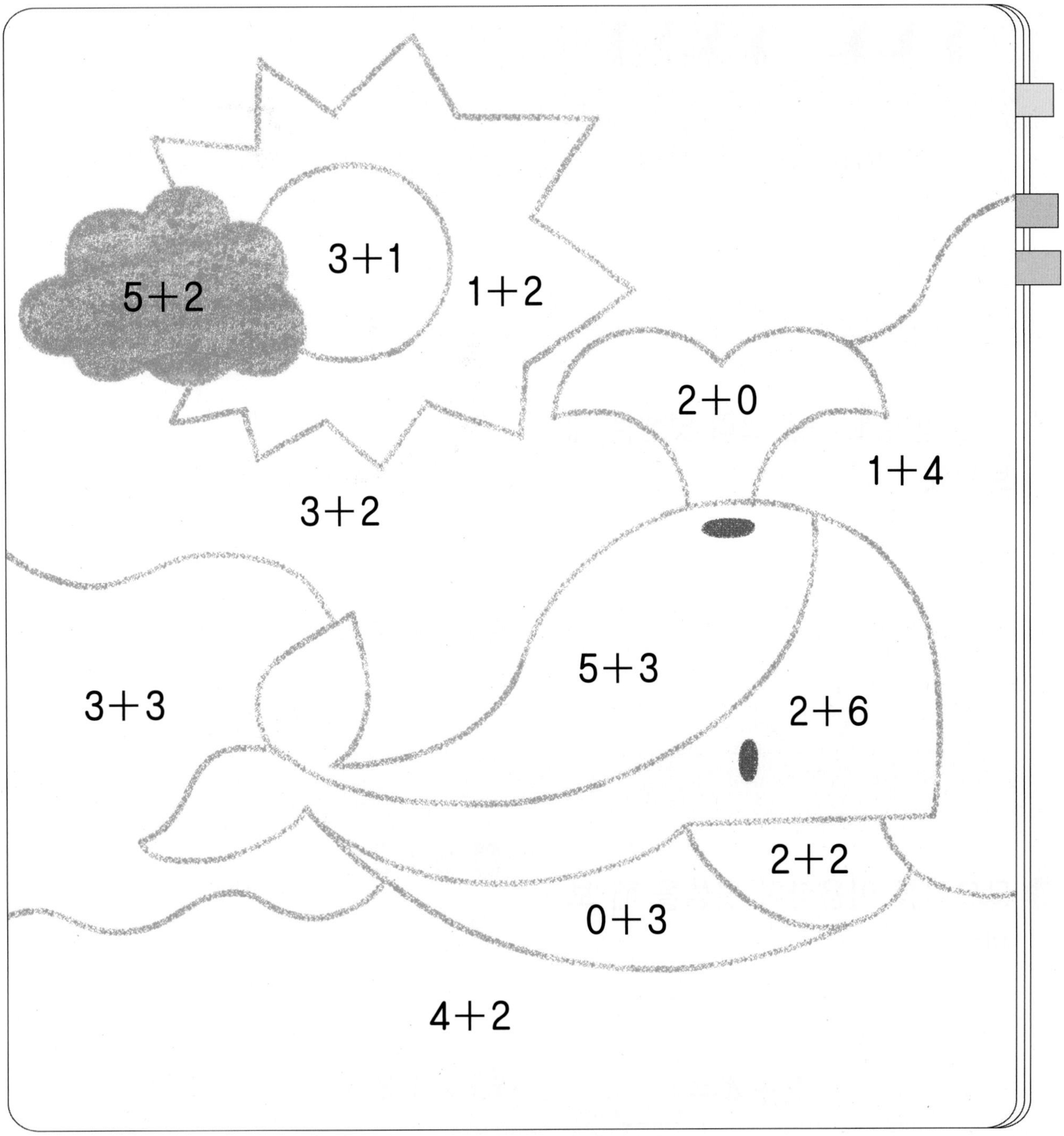

21 덧셈 평가

1 그림에 알맞은 덧셈식을 쓰고 읽어 보세요.

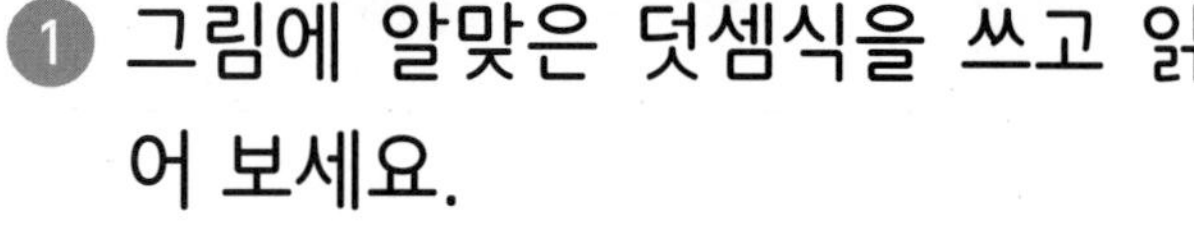

3 더하기 4는 □과 같습니다.

2 식에 알맞게 ○를 그려 덧셈을 해 보세요.

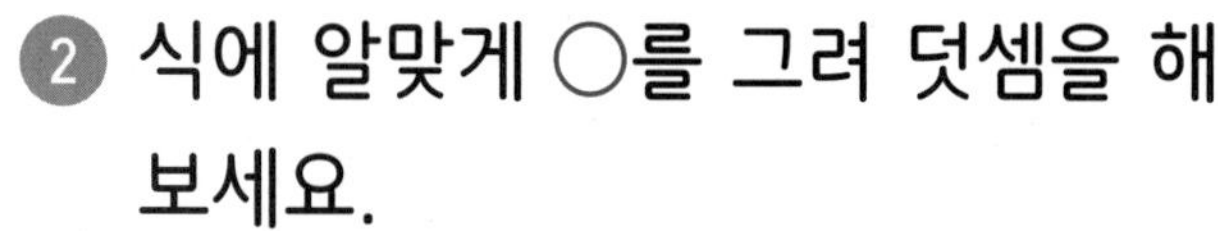

3 모으기를 이용하여 덧셈을 해 보세요.

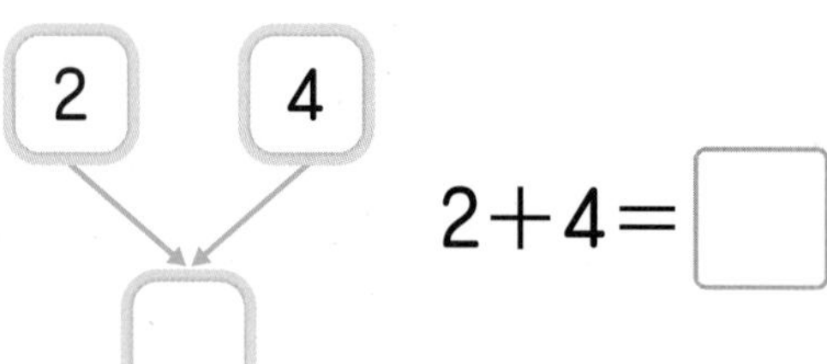

○ 덧셈을 해 보세요.

4 5+2=

5 4+2=

6 2+3=

7 0+7=

8 6+3=

9 2+2=

⑩ 1+2=

⑪ 3+3=

⑫ 5+0=

⑬ 1+3=

⑭ 2+5=

⑮ 6+2=

⑯ 8+1=

● 빈칸에 알맞은 수를 써넣으세요.

⑰
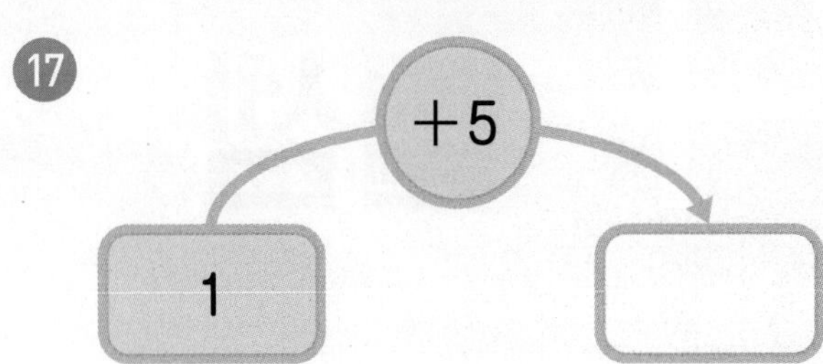

⑱
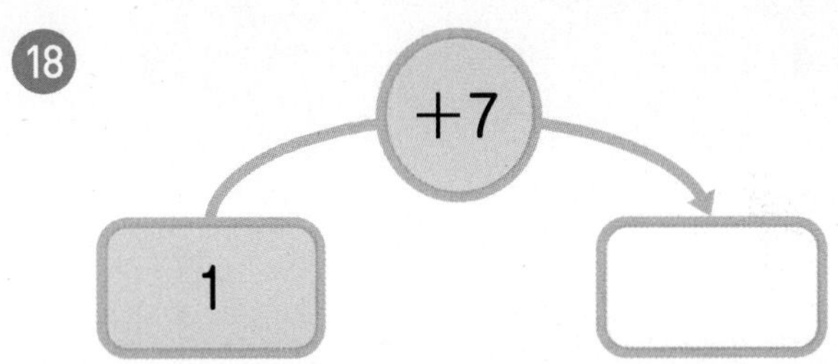

⑲
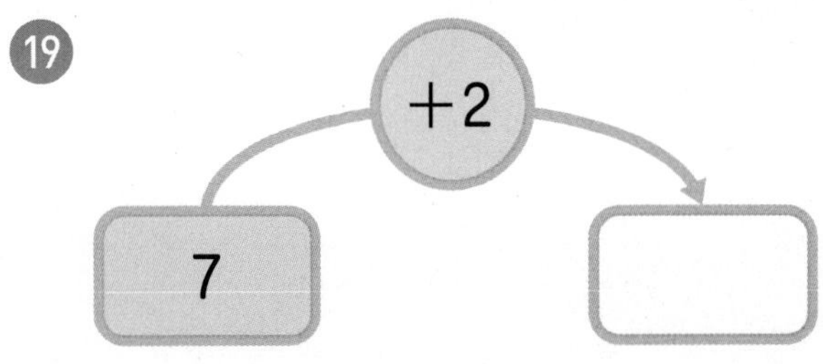

⑳
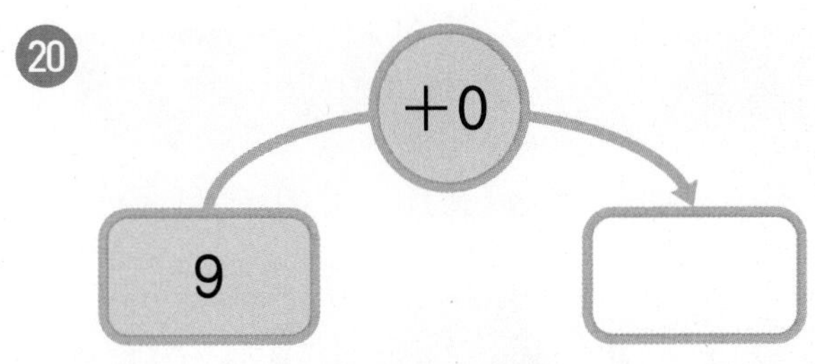

4 뺄셈

뺄셈의 의미를 이해하는 것이 중요한

22 뺄셈식을 쓰고 읽기

23 그림 그리기를 이용하여 뺄셈하기 / 0을 빼기

24 가르기를 이용하여 뺄셈하기

25 어떤 수 구하기

26 계산 Plus+

27 뺄셈 평가

22 뺄셈식을 쓰고 읽기

그림을 보고 뺄셈식을 쓰고 읽기

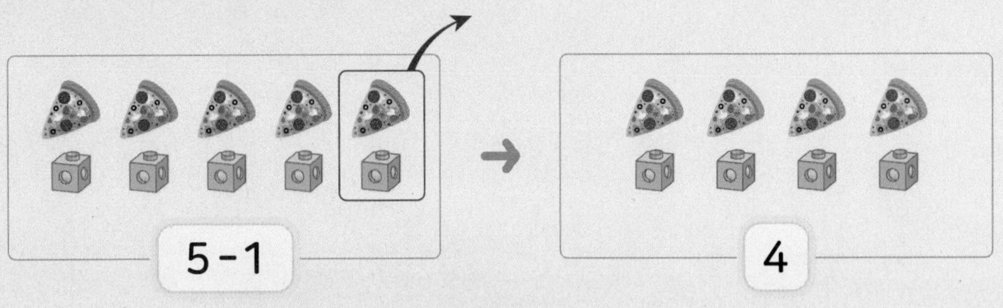

쓰기 5－1＝4

읽기 5 빼기 1은 4와 같습니다.
5와 1의 차는 4입니다.

그림에 알맞은 뺄셈식을 쓰고 읽어 보세요.

1

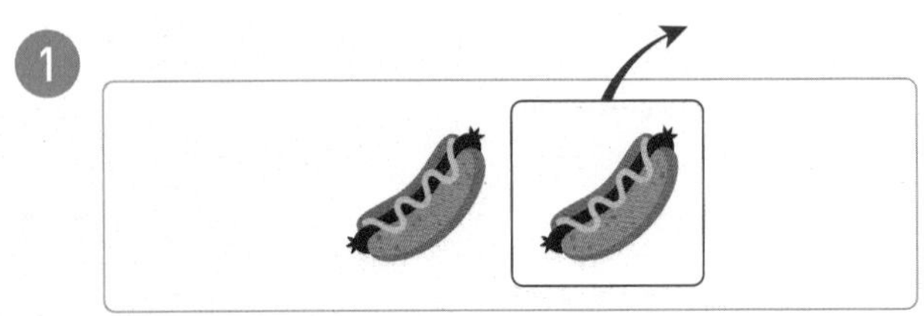

쓰기 2－1＝☐

읽기 • 2 빼기 1은 ☐과 같습니다.

• 2와 1의 차는 ☐입니다.

2

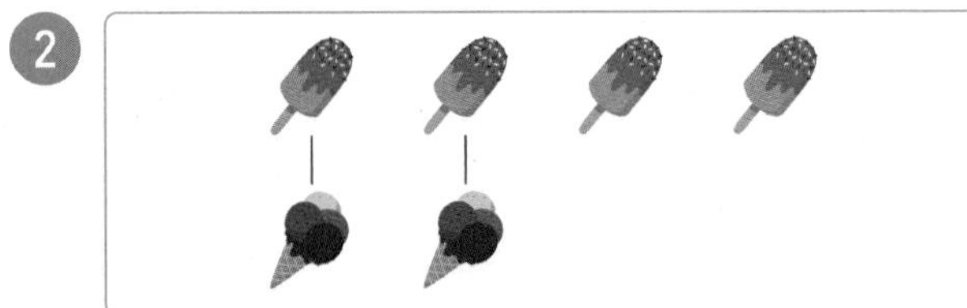

쓰기 4－2＝☐

읽기 • 4 빼기 2는 ☐와 같습니다.

• 4와 2의 차는 ☐입니다.

3

쓰기 3－2＝☐

읽기 • 3 빼기 2는 ☐과 같습니다.

• 3과 2의 차는 ☐입니다.

4

쓰기 8－4＝☐

읽기 • 8 빼기 4는 ☐와 같습니다.

• 8과 4의 차는 ☐입니다.

5
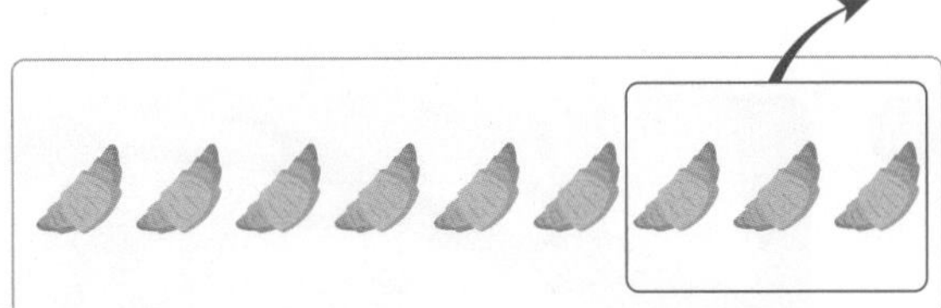

쓰기 9－3＝☐

읽기 • 9 빼기 3은 ☐과 같습니다.

• 9와 3의 차는 ☐입니다.

6
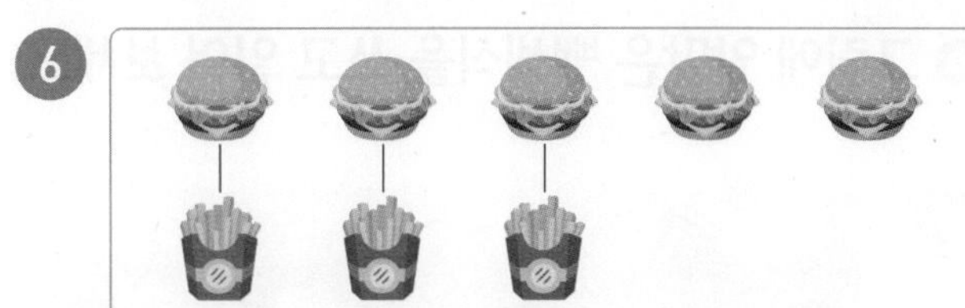

쓰기 5－3＝☐

읽기 • 5 빼기 3은 ☐와 같습니다.

• 5와 3의 차는 ☐입니다.

7
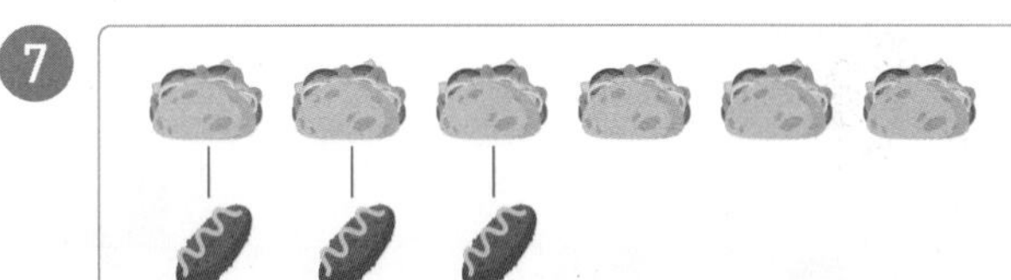

쓰기 6－3＝☐

읽기 • 6 빼기 3은 ☐과 같습니다.

• 6과 3의 차는 ☐입니다.

8
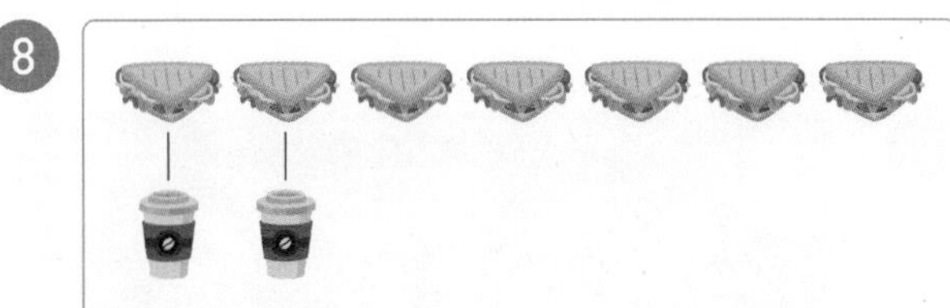

쓰기 7－2＝☐

읽기 • 7 빼기 2는 ☐와 같습니다.

• 7과 2의 차는 ☐입니다.

○ 그림에 알맞은 뺄셈식을 쓰고 읽어 보세요.

9 

5－2＝☐

5 빼기 ☐ 는 ☐ 과 같습니다.

10 

6－1＝☐

6 빼기 ☐ 은 ☐ 와 같습니다.

11 

8－5＝☐

8 빼기 ☐ 는 ☐ 과 같습니다.

12 

3－2＝☐

3과 ☐ 의 차는 ☐ 입니다.

13 

7－4＝☐

7과 ☐ 의 차는 ☐ 입니다.

14 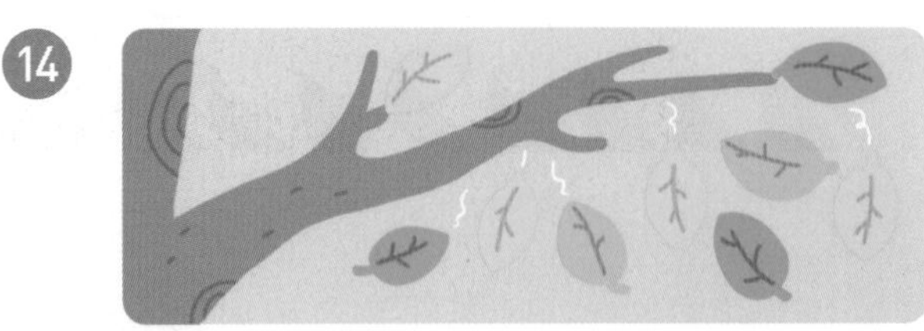

9－7＝☐

9와 ☐ 의 차는 ☐ 입니다.

⑮

4－3＝☐

4 빼기 ☐은 ☐과 같습니다.

⑯

5－1＝☐

5 빼기 ☐은 ☐와 같습니다.

⑰

8－6＝☐

8 빼기 ☐은 ☐와 같습니다.

⑱

6－4＝☐

6과 ☐의 차는 ☐입니다.

⑲

9－5＝☐

9와 ☐의 차는 ☐입니다.

⑳

7－3＝☐

7과 ☐의 차는 ☐입니다.

23 그림 그리기를 이용하여 뺄셈하기 / 0을 빼기

그림을 그려 뺄셈하기

연필의 수만큼 ○를 5개 그리고 덜어 낸 연필의 수만큼 /으로 3개를 지우면 ○는 2개가 남습니다. → 남은 연필은 2자루입니다.

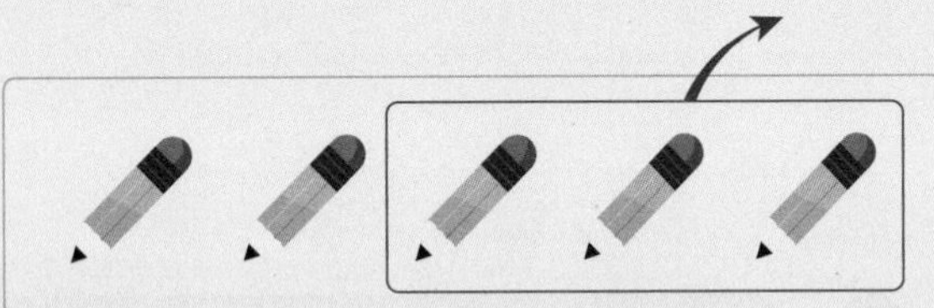

○ ○ ∅ ∅ ∅

5−3=2

(어떤 수)−0

어떤 수에서 0을 빼면 항상 어떤 수가 됩니다.

4−0=4

(전체)−(전체)

전체에서 전체를 빼면 0이 됩니다.

4−4=0

그림에 알맞게 /으로 지우거나 하나씩 연결하여 뺄셈을 해 보세요.

1

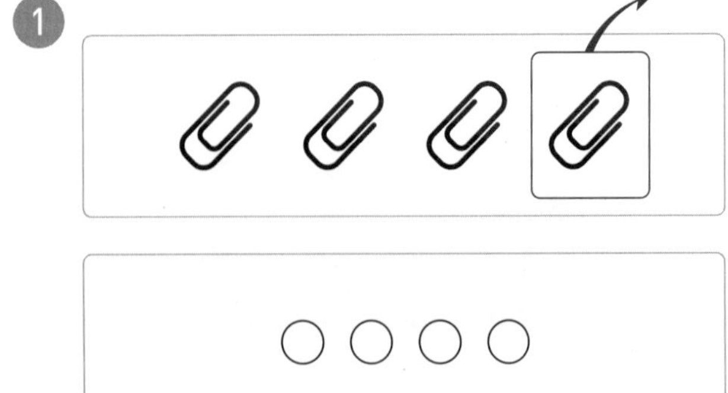

○ ○ ○ ○

4−1=☐

2

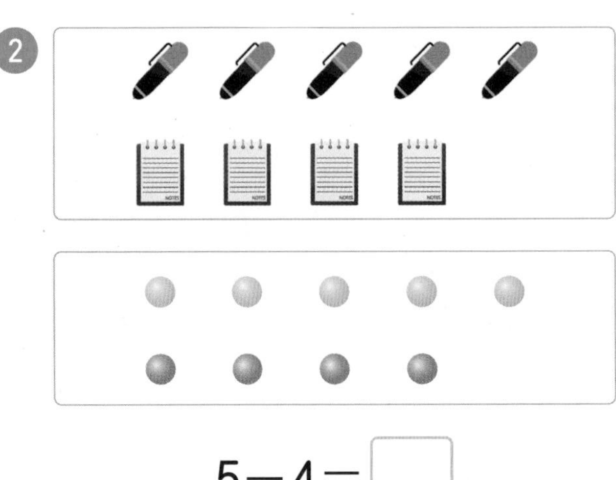

5−4=☐

○ 식에 알맞게 /으로 지우거나 하나씩 연결하여 뺄셈을 해 보세요.

③ $6-1=\square$

④ $8-3=\square$

⑤ $7-6=\square$

⑥ $9-4=\square$

⑦ $7-5=\square$

⑧ $6-5=\square$

⑨ $8-2=\square$

⑩ $9-3=\square$

○ 뺄셈을 해 보세요.

⑪ $2-1=$

⑫ $5-4=$

⑬ $6-6=$

⑭ $4-3=$

⑮ $8-7=$

⑯ $7-0=$

⑰ $9-7=$

⑱ $4-0=$

⑲ $3-1=$

⑳ $7-4=$

㉑ $9-3=$

㉒ $6-1=$

㉓ $8-5=$

㉔ $5-2=$

㉕ $3-2=$

㉖ $7-3=$

㉗ $4-2=$

㉘ $9-4=$

㉙ $5-0=$

㉚ $6-4=$

㉛ $8-6=$

㉜ $3-0=$

㉝ $5-3=$

㉞ $8-2=$

㉟ $9-5=$

㊱ $6-3=$

㊲ $7-6=$

㊳ $9-6=$

㊴ $6-2=$

㊵ $7-2=$

㊶ $9-0=$

㊷ $8-1=$

㊸ $5-1=$

㊹ $8-3=$

㊺ $2-0=$

㊻ $8-4=$

㊼ $8-8=$

㊽ $9-2=$

㊾ $7-1=$

㊿ $6-5=$

51 $7-5=$

52 $9-1=$

24 가르기를 이용하여 뺄셈하기

가르기를 이용하여 뺄셈하기

7은 5와 2로 가르기 할 수 있으므로 닭 7마리 중에서 5마리를 빼면 2마리가 남습니다.

7 → 5, 2

7−5=2

그림을 보고 뺄셈을 해 보세요.

1

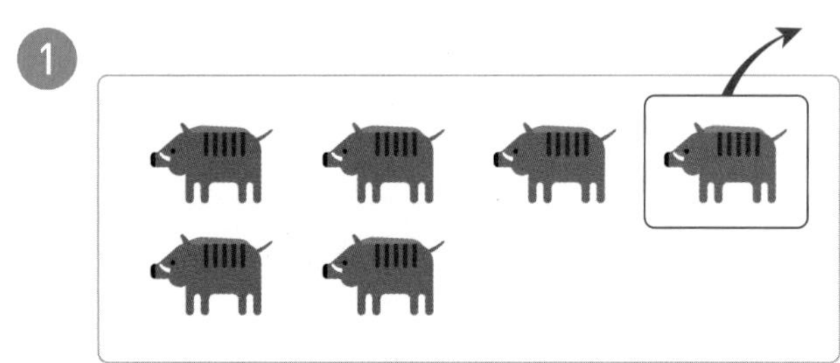

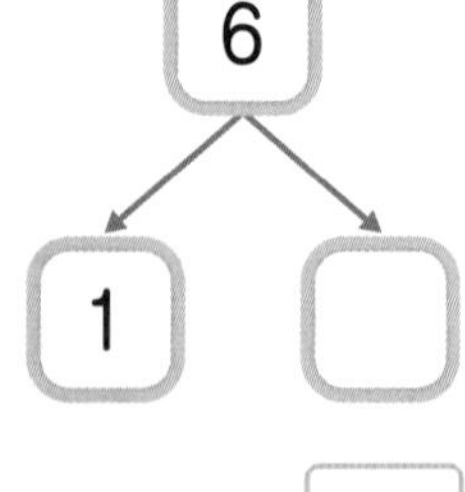

6 → 1, □

6−1=□

2

8 → 3, □

8−3=□

○ 가르기를 이용하여 뺄셈을 해 보세요.

3 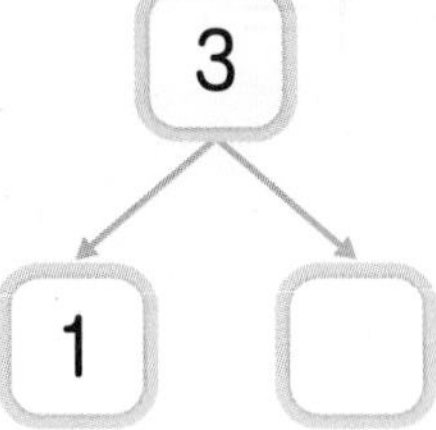

3−1=

4 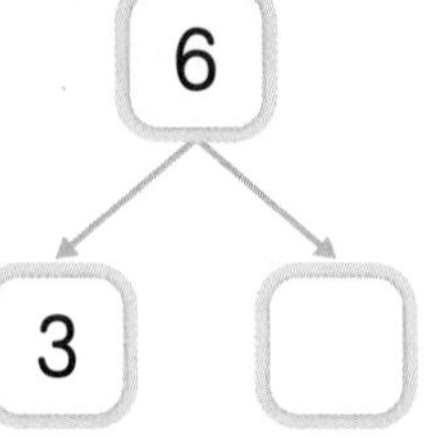

6−3=

5 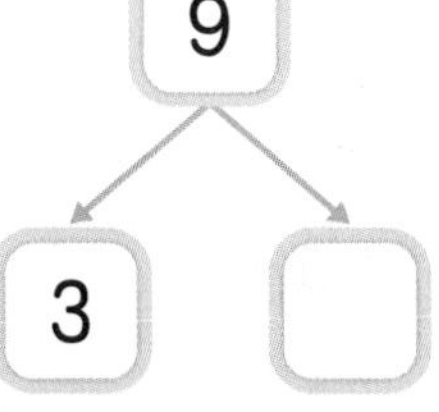

9−3=

6 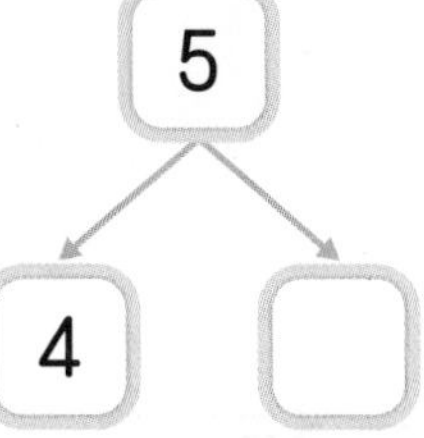

5−4=

7 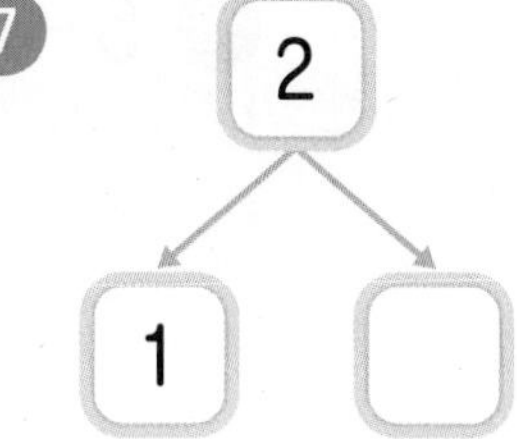

2−1=

8 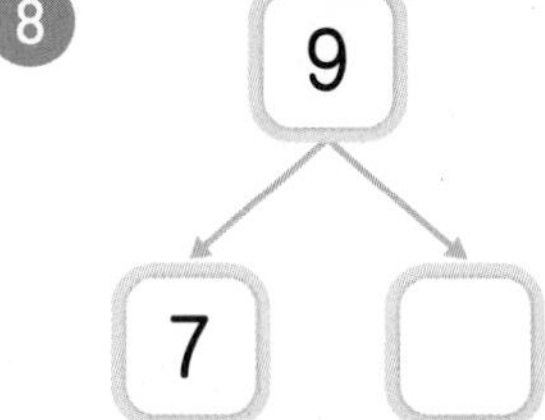

9−7=

9 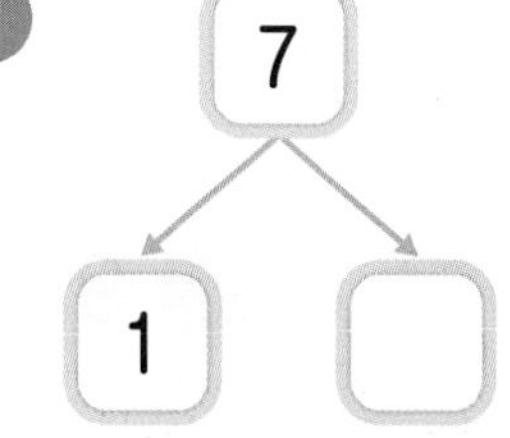

7−1=

10 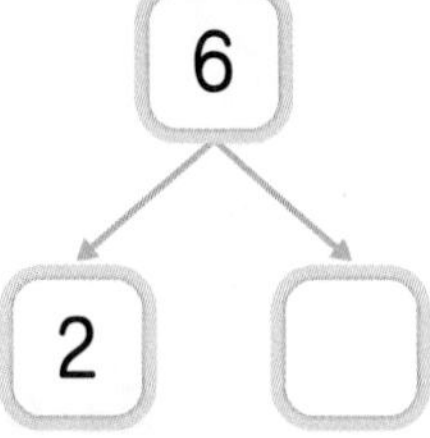

6−2=

○ 뺄셈을 해 보세요.

⑪ $6-1=$

⑫ $2-1=$

⑬ $5-2=$

⑭ $4-1=$

⑮ $8-0=$

⑯ $9-4=$

⑰ $8-5=$

⑱ $5-1=$

⑲ $6-4=$

⑳ $7-0=$

㉑ $4-2=$

㉒ $9-3=$

㉓ $3-3=$

㉔ $8-4=$

㉕ $3-1=$

㉖ $4-0=$

㉗ $5-5=$

㉘ $6-3=$

㉙ $8-3=$

㉚ $9-7=$

㉛ $7-3=$

㉜ $6-5=$

㉝ $7-2=$

㉞ $4-3=$

㉟ $8-2=$

㊱ $9-5=$

㊲ $6-2=$

㊳ $9-9=$

㊴ $9-6=$

㊵ $6-0=$

㊶ $8-1=$

㊷ $5-4=$

㊸ $1-0=$

㊹ $8-7=$

㊺ $7-1=$

㊻ $5-3=$

㊼ $9-2=$

㊽ $7-4=$

㊾ $7-5=$

㊿ $8-6=$

51 $9-1=$

52 $2-0=$

25 어떤 수 구하기

원리 덧셈식을 뺄셈식으로 나타내기

2 + 3 = 5 ➜ 3 = 5 − 2

적용 덧셈식의 어떤 수(□) 구하기

2 + □ = 5 ➜ □ = 5 − 2

원리 뺄셈식을 덧셈식으로 나타내기

5 − 3 = 2 ➜ 5 = 2 + 3

적용 뺄셈식의 어떤 수(□) 구하기

□ − 3 = 2 ➜ □ = 2 + 3

○ 어떤 수(□)를 구하려고 합니다. 빈칸에 알맞은 수를 써넣으세요.

1. 3 + □ = 7

   7 − 3 = □

2. 4 + □ = 6

   6 − 4 = □

3. 5 + □ = 8

   8 − 5 = □

4. 6 + □ = 7

   7 − 6 = □

5. $\square - 1 = 1$

$1 + 1 = \square$

6. $\square - 2 = 1$

$1 + 2 = \square$

7. $\square - 2 = 2$

$2 + 2 = \square$

8. $\square - 4 = 1$

$1 + 4 = \square$

9. $\square - 1 = 5$

$5 + 1 = \square$

10. $\square - 4 = 3$

$3 + 4 = \square$

11. $\square - 6 = 2$

$2 + 6 = \square$

12. $\square - 5 = 4$

$4 + 5 = \square$

○ 어떤 수(□)를 구하려고 합니다. 빈칸에 알맞은 수를 써넣으세요.

⑬ $2+\square=3$

⑭ $3+\square=5$

⑮ $4+\square=7$

⑯ $5+\square=6$

⑰ $6+\square=8$

⑱ $7+\square=9$

⑲ $1+\square=8$

⑳ $2+\square=7$

㉑ $3+\square=9$

㉒ $4+\square=6$

㉓ $5+\square=8$

㉔ $6+\square=9$

㉕ □−1=3

㉖ □−4=1

㉗ □−3=3

㉘ □−3=4

㉙ □−5=3

㉚ □−7=2

㉛ □−2=1

㉜ □−3=1

㉝ □−2=3

㉞ □−4=2

㉟ □−2=5

㊱ □−3=5

26 계산 Plus+

뺄셈

○ 빈칸에 알맞은 수를 써넣으세요.

1. 6 → (−3) → [ ]

   6−3을 계산해요.

2. 7 → (−1) → [ ]

3. 2 → (−0) → [ ]

4. 9 → (−7) → [ ]

5. 5 → (−4) → [ ]

6. 8 → (−5) → [ ]

7. 7 → (−7) → [ ]

8. 6 → (−2) → [ ]

❾ 5 → −2 → □

5−2를 계산해요.

⓮ 2 → −1 → □

❿ 4 → −1 → □

⓯ 5 → −3 → □

⓫ 9 → −4 → □

⓰ 3 → −1 → □

⓬ 8 → −3 → □

⓱ 5 → −0 → □

⓭ 4 → −4 → □

⓲ 8 → −6 → □

● 사다리를 타고 내려가서 도착한 곳에 계산 결과를 써넣으세요.

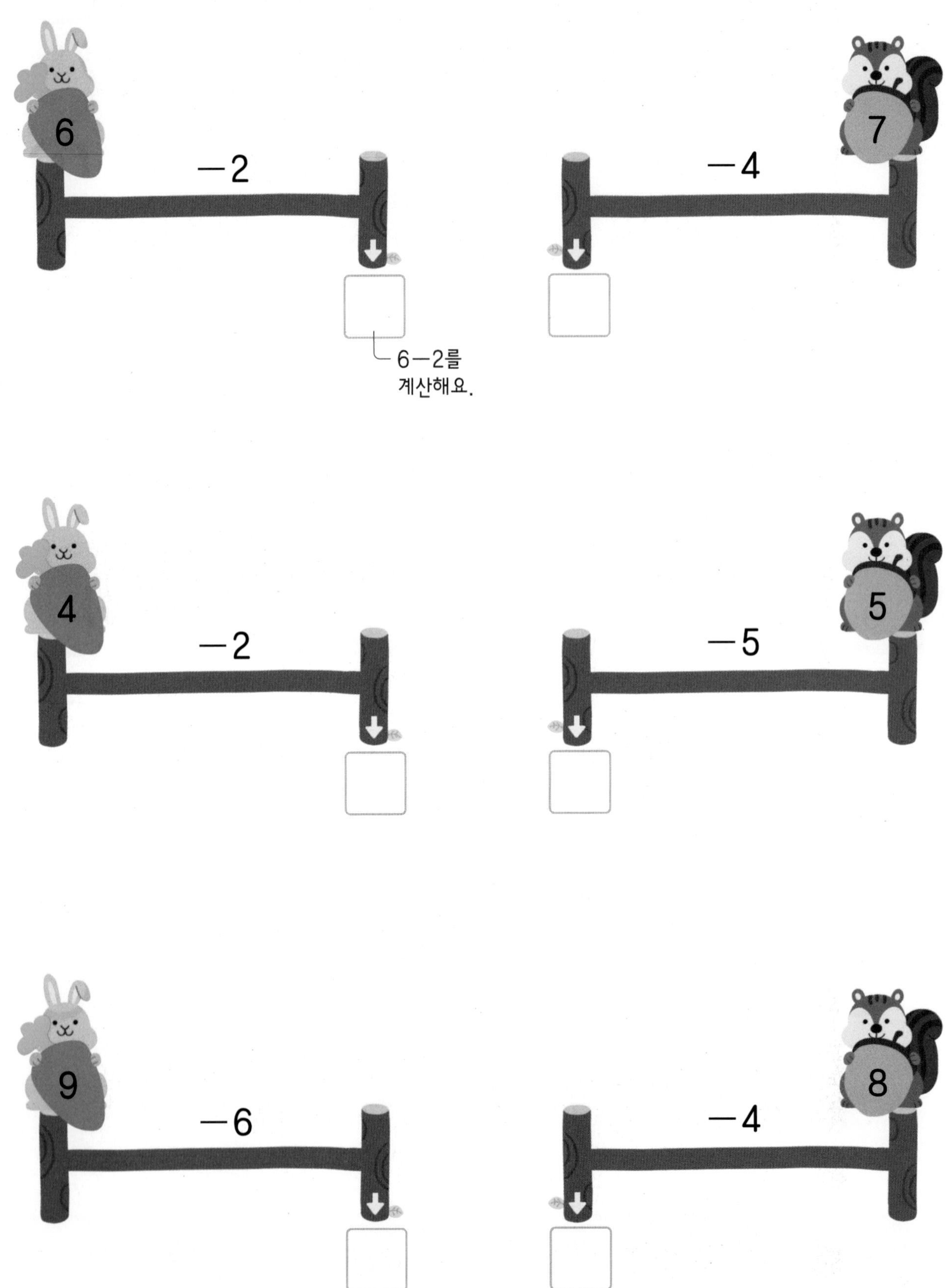

○ 뺄셈을 하여 차가 나타내는 색으로 색칠해 보세요.

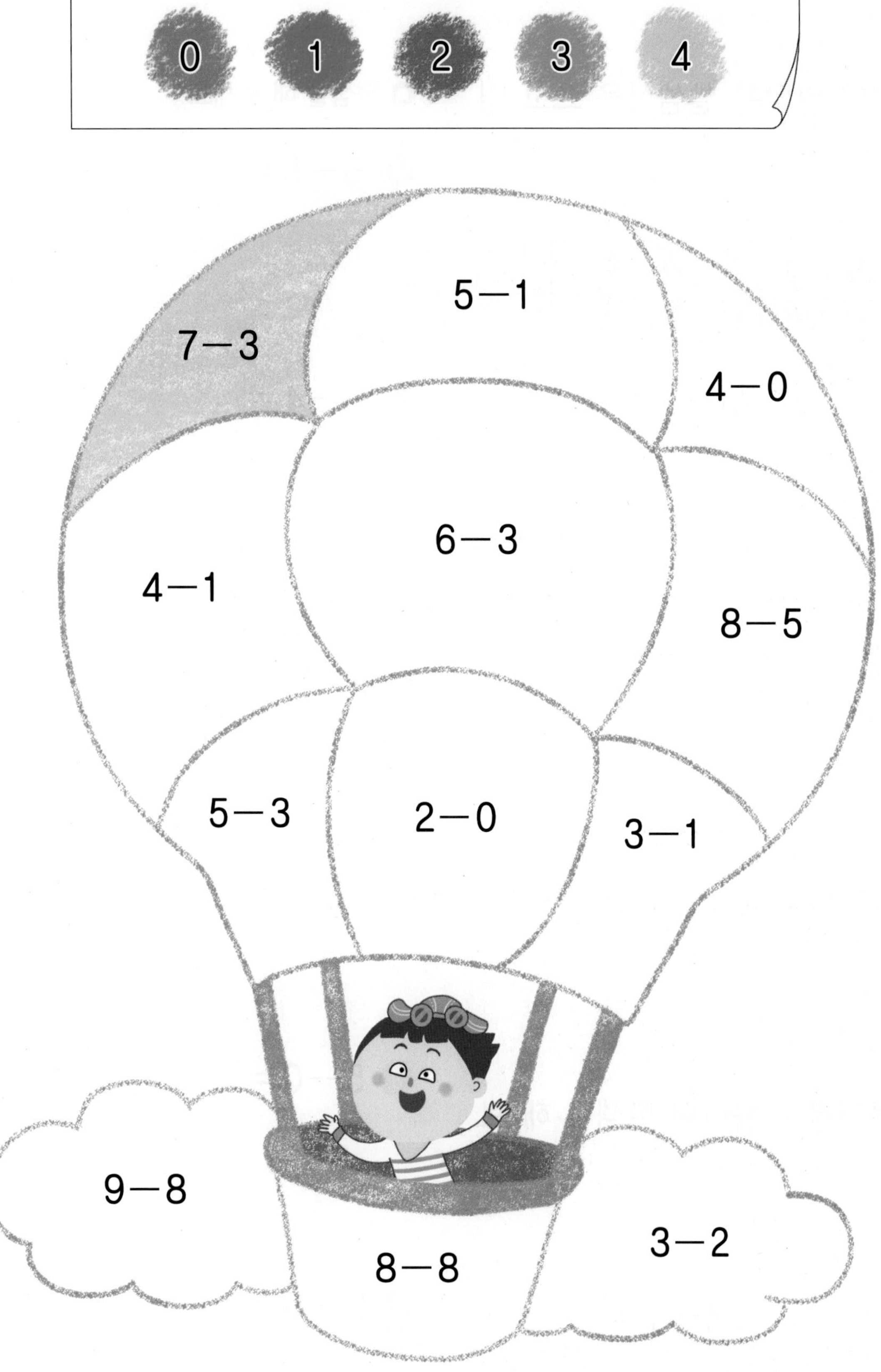

27 뺄셈 평가

공부한 날짜 월 일

1 그림에 알맞은 뺄셈식을 쓰고 읽어 보세요.

6－4＝□

6 빼기 □는 □와 같습니다.

2 식에 알맞게 /으로 지워 뺄셈을 해 보세요.

5－2＝□

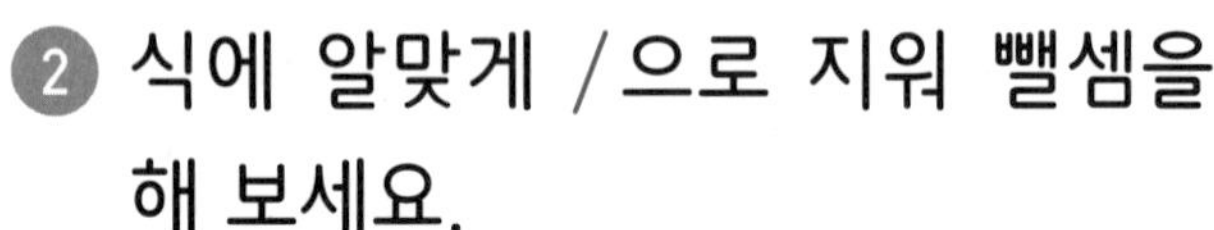

3 가르기를 이용하여 뺄셈을 해 보세요.

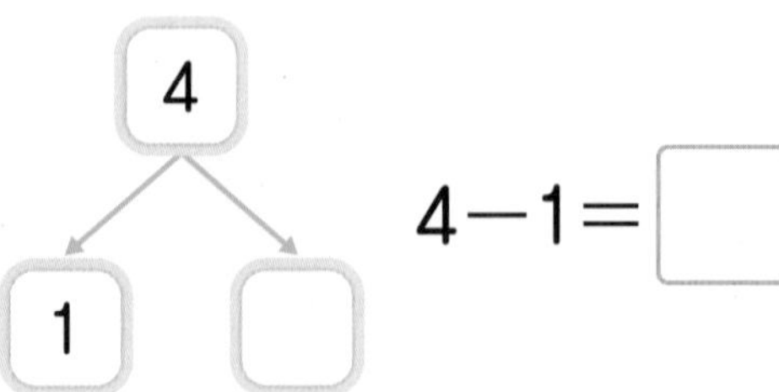

4－1＝□

● 뺄셈을 해 보세요.

4 6－5＝

5 7－4＝

6 8－8＝

7 3－2＝

8 5－0＝

9 9－5＝

⑩ $6-0=$

⑪ $8-5=$

⑫ $5-3=$

⑬ $4-4=$

⑭ $9-6=$

⑮ $7-3=$

⑯ $6-2=$

○ 빈칸에 알맞은 수를 써넣으세요.

⑰
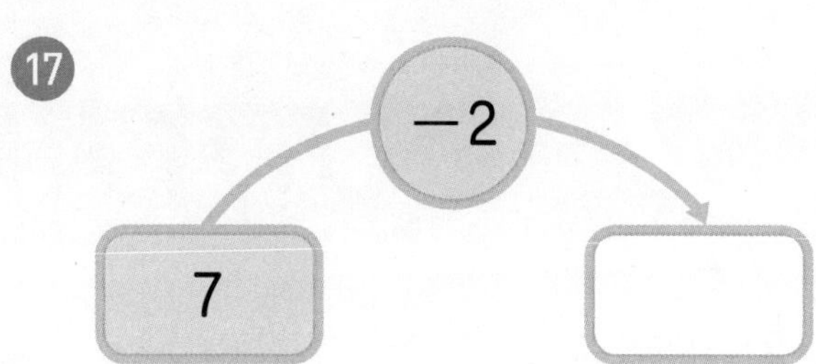

⑱
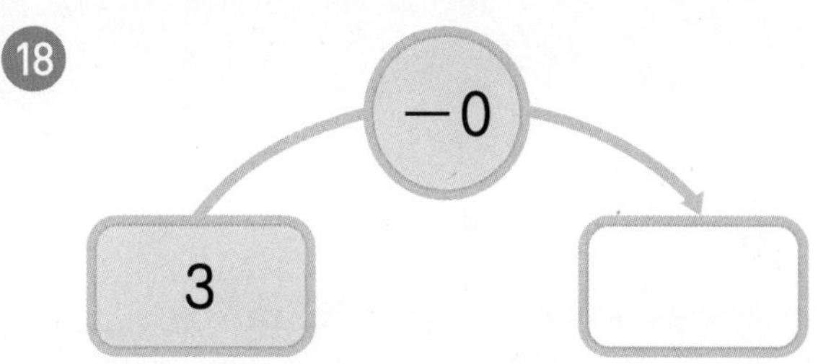

⑲
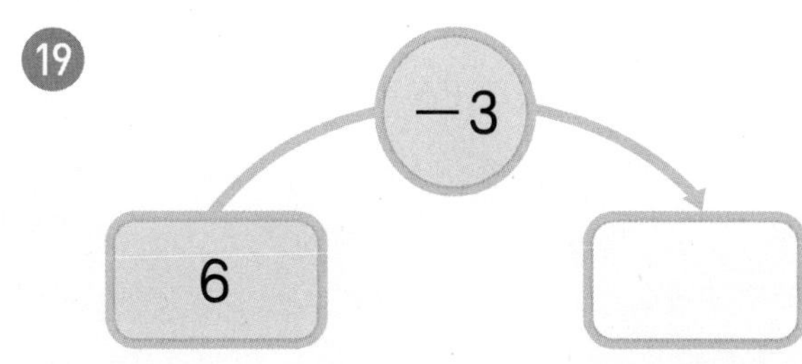

⑳
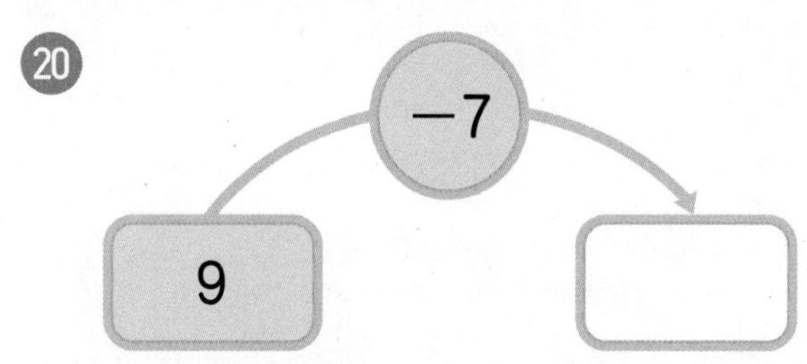

5

50까지의 수를 **쓰고 읽고**,
수의 순서를 알고 **크기**를 **비교**해 보는 연습이 중요한

50까지의 수

28 10 알아보기

29 십몇 알아보기

30 19까지의 수 모으기

31 19까지의 수 가르기

32 계산 Plus+

33 몇십 알아보기

34 몇십몇 알아보기

35 계산 Plus+

36 50까지의 수의 순서

37 50까지의 두 수의 크기 비교

38 50까지의 세 수의 크기 비교

39 계산 Plus+

40 50까지의 수 평가

10 알아보기

10 알아보기

9보다 1만큼 더 큰 수 → 쓰기 10 읽기 십, 열

10 모으기

9, 1	8, 2	7, 3	6, 4	5, 5
10	10	10	10	10

10 가르기

10	10	10	10	10
1, 9	2, 8	3, 7	4, 6	5, 5

그림을 보고 모으기와 가르기를 해 보세요.

1

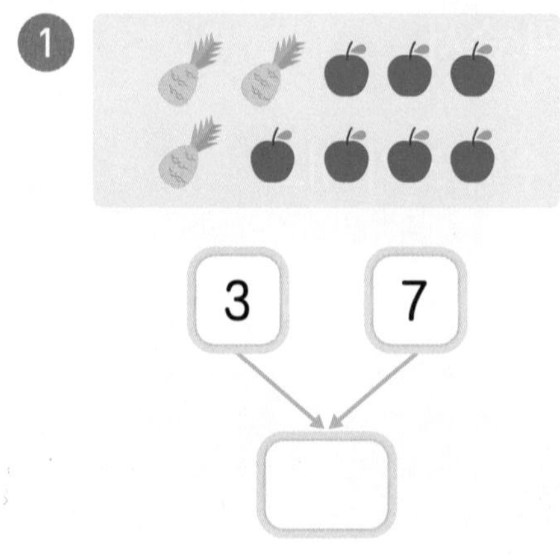

3 7 → ( )

2

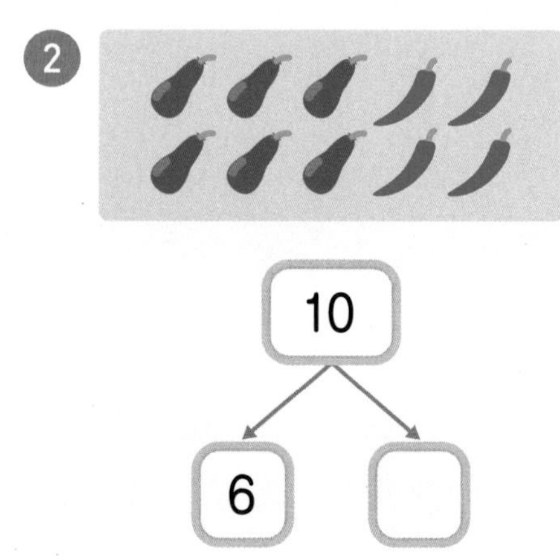

10 → 6, ( )

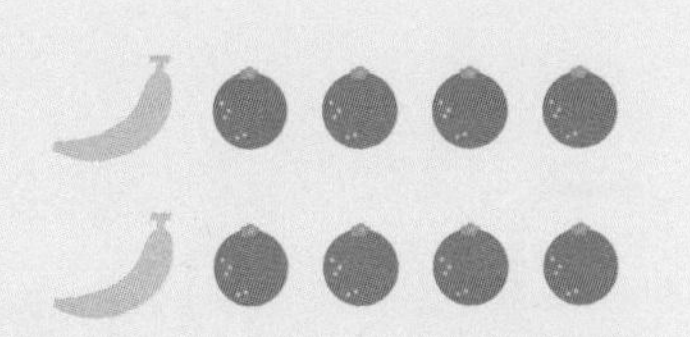
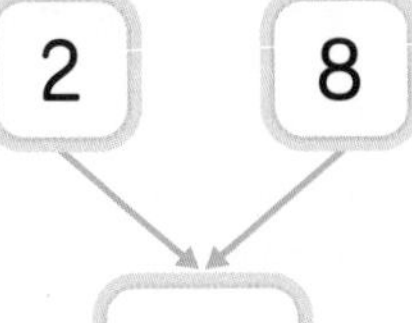
2
8

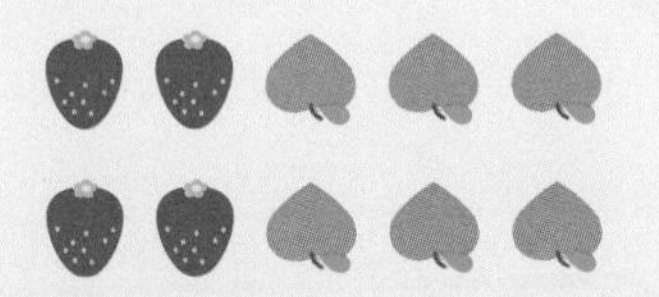

4
6

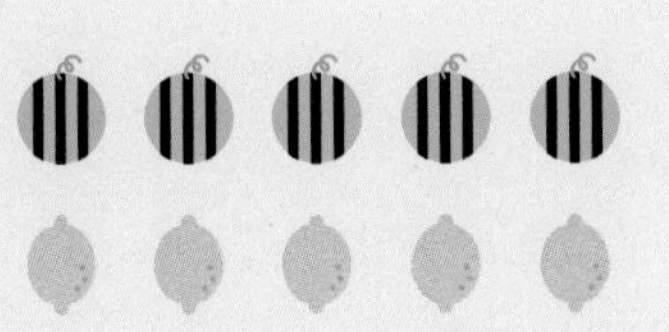
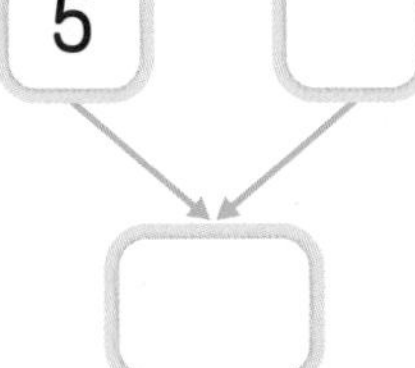
5

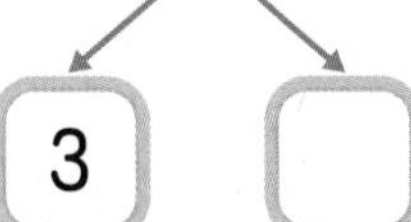
10
3

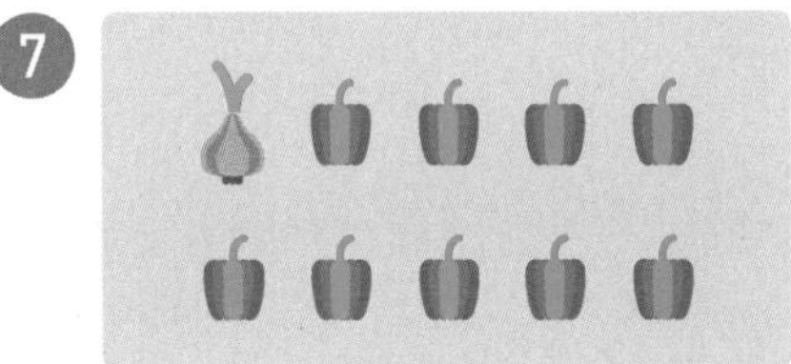
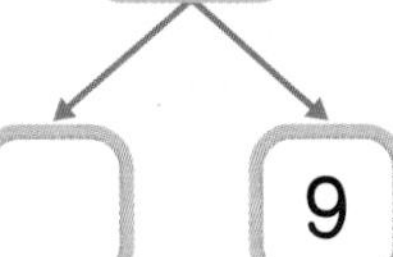
10
9

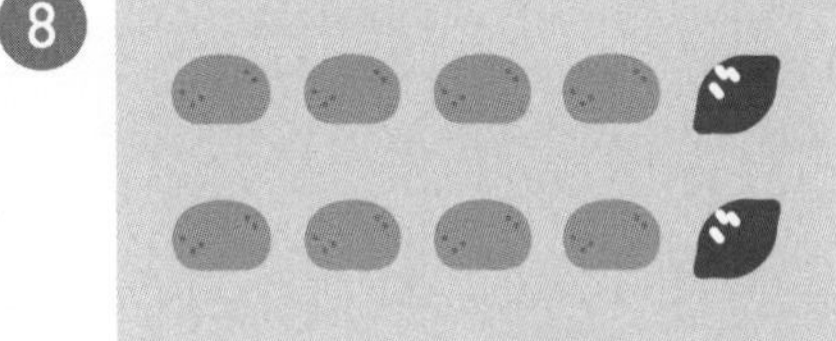
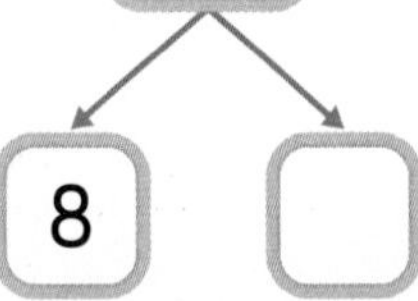
8

○ 빈칸에 알맞은 수를 써넣으세요.

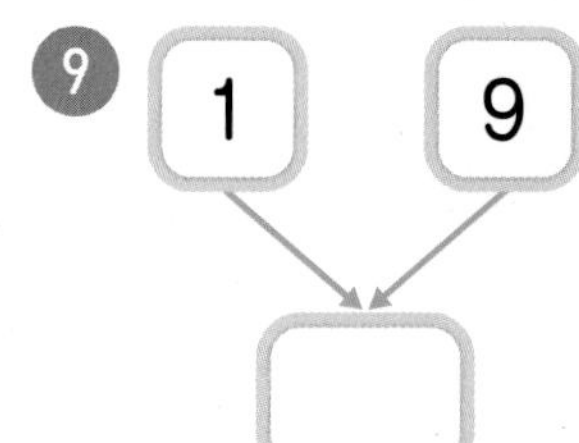

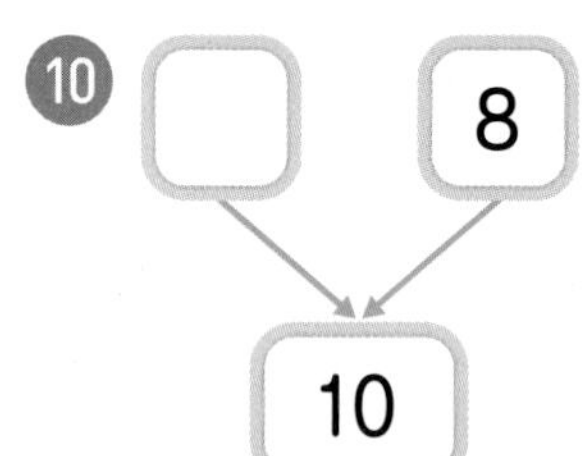

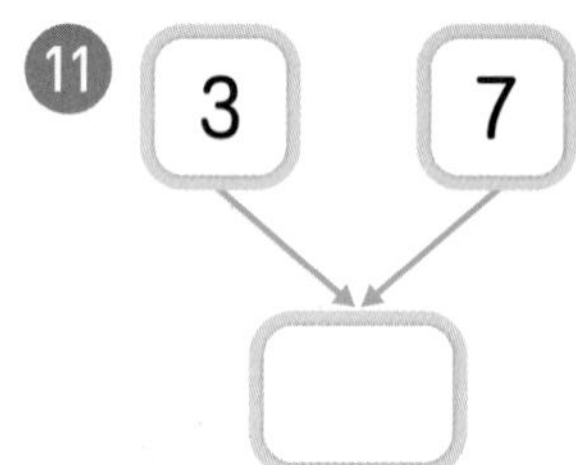

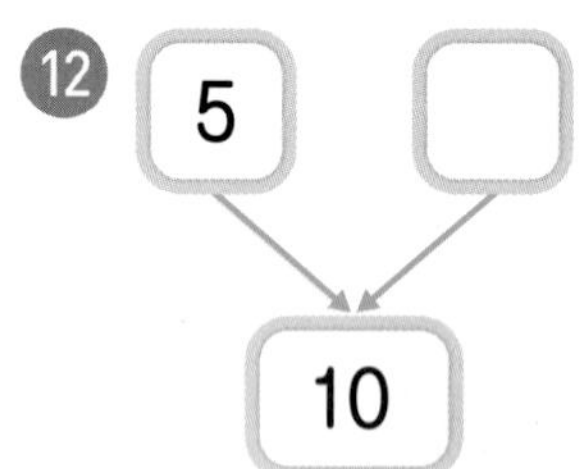

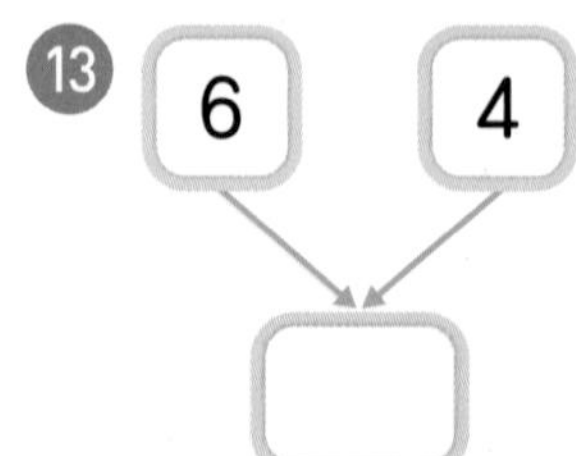

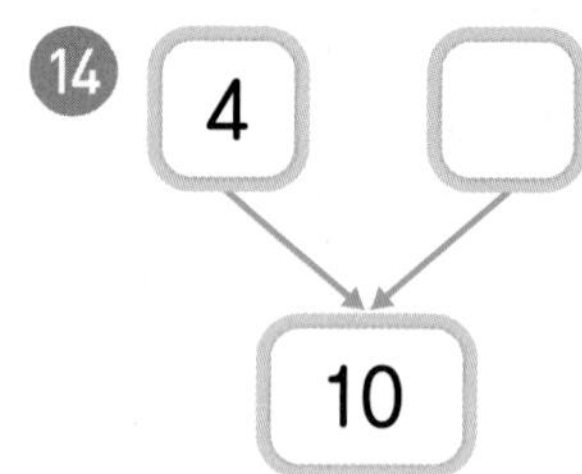

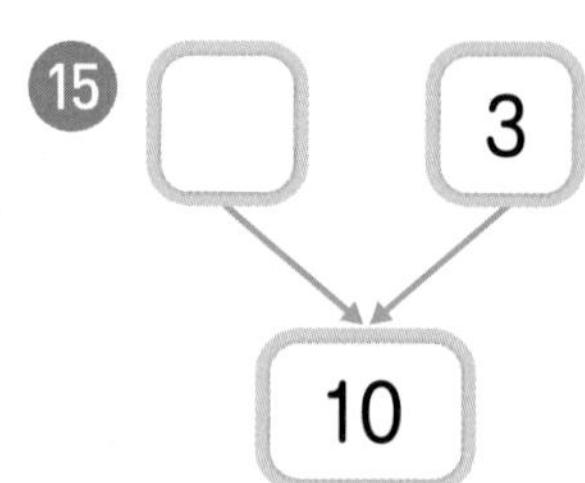

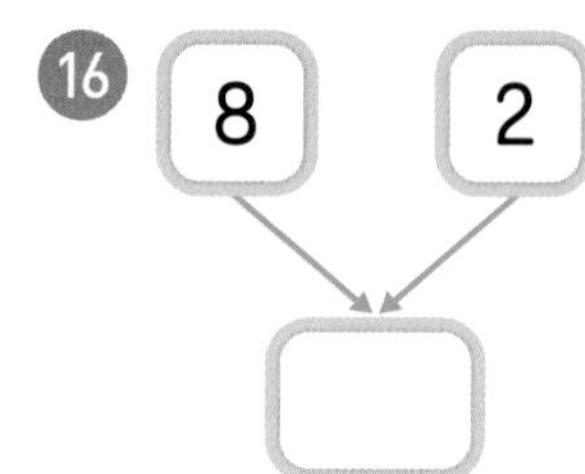

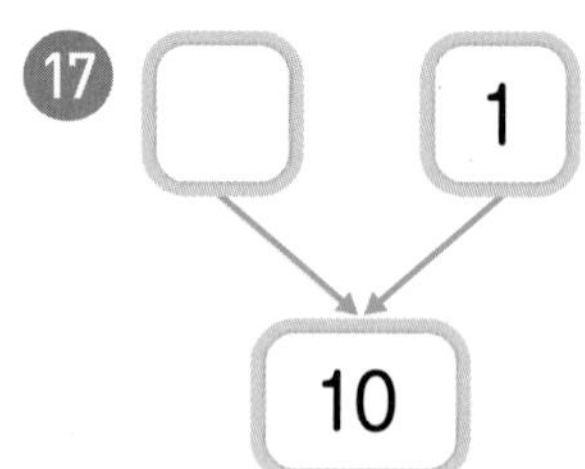

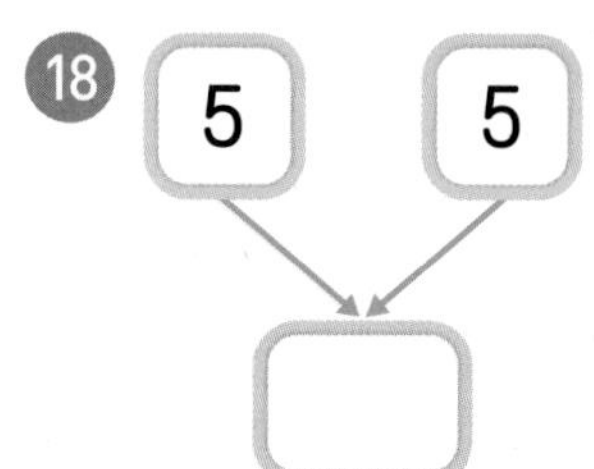

19

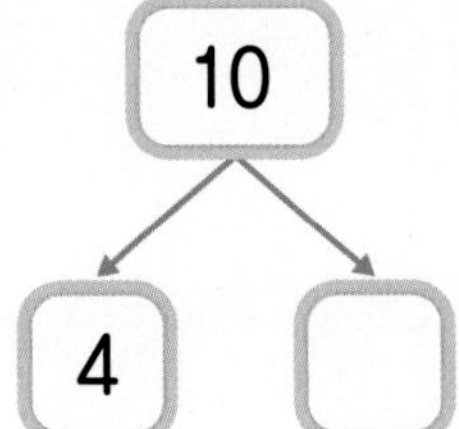

20

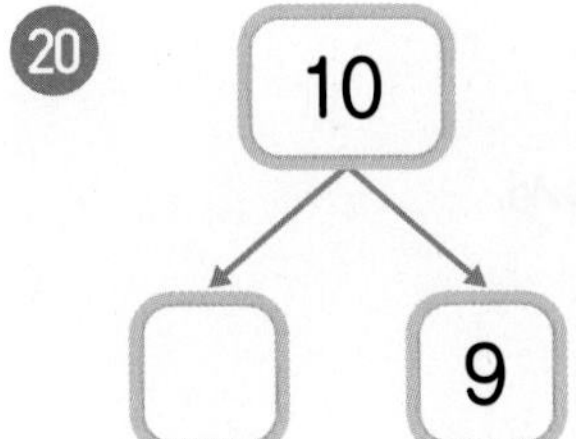

21

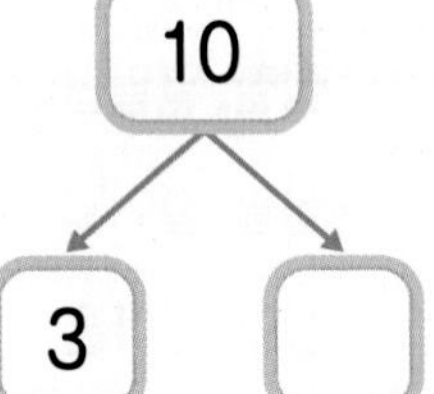

22

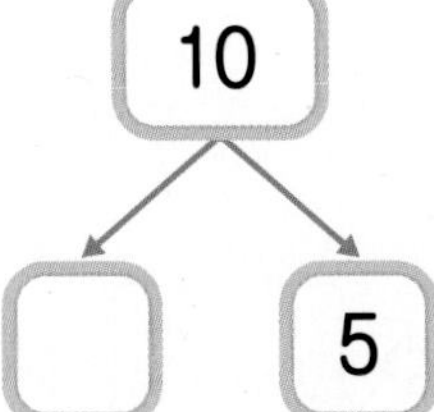

23

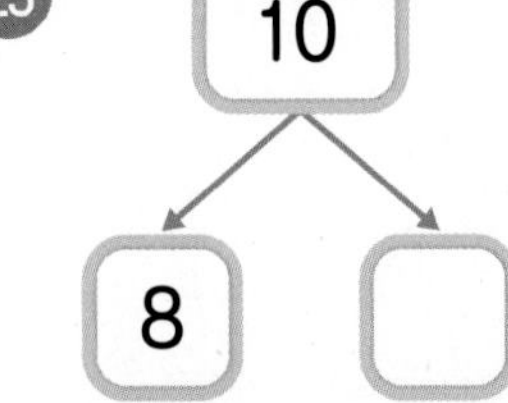

24

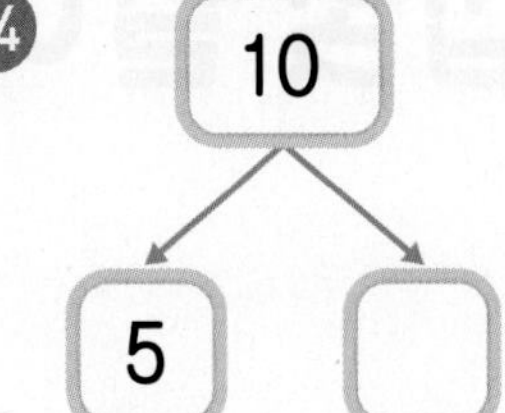

25

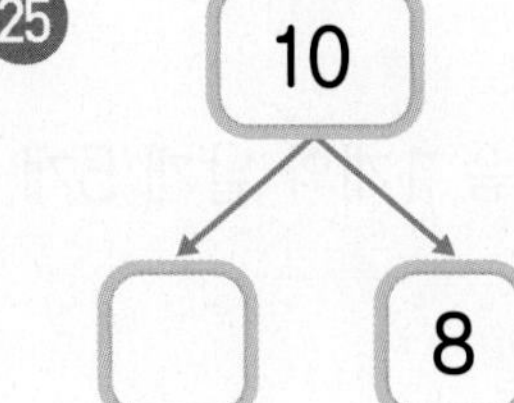

26

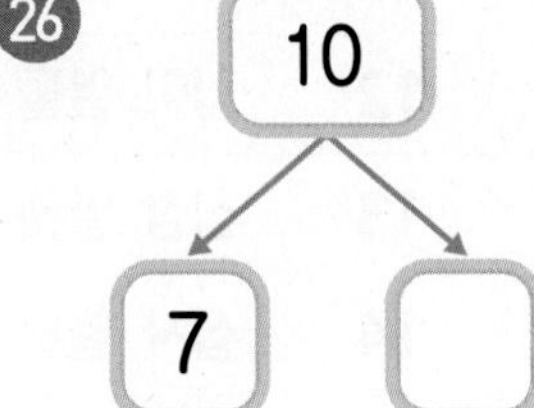

27

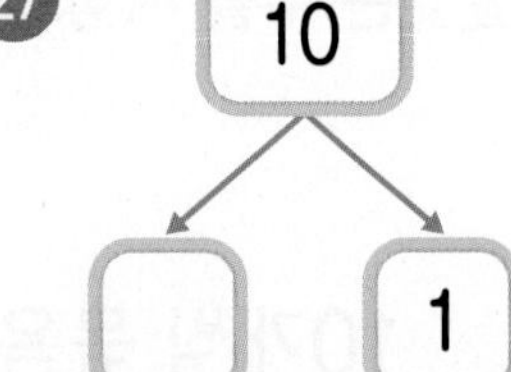

28

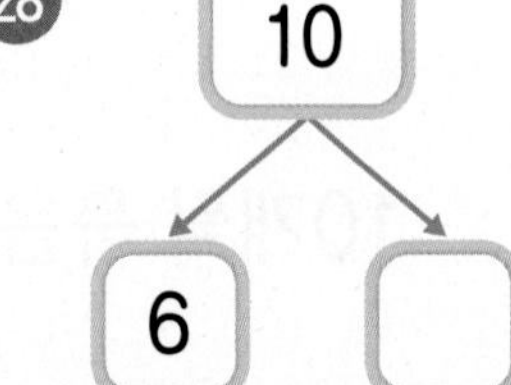

공부한 날짜 월 일

29 십몇 알아보기

15 알아보기

10개씩 묶음 1개와 낱개 5개 → 쓰기 15 읽기 십오, 열다섯

십몇을 쓰고 읽기

10개씩 묶음	낱개	쓰기	읽기	10개씩 묶음	낱개	쓰기	읽기
1	1	**11**	십일, 열하나	1	6	**16**	십육, 열여섯
1	2	**12**	십이, 열둘	1	7	**17**	십칠, 열일곱
1	3	**13**	십삼, 열셋	1	8	**18**	십팔, 열여덟
1	4	**14**	십사, 열넷	1	9	**19**	십구, 열아홉
1	5	**15**	십오, 열다섯				

○ 모형을 보고 ☐ 안에 알맞은 수를 써넣으세요.

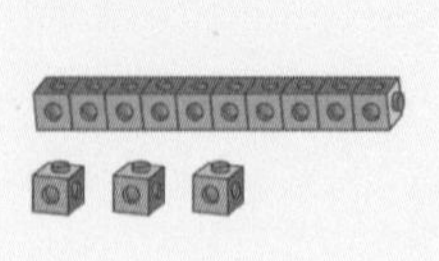

10개씩 묶음 ☐ 개와 낱개 ☐ 개 ⇨ ☐

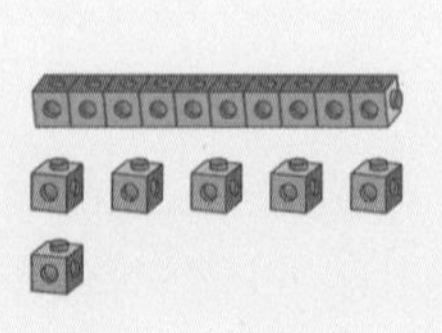

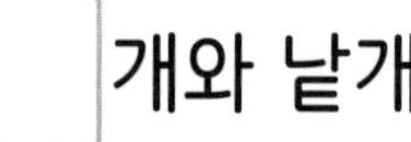

10개씩 묶음 ☐ 개와 낱개 ☐ 개 ⇨ ☐

빈칸에 알맞은 수를 써넣으세요.

❸

10개씩 묶음	1
낱개	2

⇨ ☐

❽ 11 ⇨

10개씩 묶음	1
낱개	

❹

10개씩 묶음	1
낱개	5

⇨ ☐

❾ 14 ⇨

10개씩 묶음	
낱개	4

❺

10개씩 묶음	1
낱개	3

⇨ ☐

❿ 19 ⇨

10개씩 묶음	1
낱개	

❻

10개씩 묶음	1
낱개	7

⇨ ☐

⓫ 18 ⇨

10개씩 묶음	
낱개	8

❼

10개씩 묶음	1
낱개	9

⇨ ☐

⓬ 16 ⇨

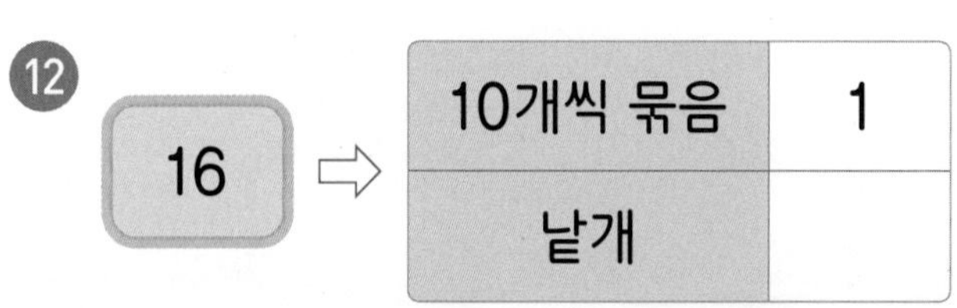

10개씩 묶음	1
낱개	

○ 수를 쓰고 읽어 보세요.

⑬
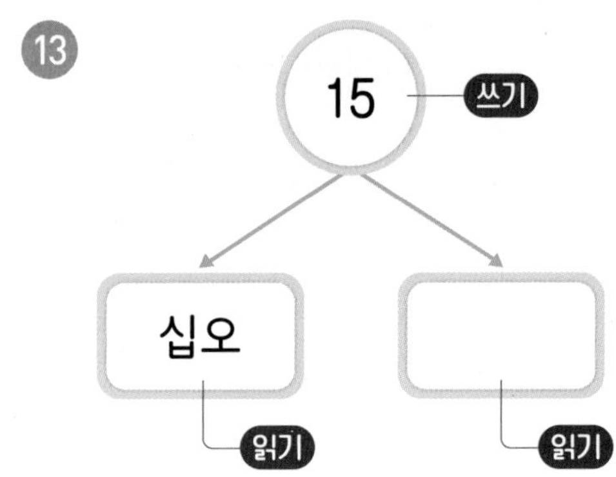

⑭
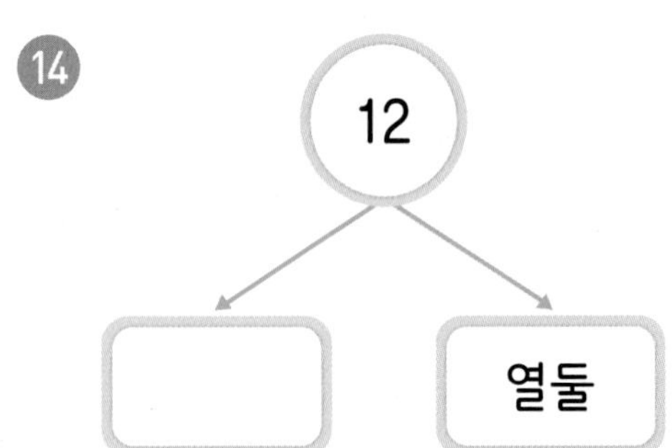

⑮
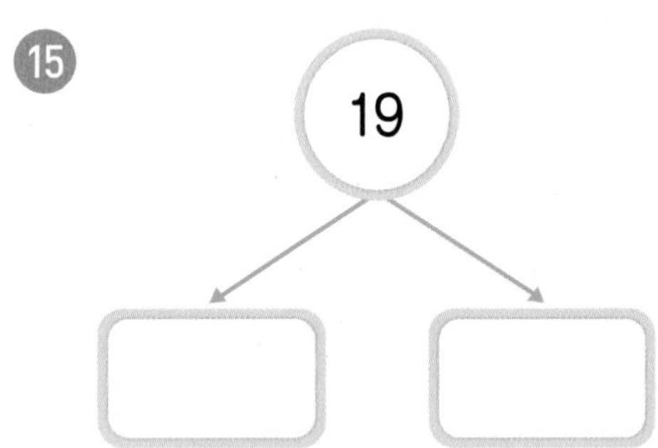

⑯
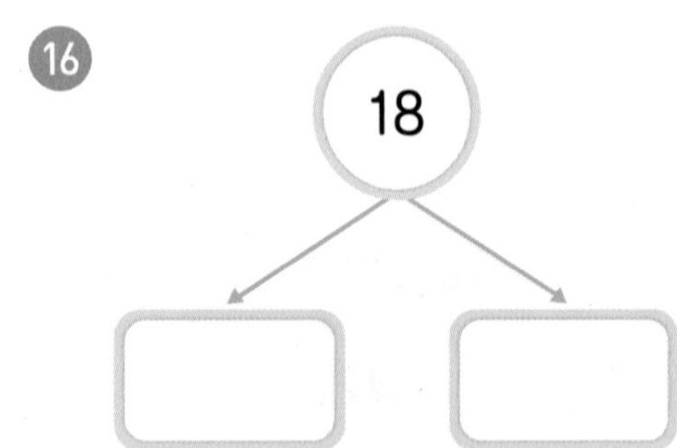

⑰
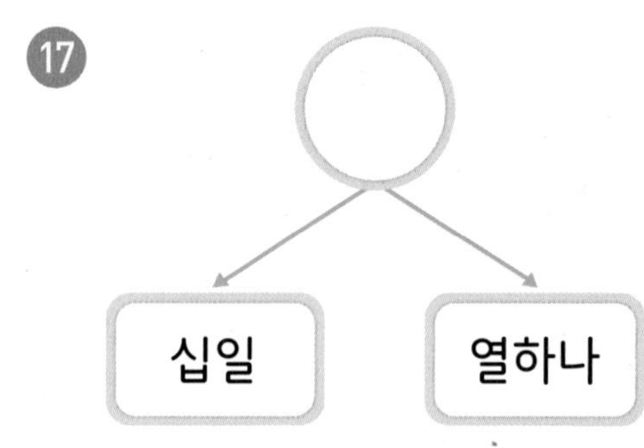

⑱
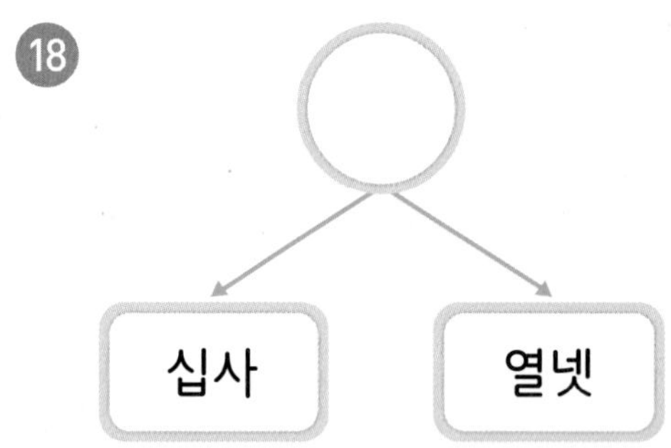

⑲
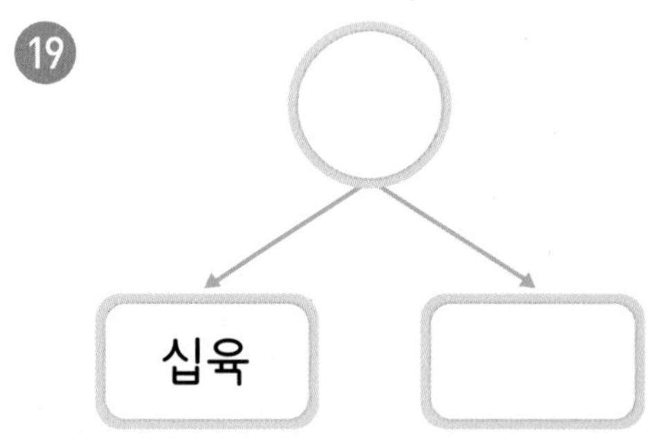

⑳
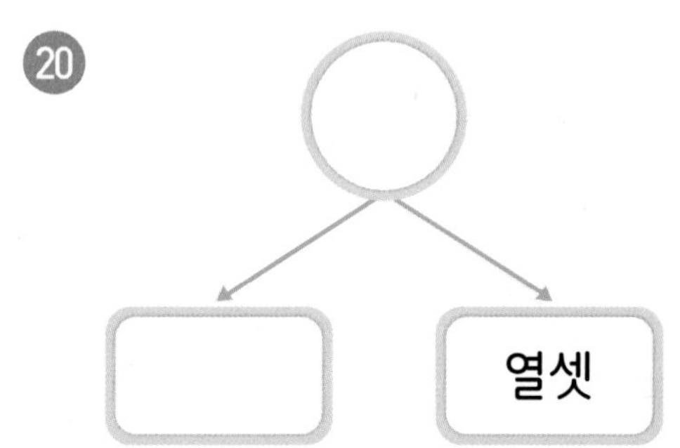

수를 세어 □ 안에 알맞은 수를 써넣고, 그 수를 두 가지로 읽어 보세요.

21

□ (,)

24

□ (,)

22

□ (,)

25

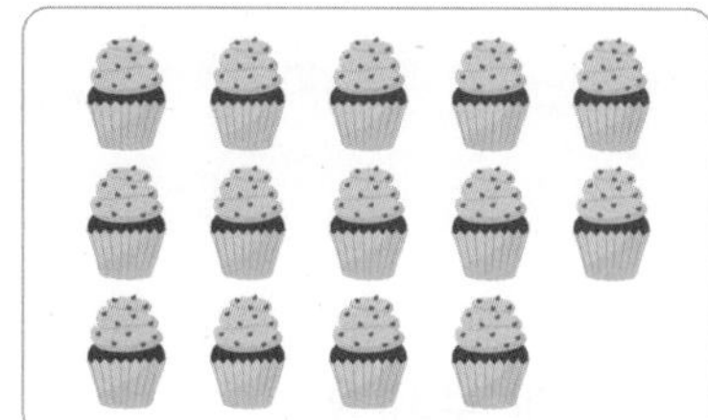

□ (,)

23

□ (,)

26

□ (,)

30 19까지의 수 모으기

두 수를 모아 16 만들기

9와 7을 모으면 16이 됩니다.

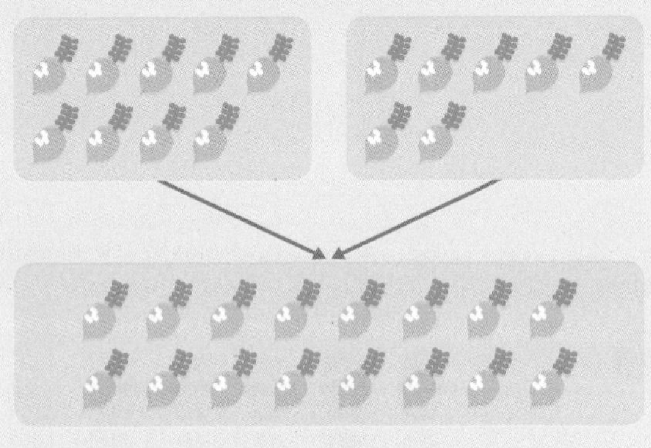

9 7

16

모으기를 해 보세요.

1

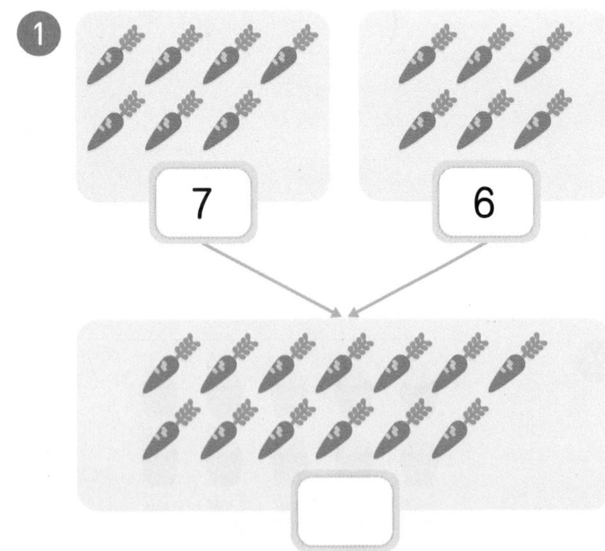

2

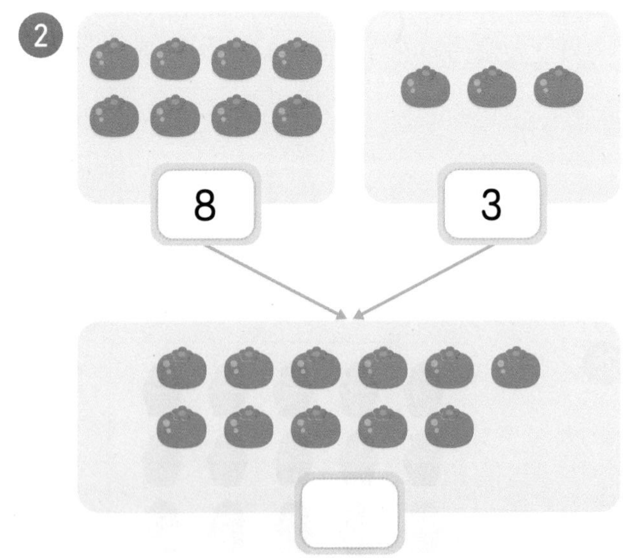

3
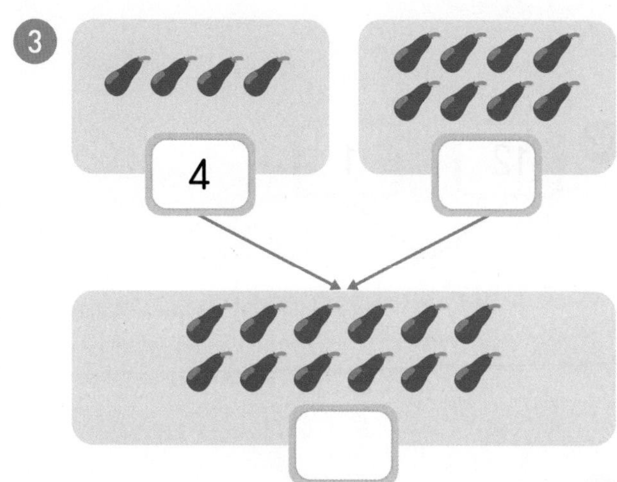

6
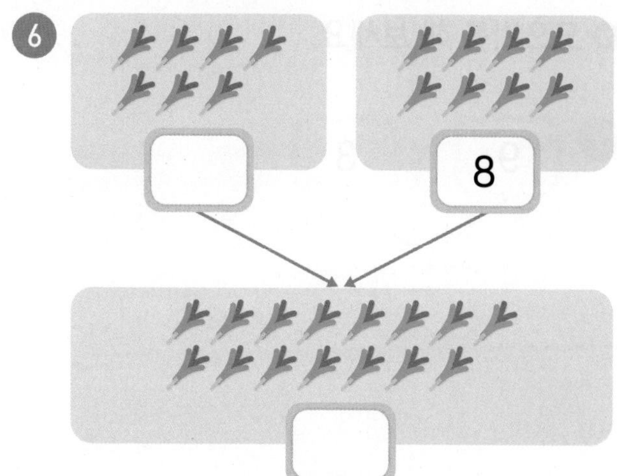

4
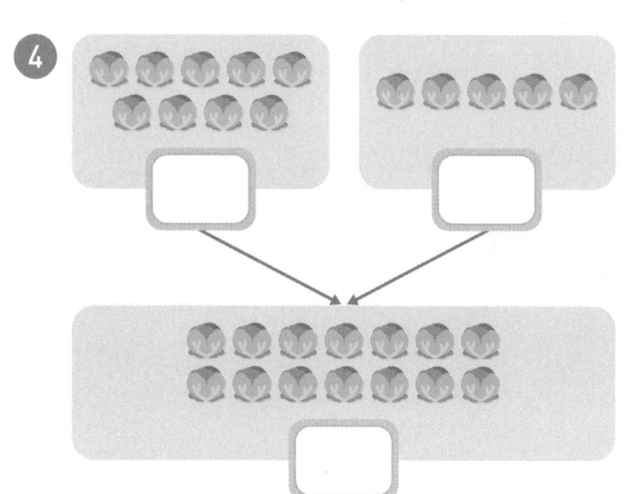

7
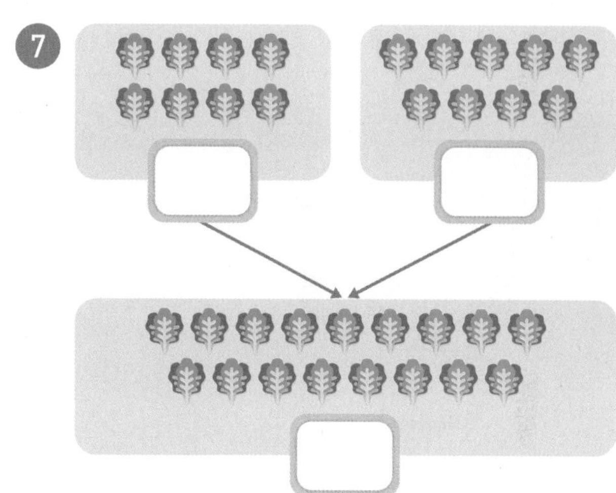

5
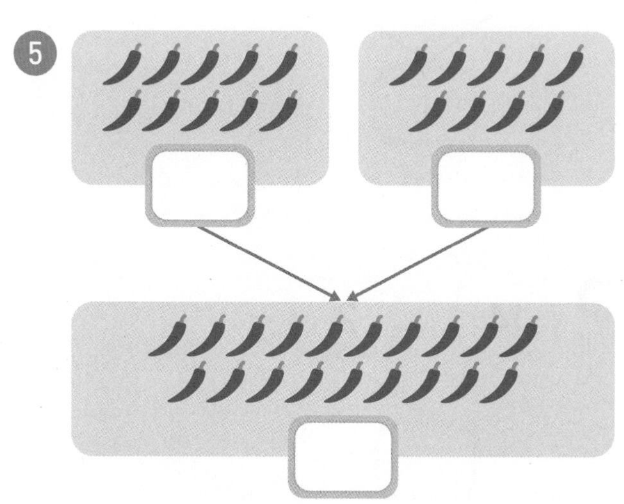

8
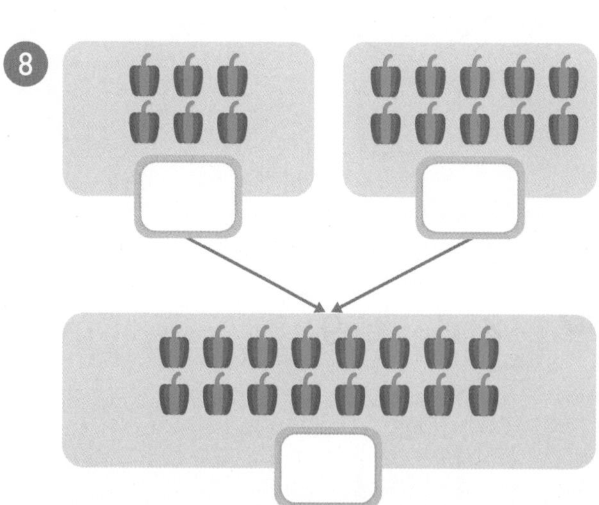

● 모으기를 해 보세요.

9 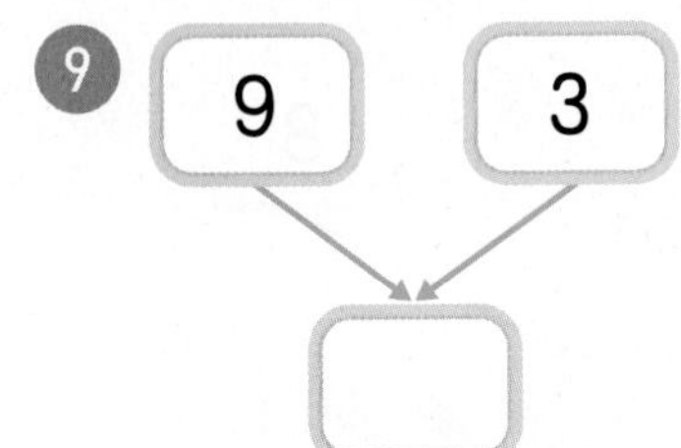

10 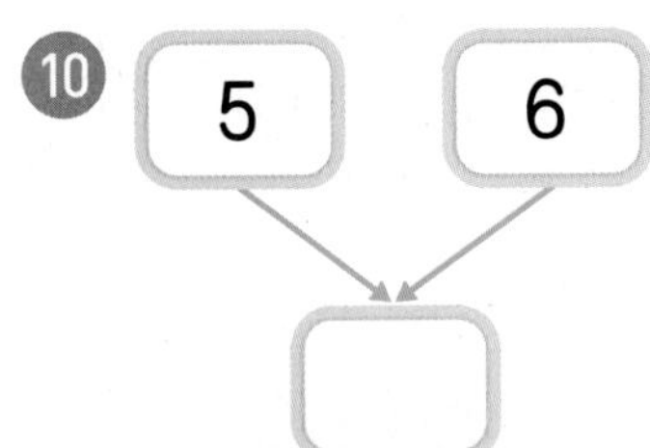

11 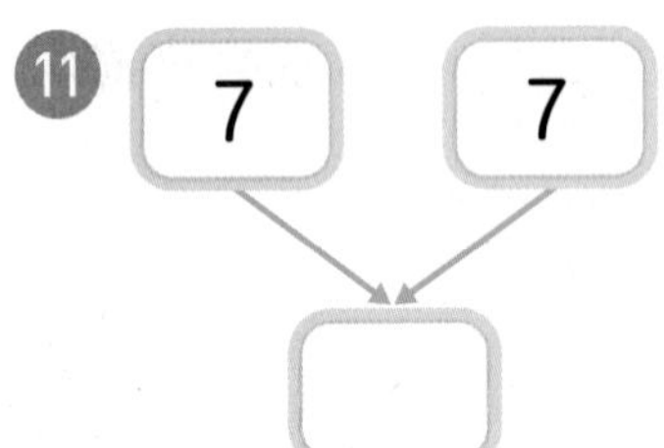

12 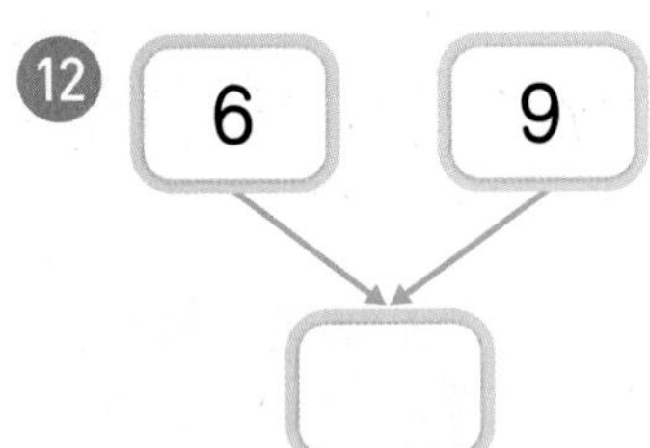

13 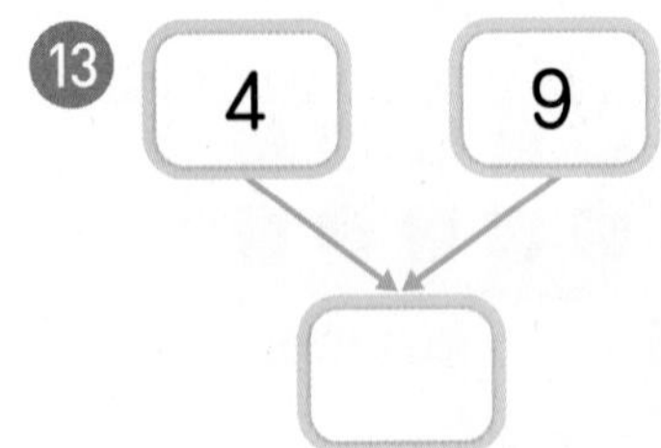

14 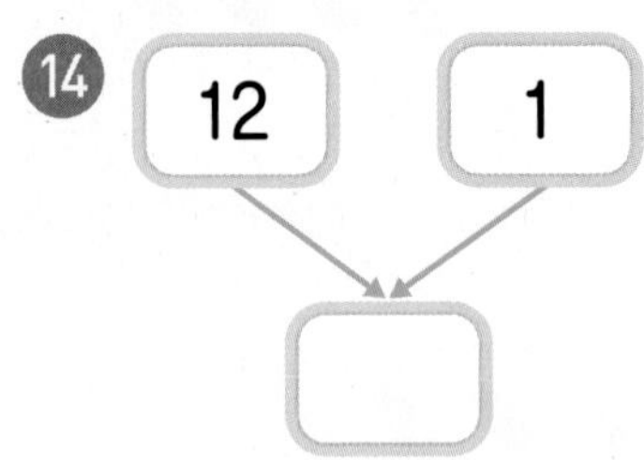

15 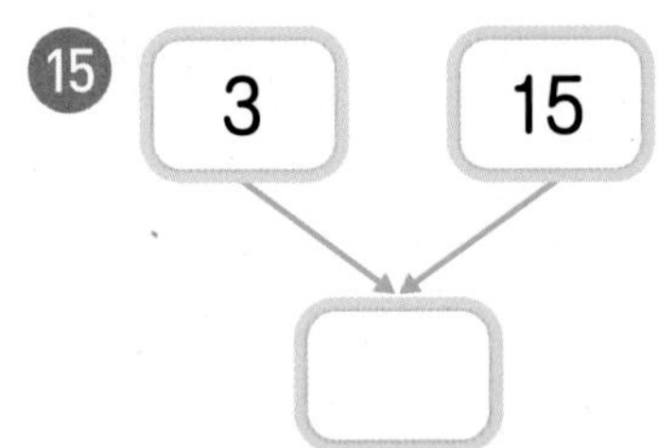

16 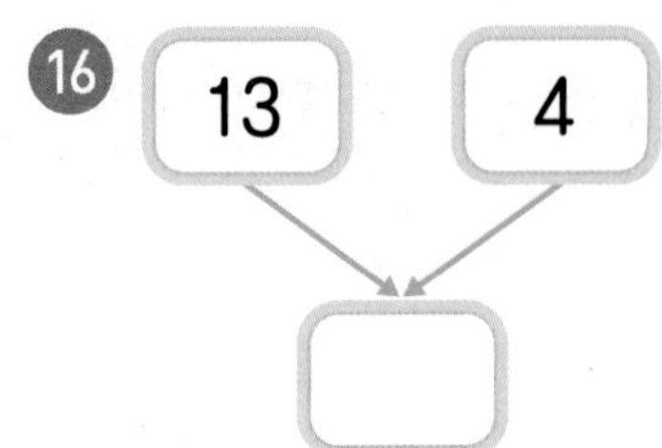

17 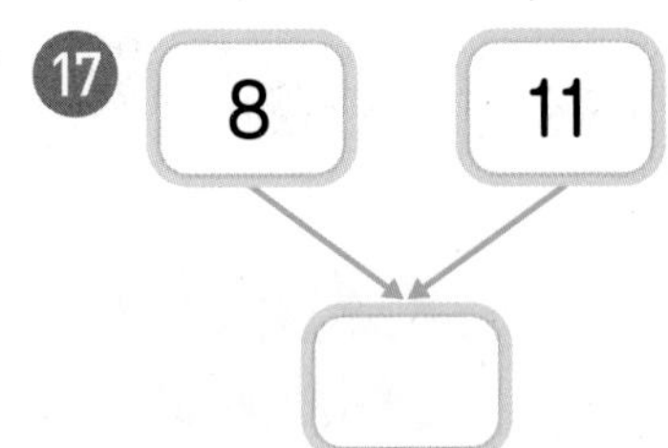

18 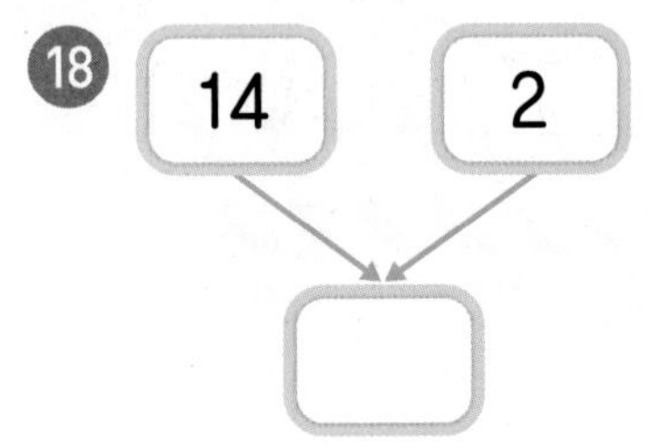

○ **모으기를 하여 빈칸에 알맞은 수를 써넣으세요.**

19

20
4
12

21
8
6

22
4
7

23
9
9

24

25

26
12
6

27

28

19까지의 수 가르기

14를 두 수로 가르기

14는 6과 8로 가르기 할 수 있습니다.

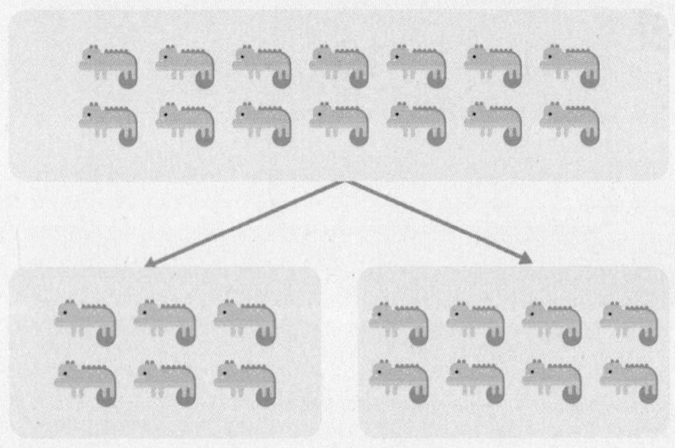

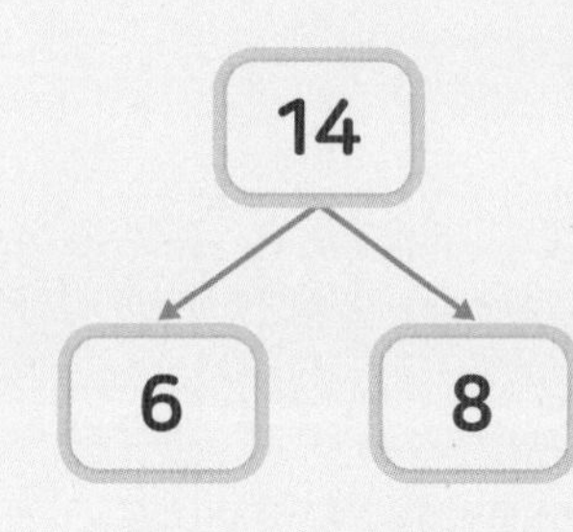

가르기를 해 보세요.

1

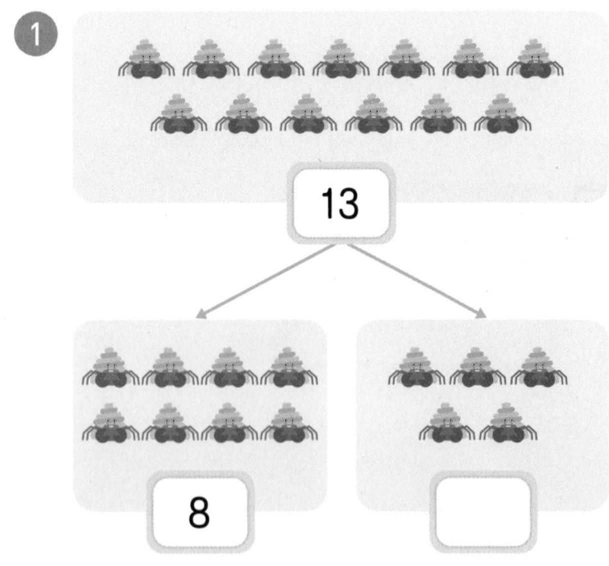

2

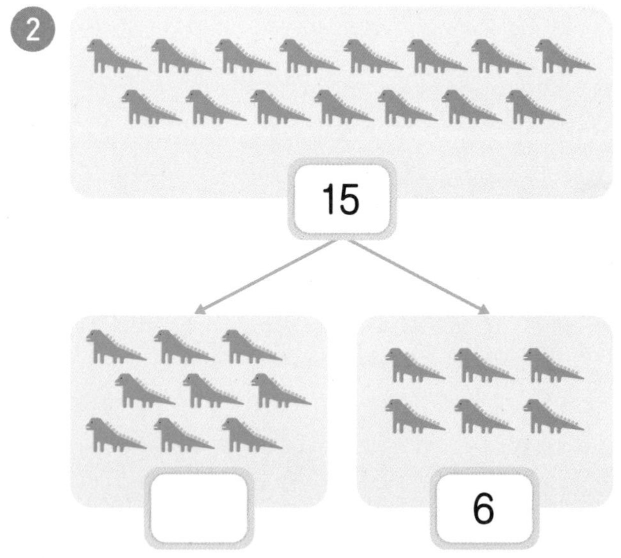

3
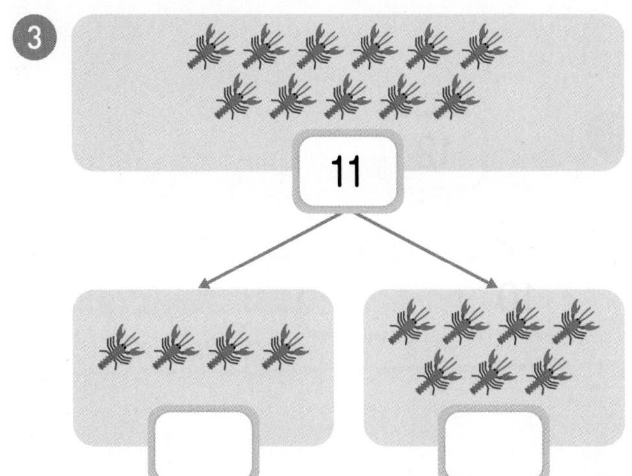

6
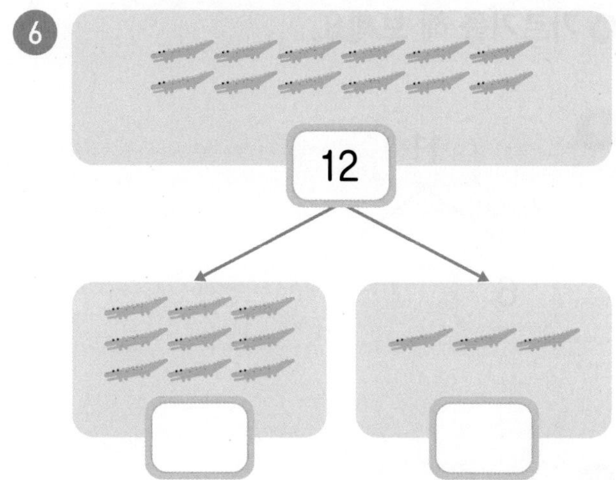

4
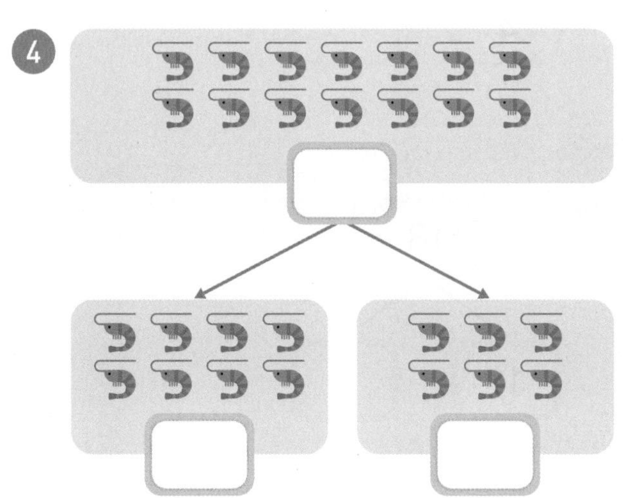

7
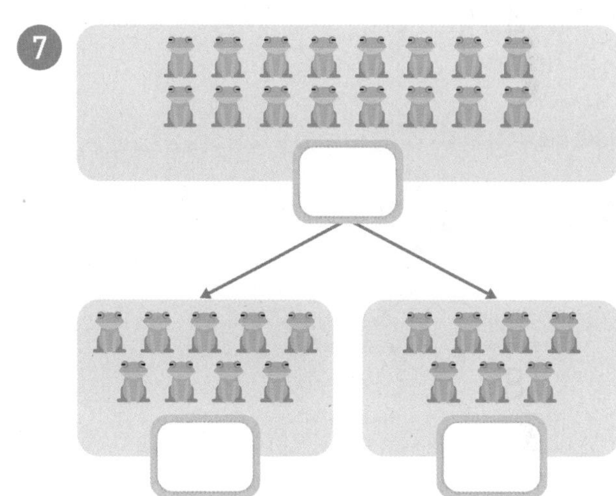

5
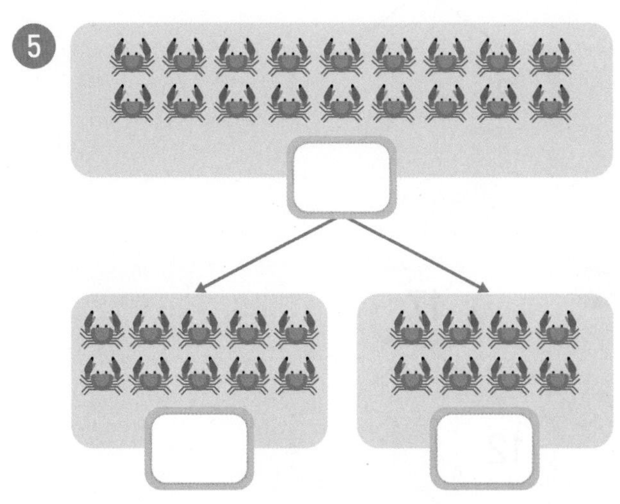

8
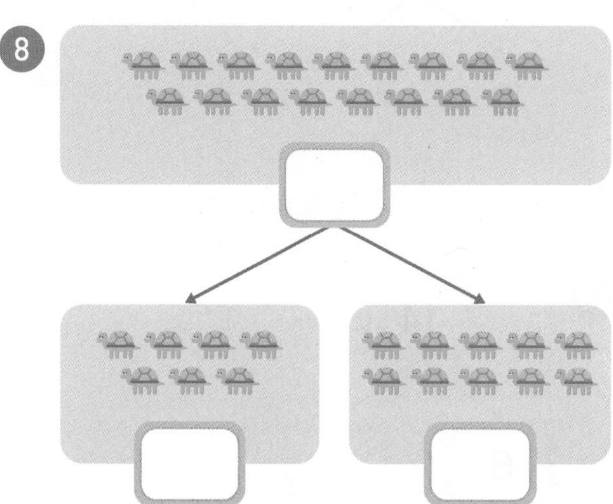

○ 가르기를 해 보세요.

9
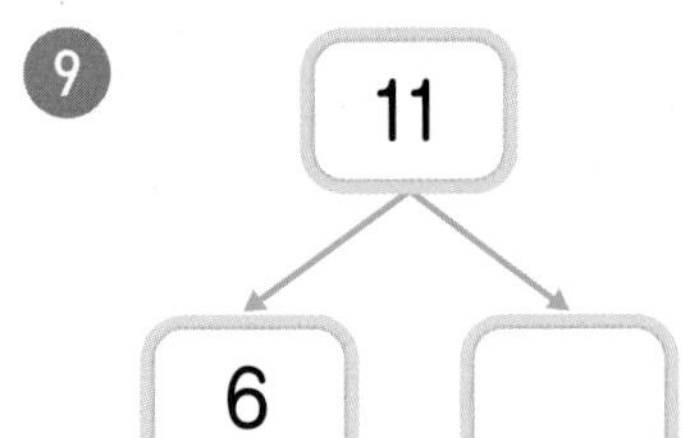

10
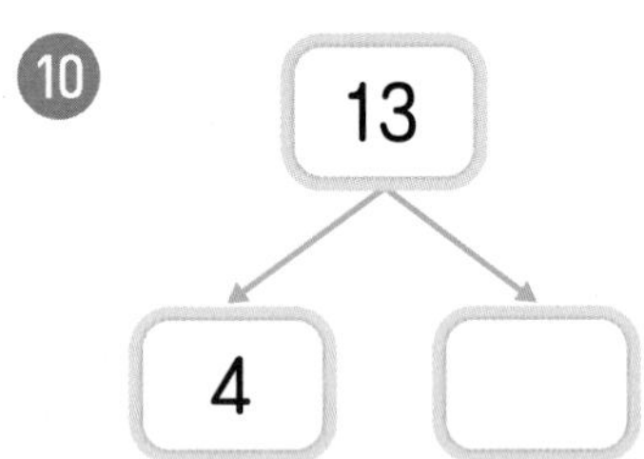

11
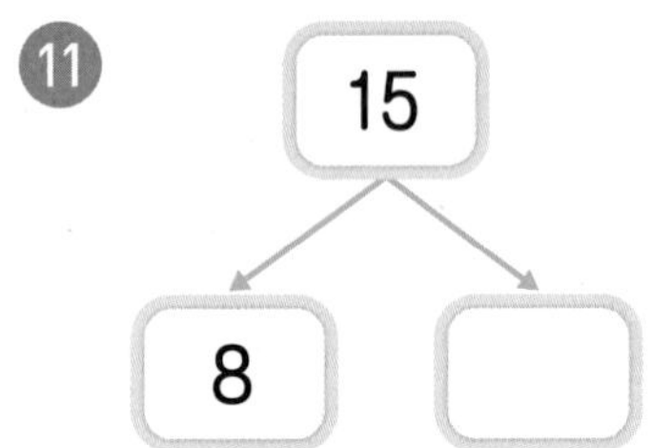

12
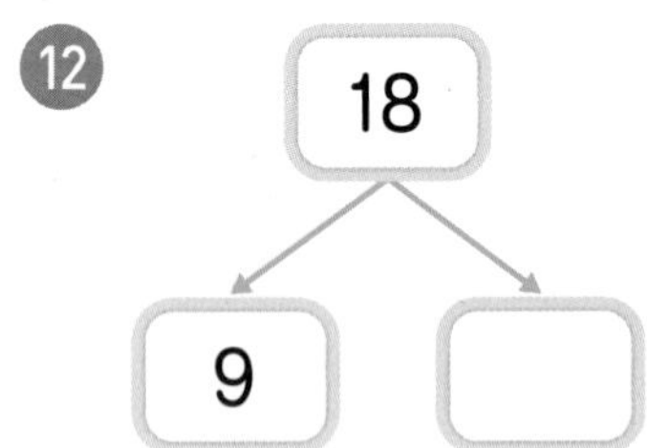

13
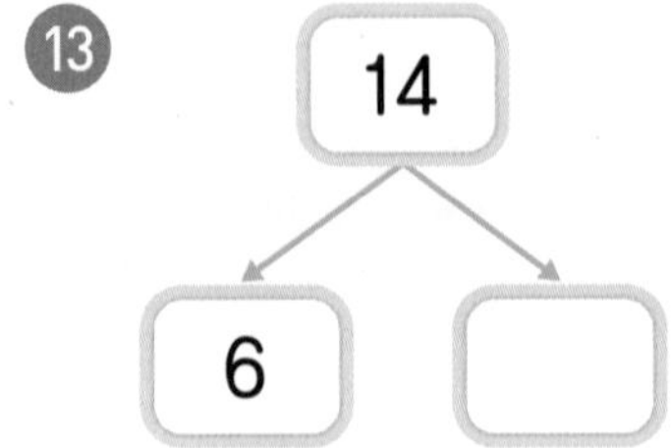

14
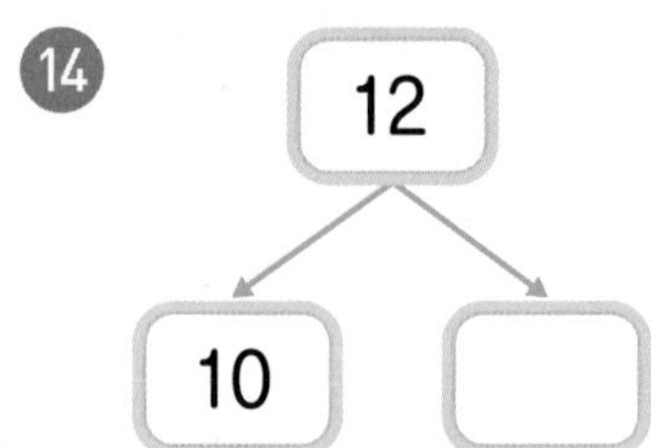

15
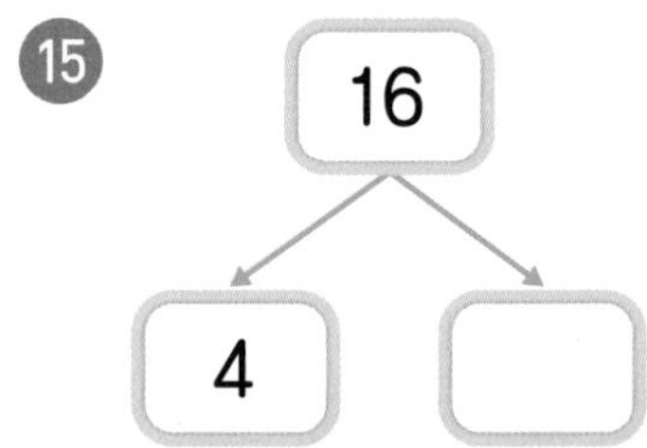

16
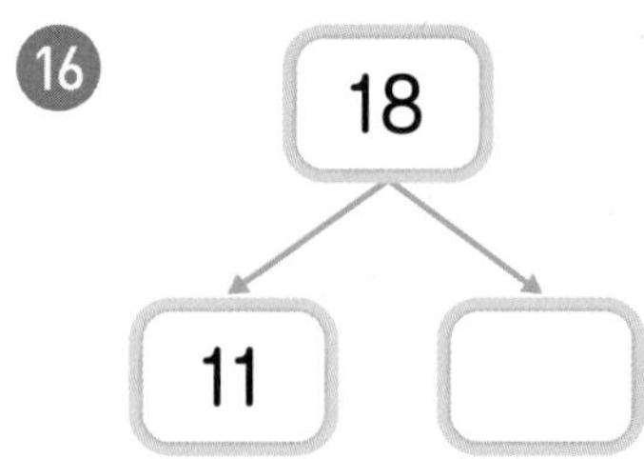

17
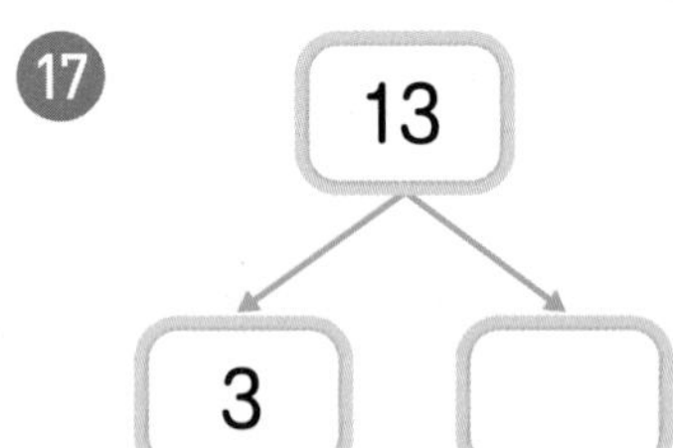

18
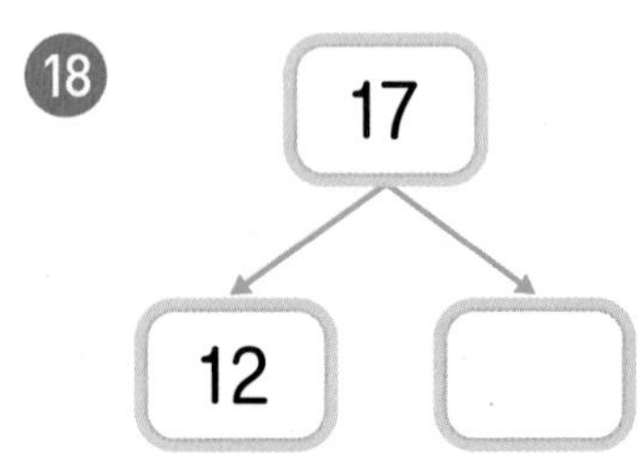

가르기를 하여 빈칸에 알맞은 수를 써넣으세요.

⑲
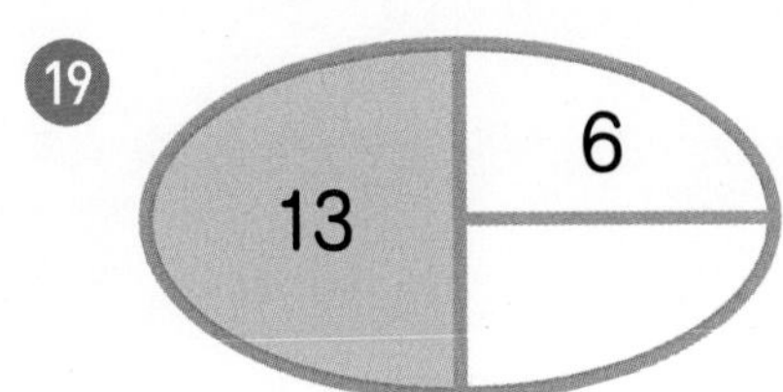

⑳
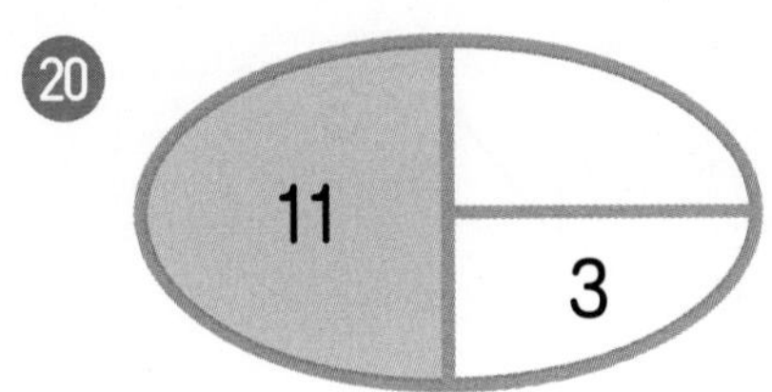

㉑
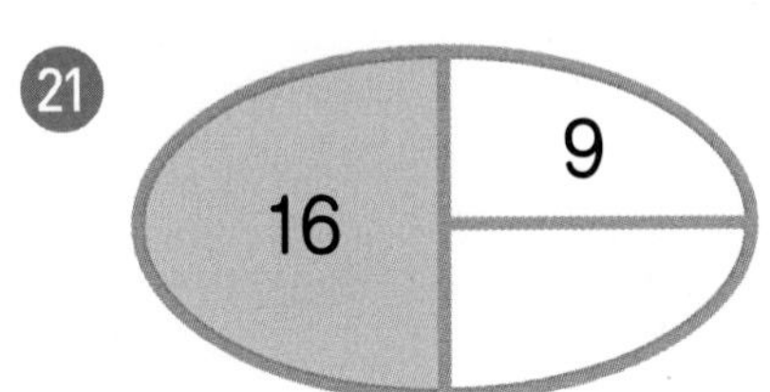

㉒
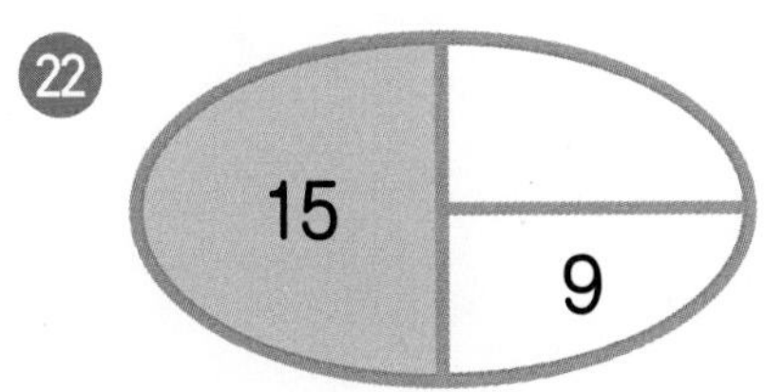

㉓
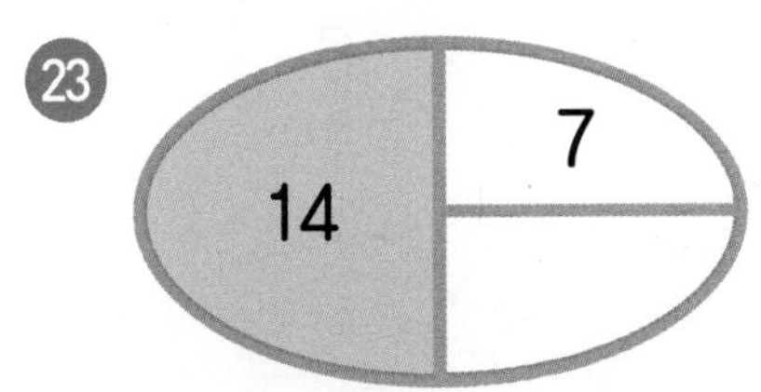

㉔
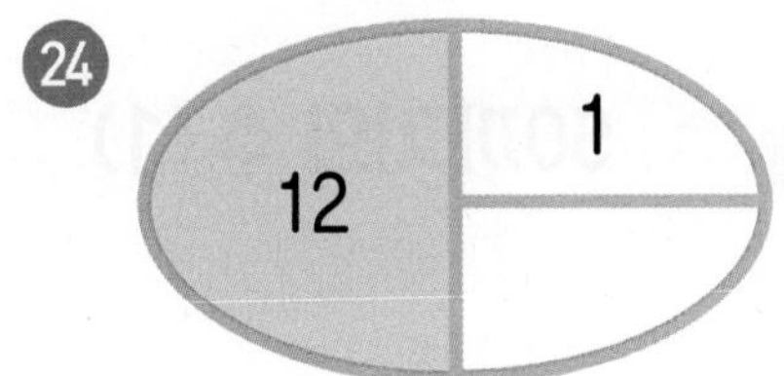

㉕
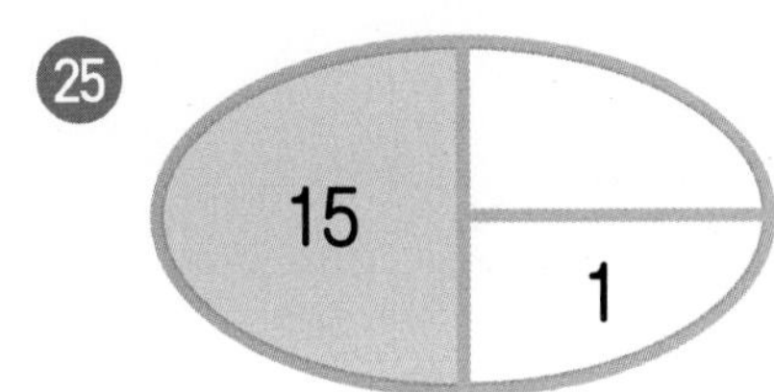

㉖
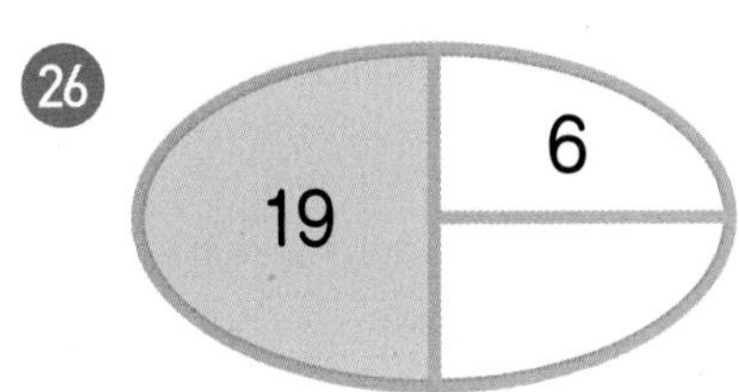

㉗
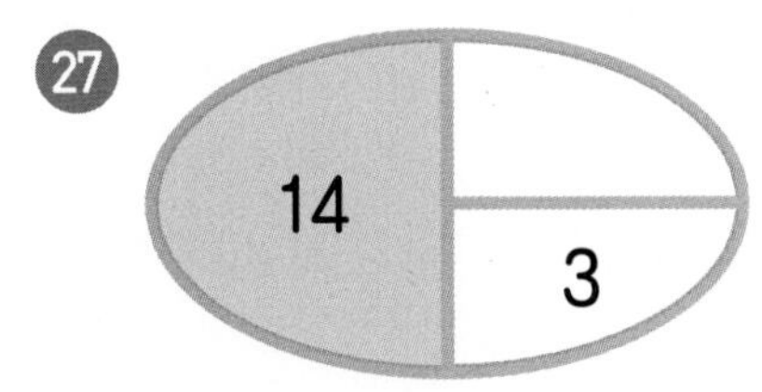

㉘
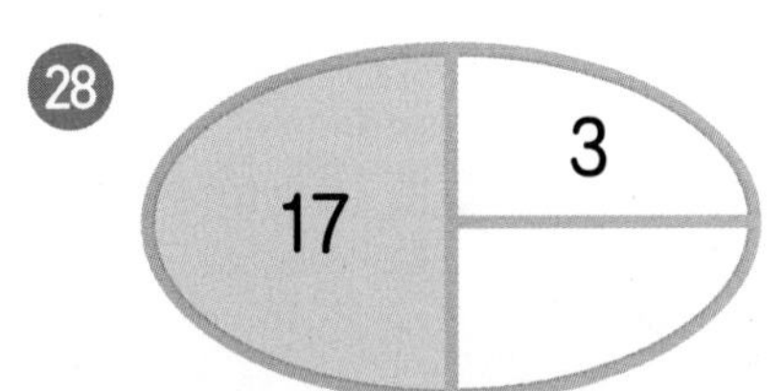

계산 Plus+

50까지의 수 (1)

○ 수를 가르거나 모아서 빈칸에 알맞은 수를 써넣으세요.

1
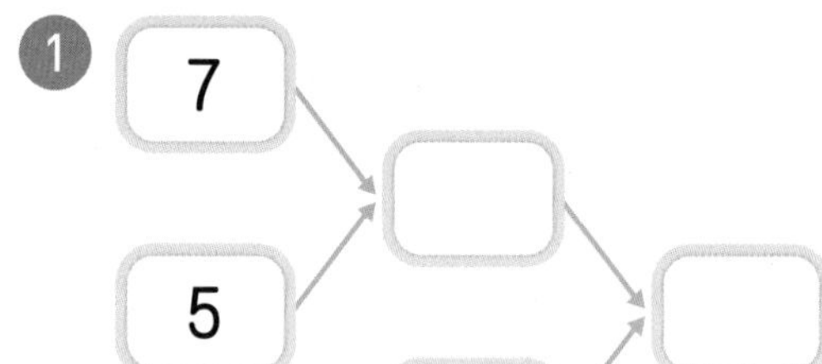

4
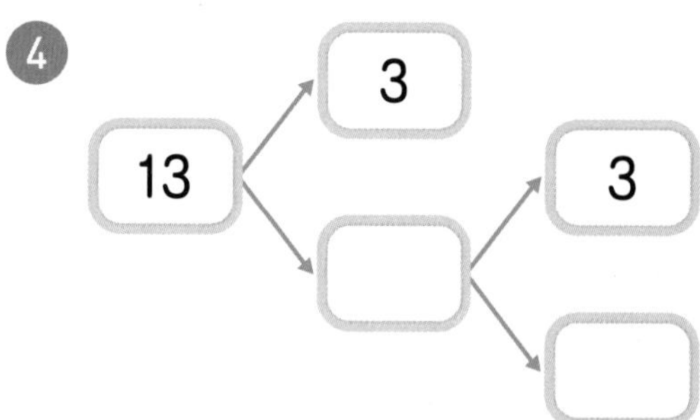

2
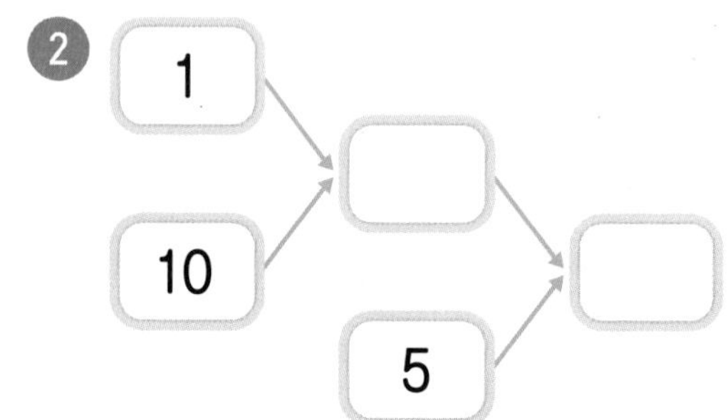

5
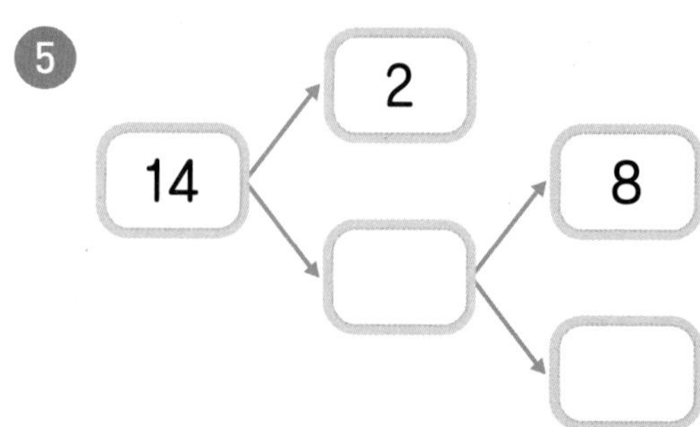

3
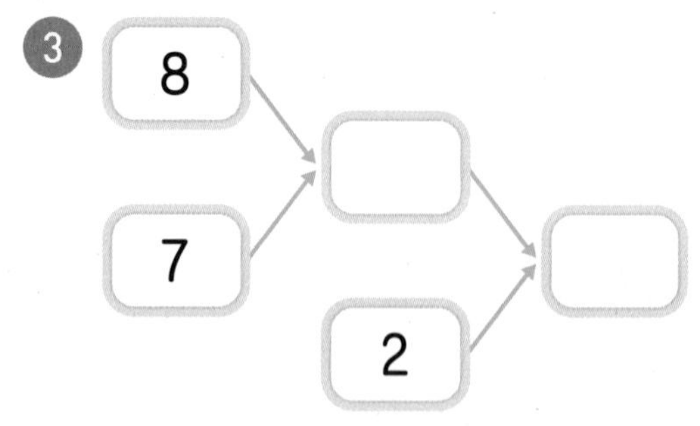

6
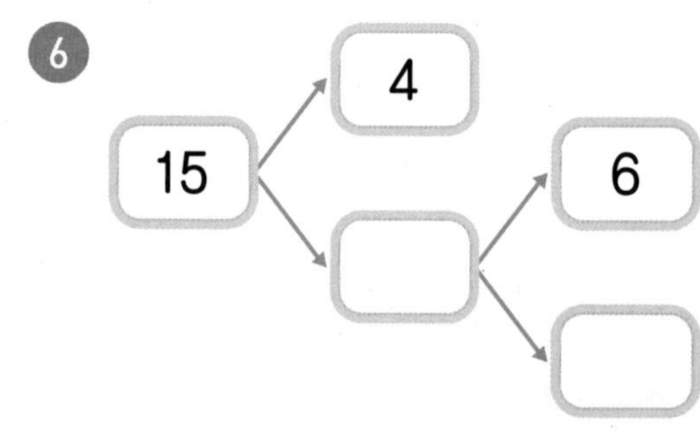

7

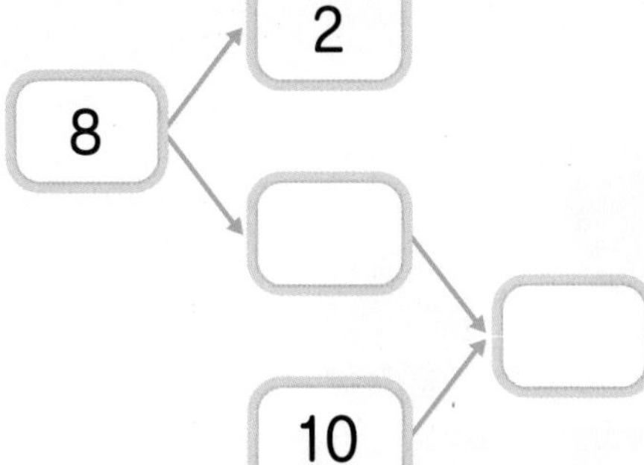

11

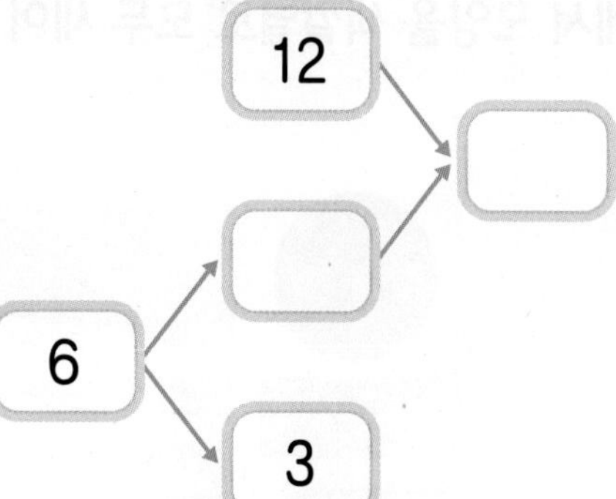

8

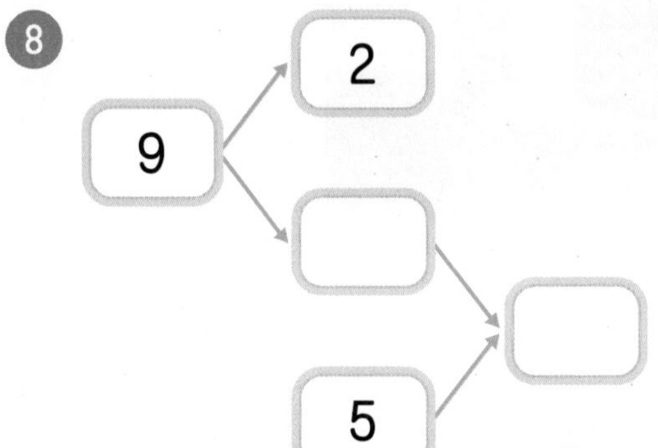

12

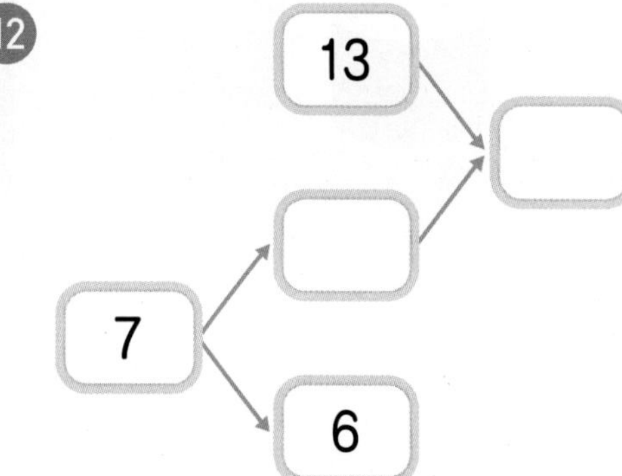

9

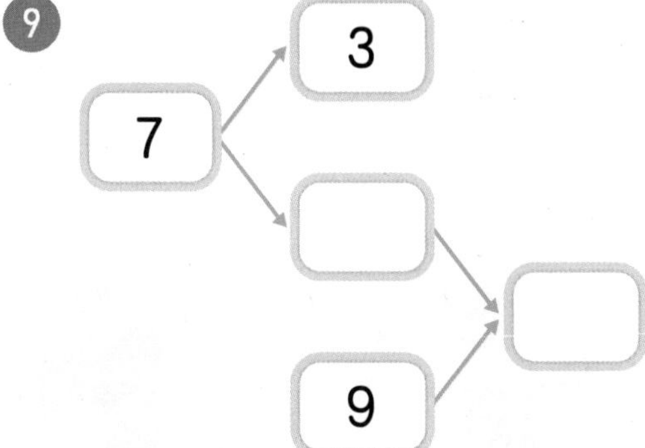

13

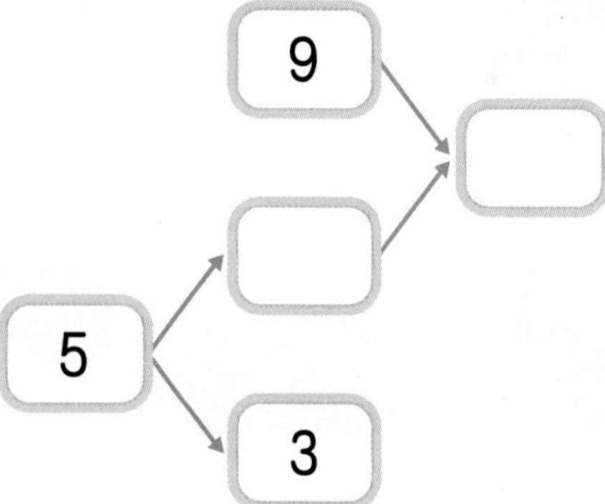

10

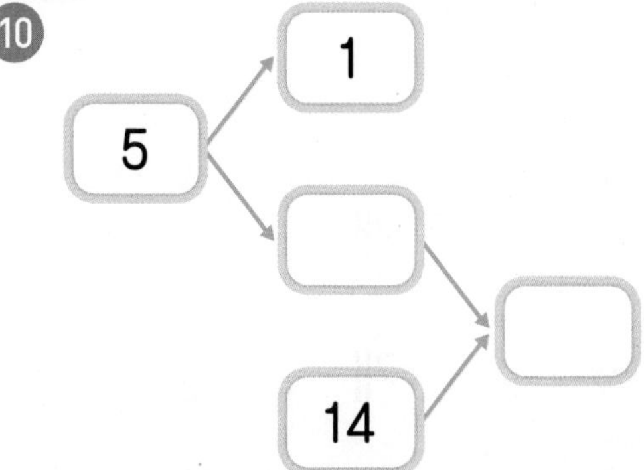

14

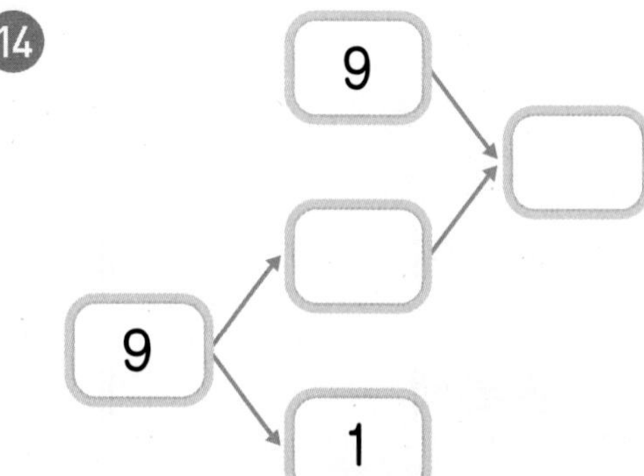

● 그림에서 모양을 색깔별로 모두 세어 보세요.

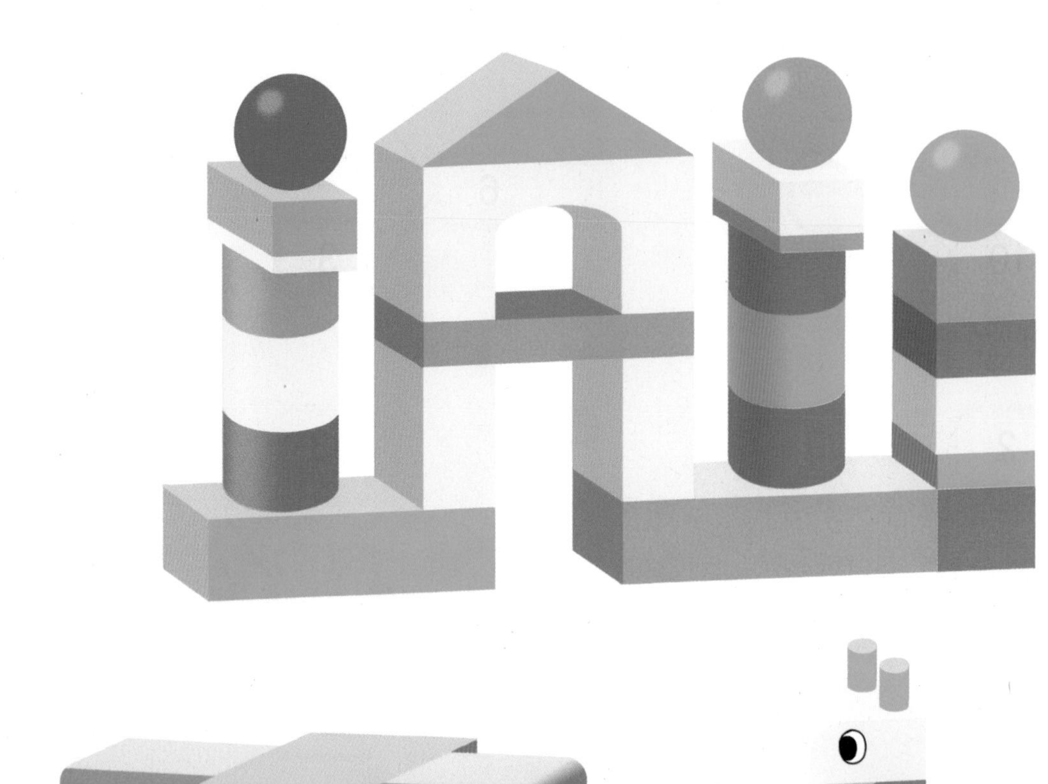

빨간색 → ☐개　　노란색 → ☐개

초록색 → ☐개　　파란색 → ☐개

요술 램프에서 지니가 나오기 위해서는 비밀번호가 필요합니다.
모으기 또는 가르기를 하여 비밀번호를 찾아보세요.

몇십 알아보기

20 알아보기

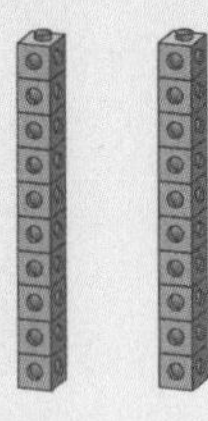

10개씩 묶음 2개 → 쓰기 20 읽기 이십, 스물

몇십을 쓰고 읽기

10개씩 묶음	쓰기	읽기
2	**20**	이십, 스물
3	**30**	삼십, 서른
4	**40**	사십, 마흔
5	**50**	오십, 쉰

모형을 보고 ☐ 안에 알맞은 수를 써넣으세요.

1

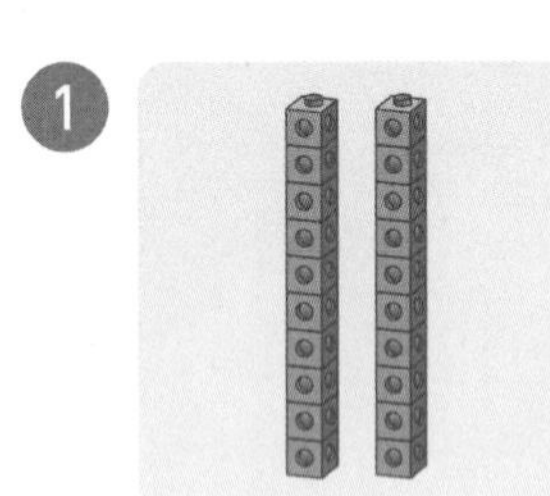

10개씩 묶음 ☐개 ⇨ ☐

2

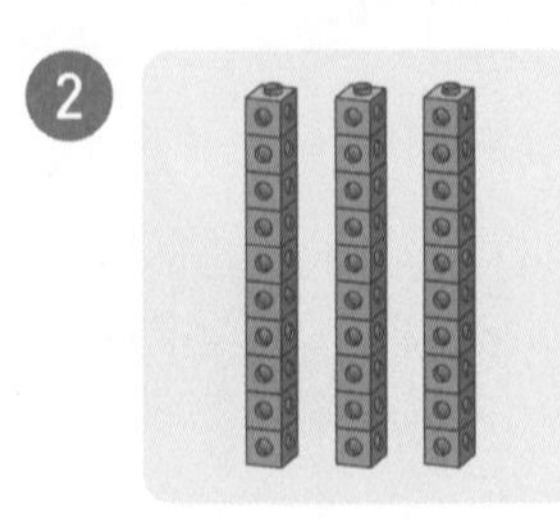

10개씩 묶음 ☐개 ⇨ ☐

○ □ 안에 알맞은 수를 써넣으세요.

3

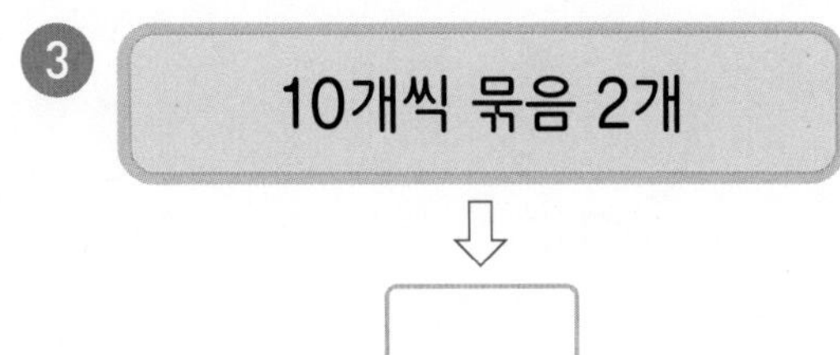

7

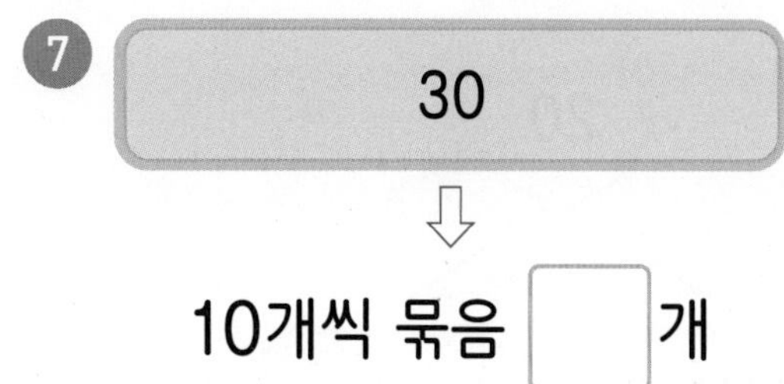

4

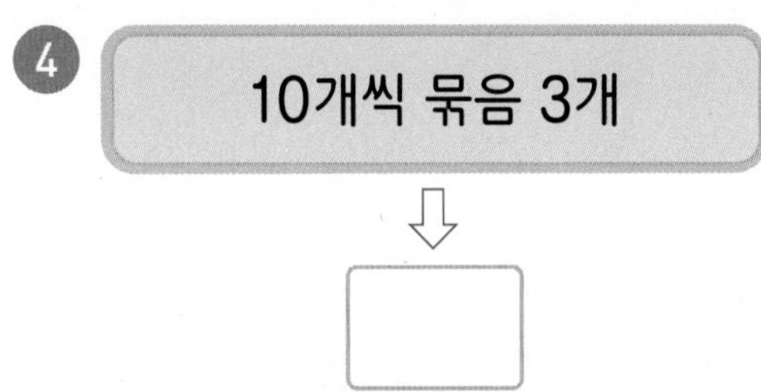

8

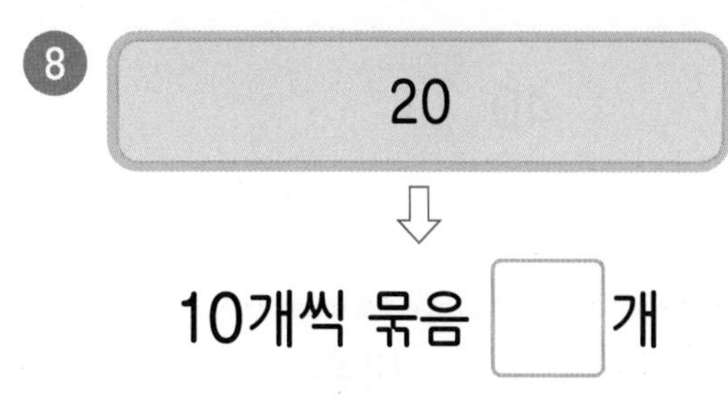

5

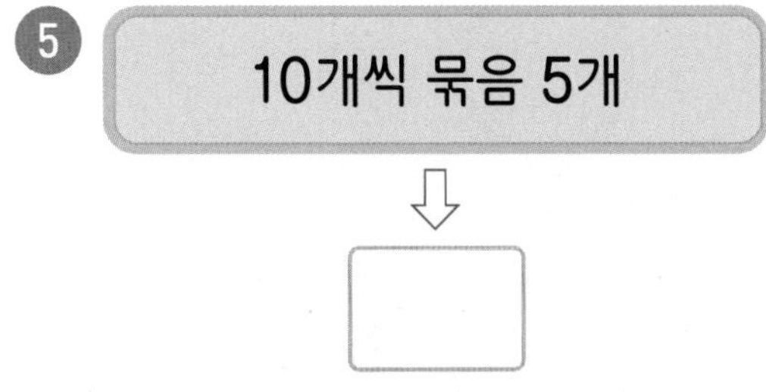

9

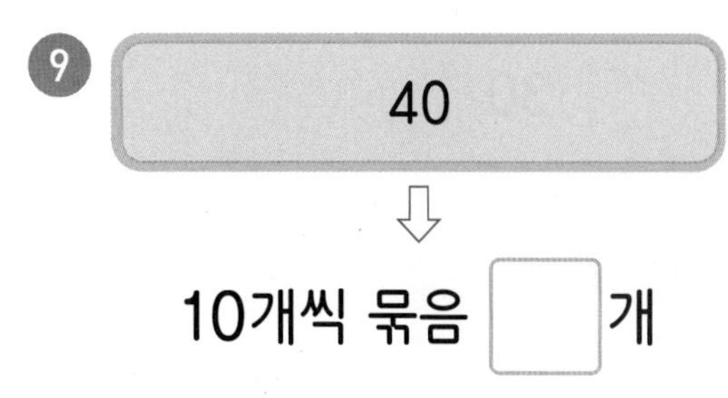

6

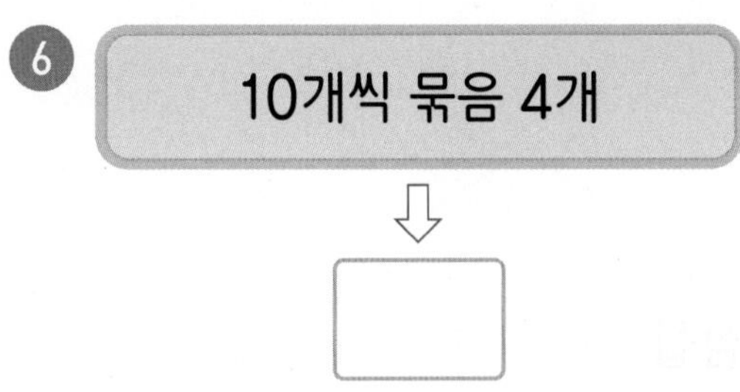

10

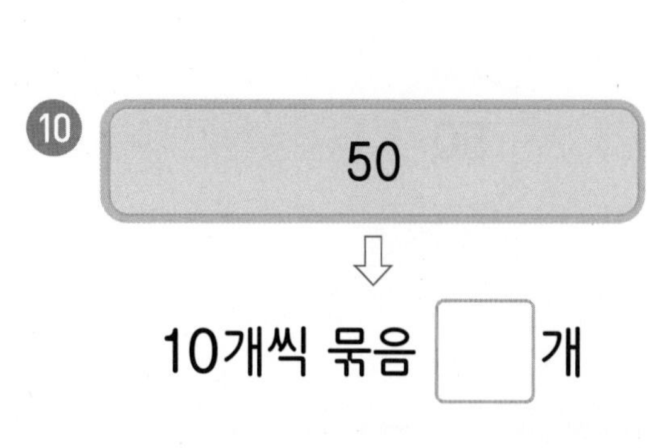

수를 쓰고 읽어 보세요.

11
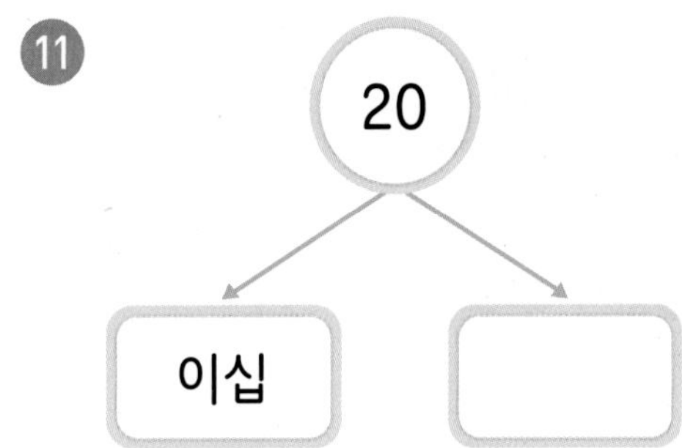

15
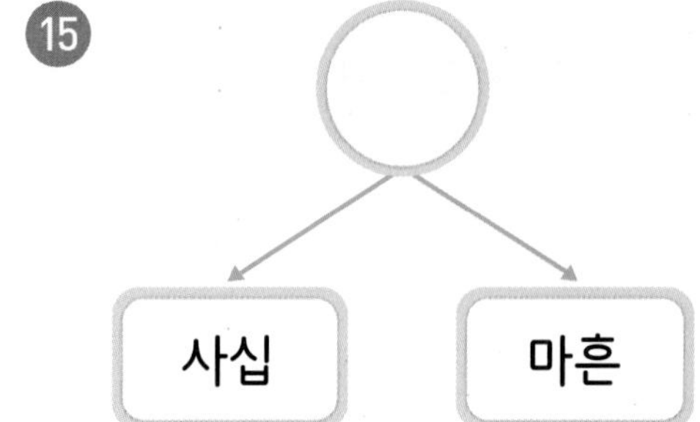

12
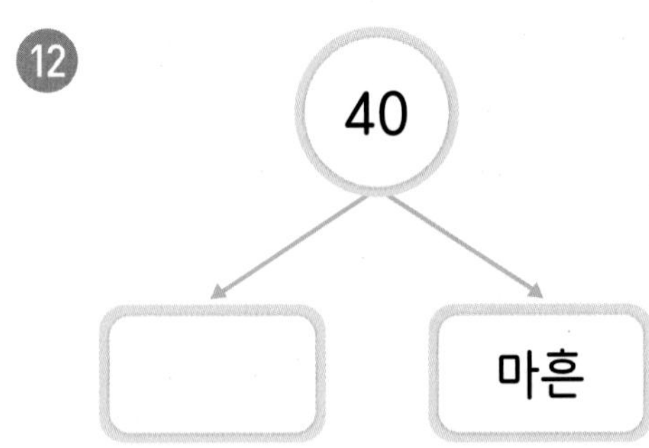

16
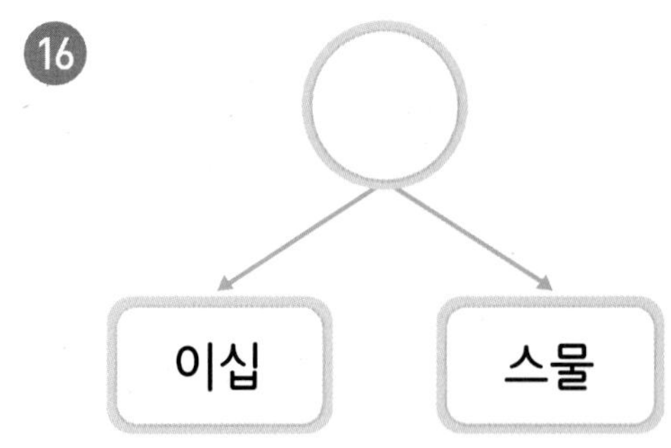

13
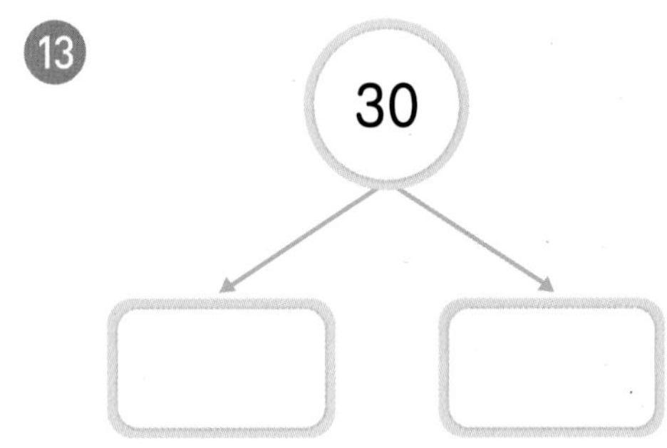

17
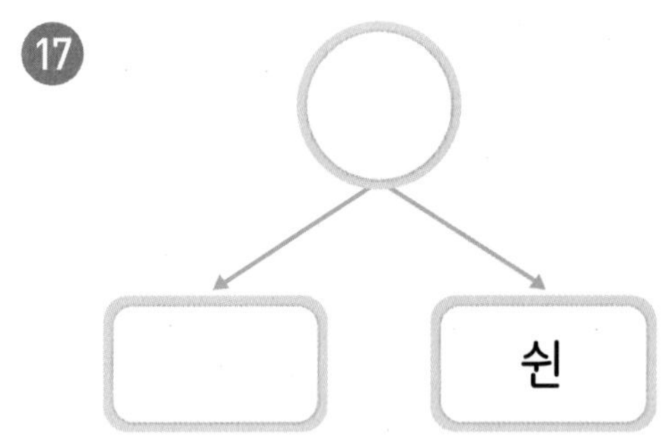

14
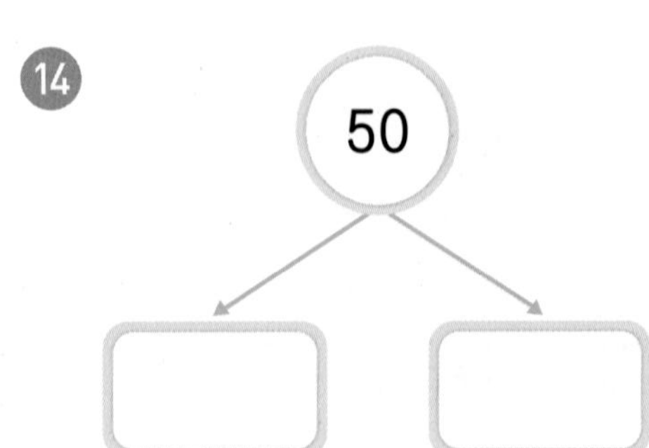

18
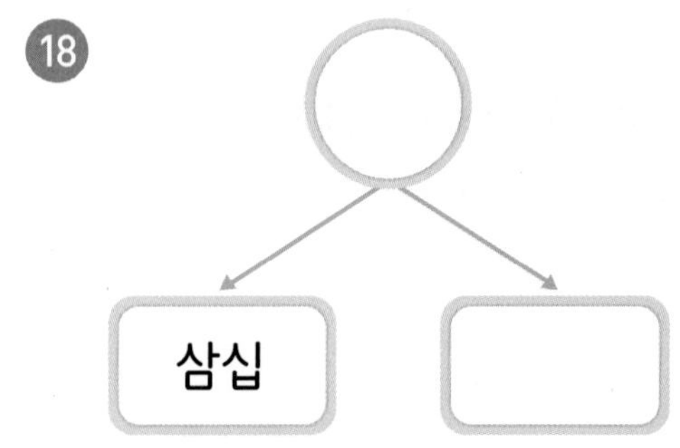

수를 세어 □ 안에 알맞은 수를 써넣고, 그 수를 두 가지로 읽어 보세요.

⑲

□ (　　　　,　　　　)

⑳

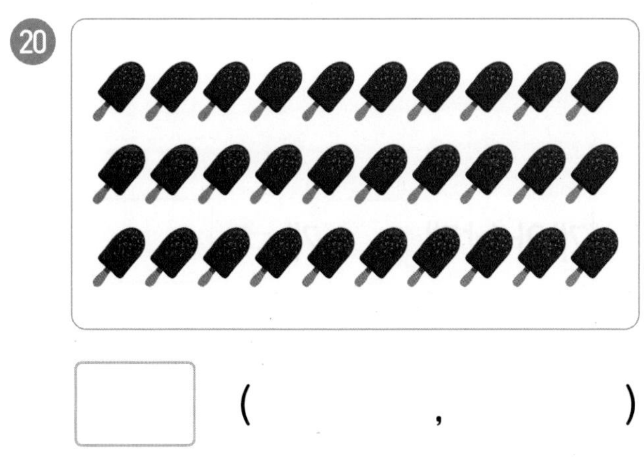

□ (　　　　,　　　　)

㉑

□ (　　　　,　　　　)

㉒

□ (　　　　,　　　　)

㉓

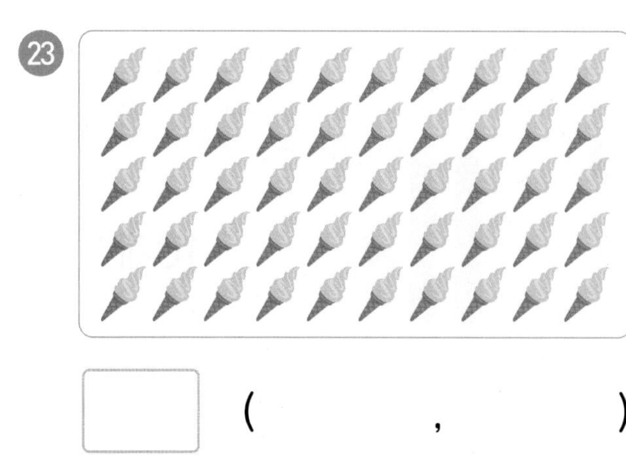

□ (　　　　,　　　　)

㉔

□ (　　　　,　　　　)

몇십몇 알아보기

34 알아보기

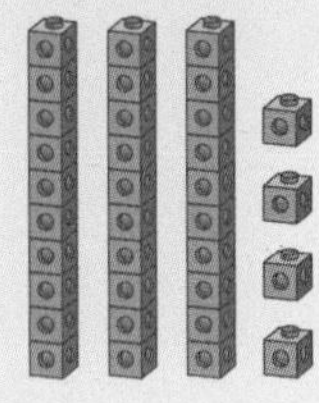

10개씩 묶음 3개와 낱개 4개 → 쓰기 34 읽기 삼십사, 서른넷

모형을 보고 □ 안에 알맞은 수를 써넣으세요.

1 

10개씩 묶음 □개와 낱개 □개 ⇨ □

2 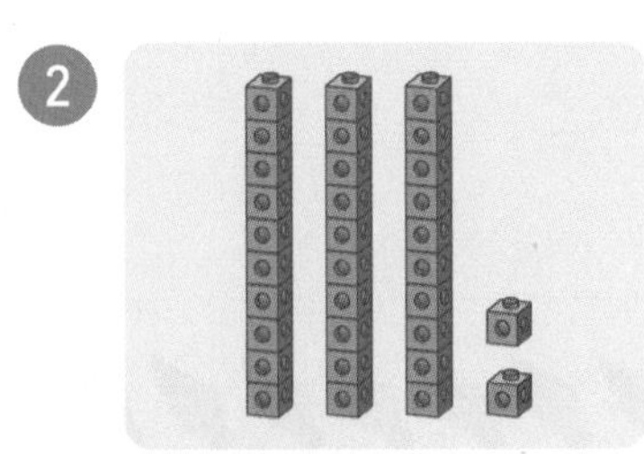

10개씩 묶음 □개와 낱개 □개 ⇨ □

3 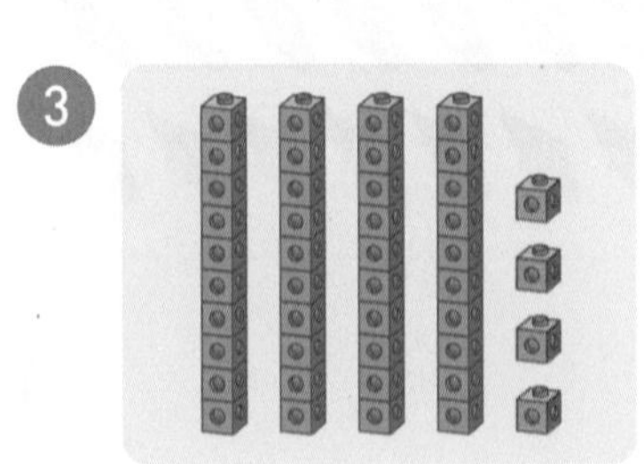

10개씩 묶음 □개와 낱개 □개 ⇨ □

○ 빈칸에 알맞은 수를 써넣으세요.

❹

10개씩 묶음	2
낱개	9

⇨ ☐

❺

10개씩 묶음	3
낱개	3

⇨ ☐

❻

10개씩 묶음	2
낱개	6

⇨ ☐

❼

10개씩 묶음	4
낱개	5

⇨ ☐

❽

10개씩 묶음	3
낱개	8

⇨ ☐

❾ 27 ⇨

10개씩 묶음	2
낱개	

❿ 48 ⇨

10개씩 묶음	
낱개	8

⓫ 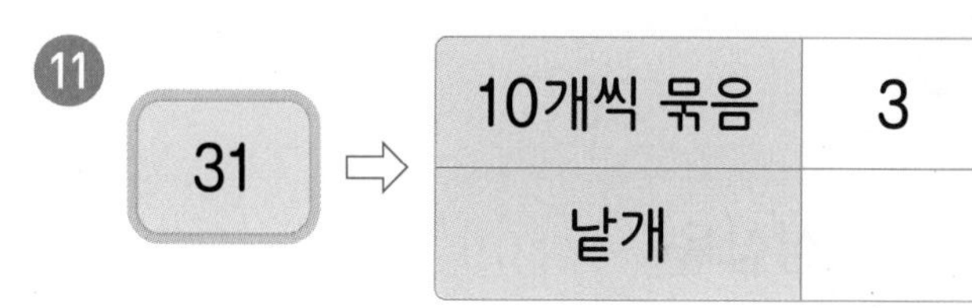

31 ⇨

10개씩 묶음	3
낱개	

⓬ 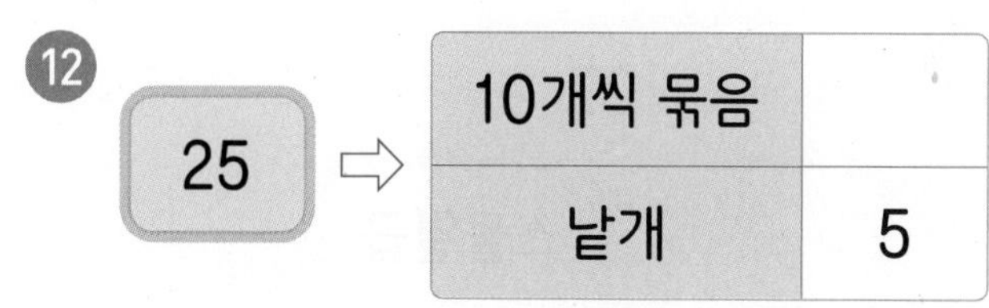

25 ⇨

10개씩 묶음	
낱개	5

⓭ 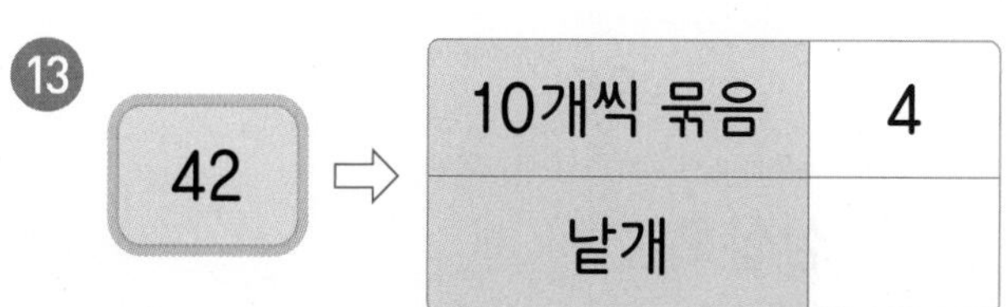

42 ⇨

10개씩 묶음	4
낱개	

○ **수를 두 가지로 읽어 보세요.**

⑭ 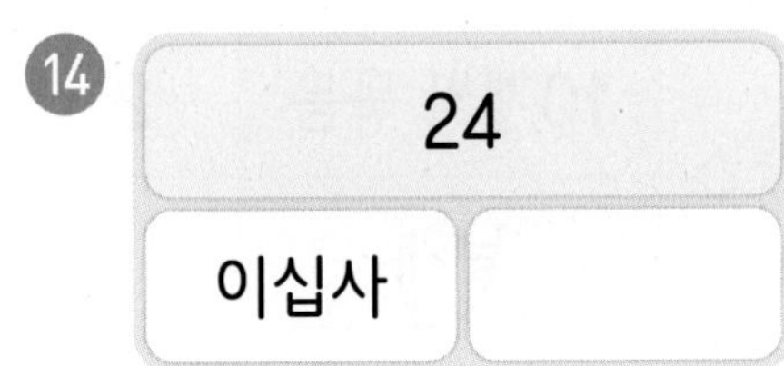

⑮ 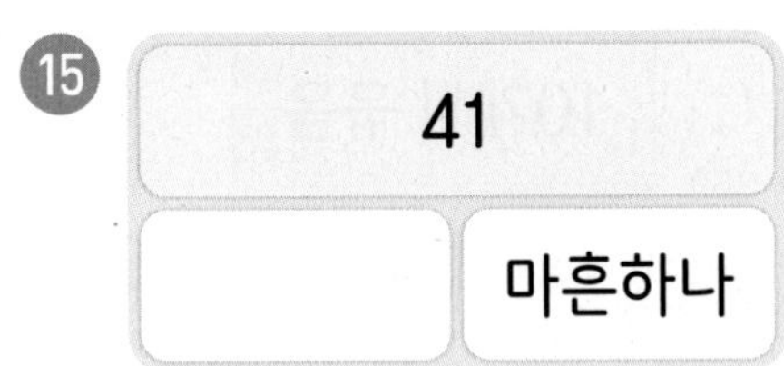

⑯

36	
삼십육	

⑰

27	
	스물일곱

⑱ 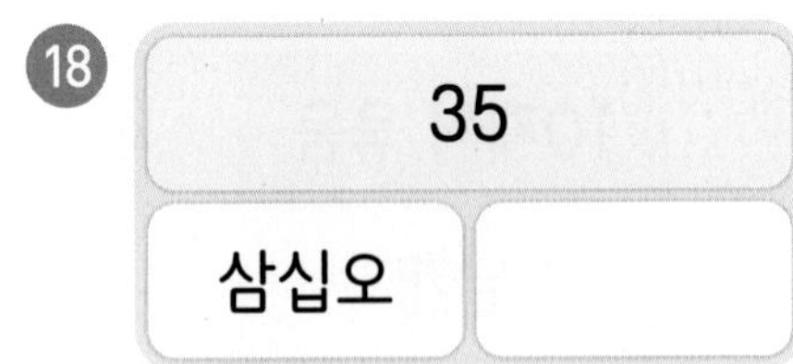

⑲ 

⑳ 

㉑ 

㉒ 

㉓ 

수를 세어 □ 안에 알맞은 수를 써넣고, 그 수를 두 가지로 읽어 보세요.

24

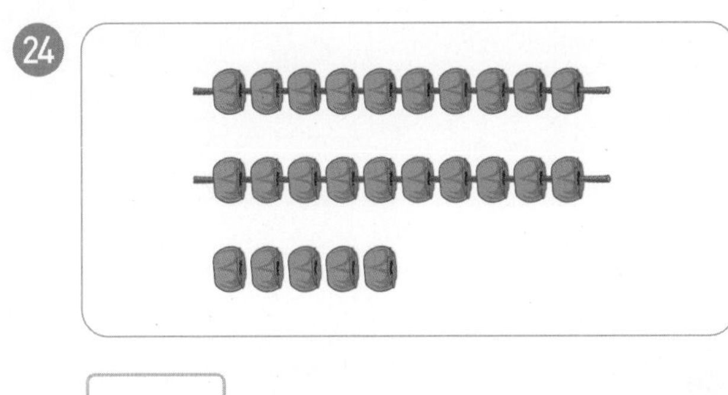

□ (,)

25

□ (,)

26

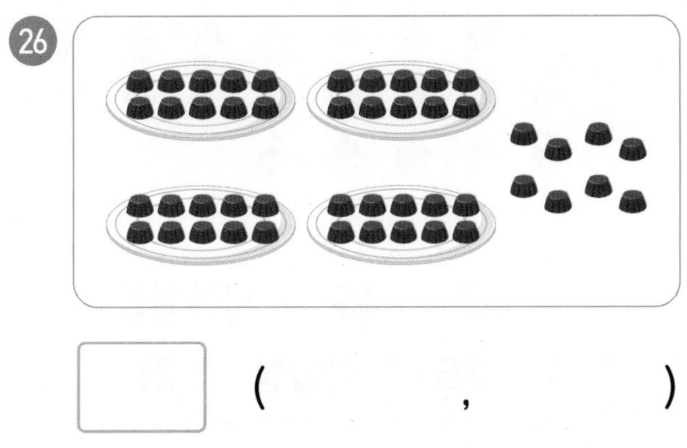

□ (,)

27

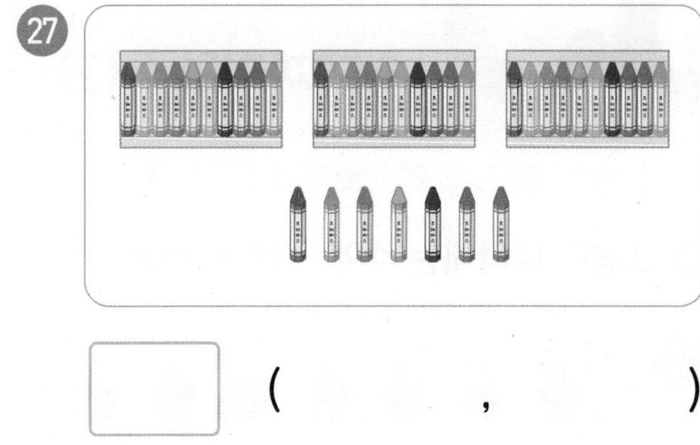

□ (,)

28

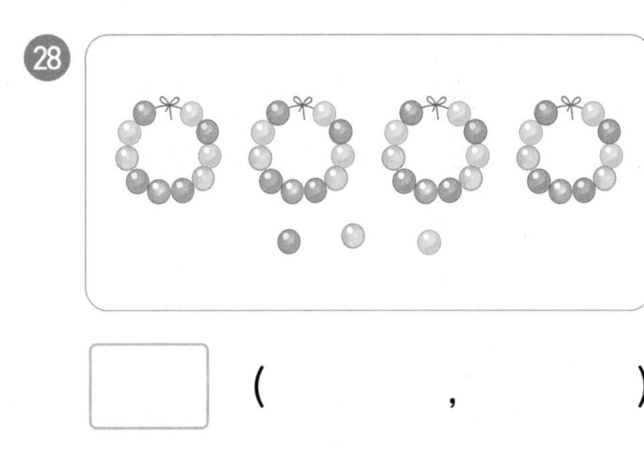

□ (,)

29

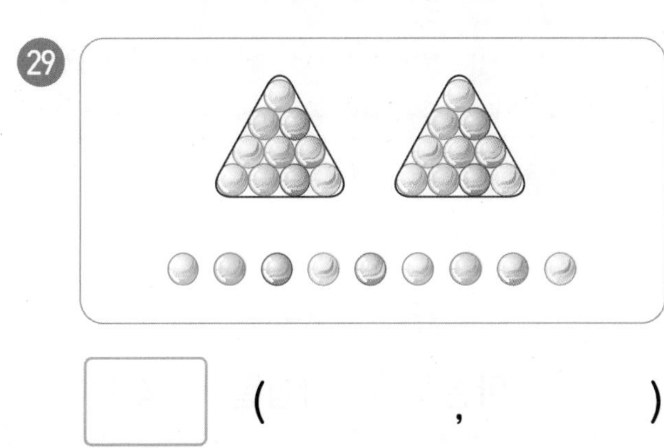

□ (,)

35 계산 Plus+

50까지의 수 (2)

○ 그림이 나타내는 수에 ◯표 하세요.

1

33 이십육 28
25 44 스물여덟

3

38 27 서른하나
42 30 삼십

2
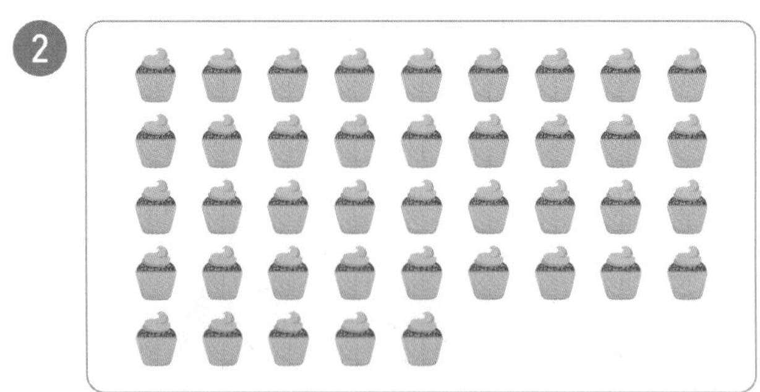

35 29 41
마흔셋 사십일 49

4
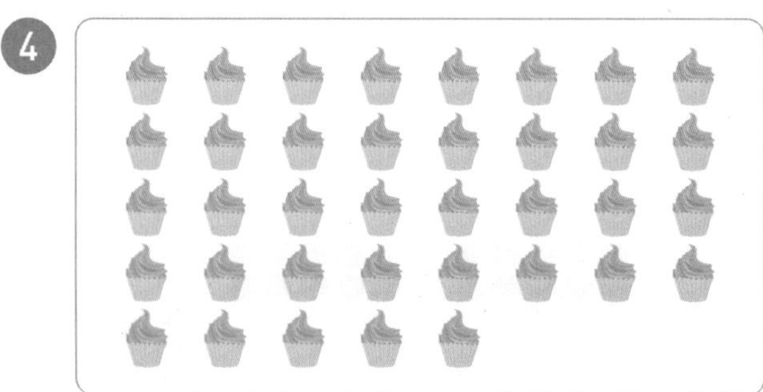

37 45 서른일곱
36 이십칠 21

○ 동전은 모두 얼마인지 써 보세요.

5
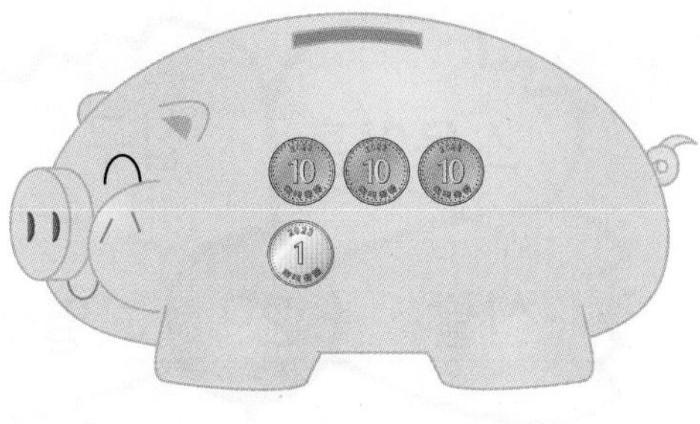

□원

8
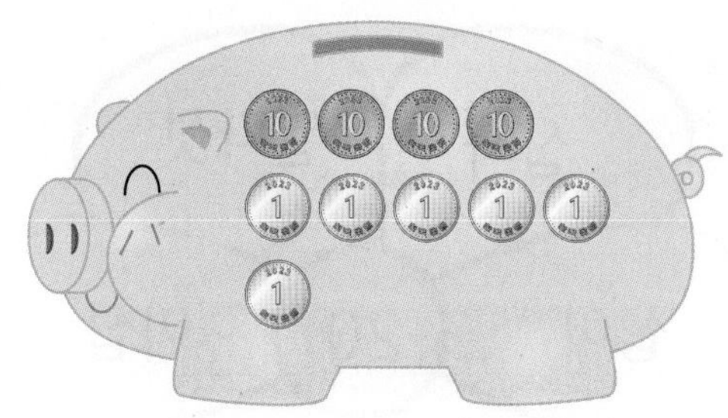

□원

6
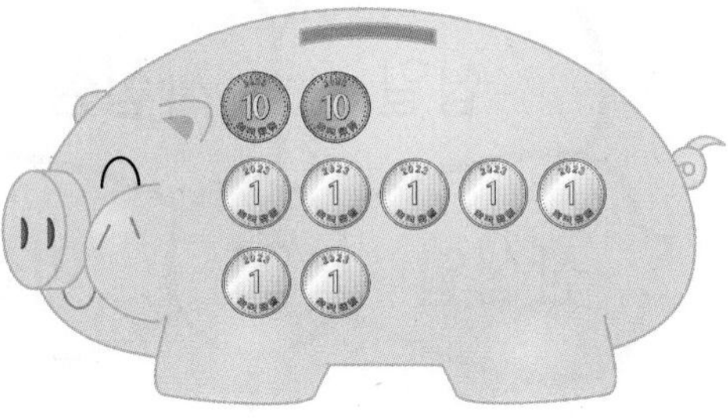

□원

9
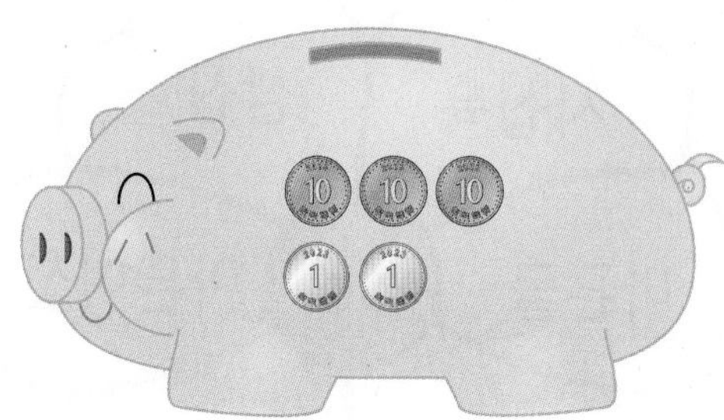

□원

7
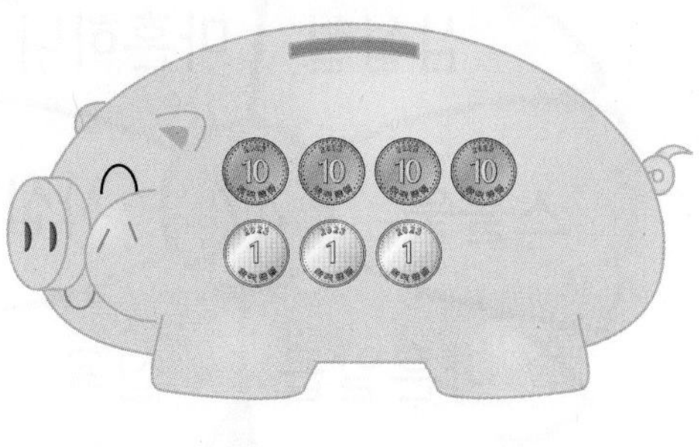

□원

10

□원

● 가운데 쓰인 수와 관계있는 꽃잎을 모두 찾아 색칠해 보세요.

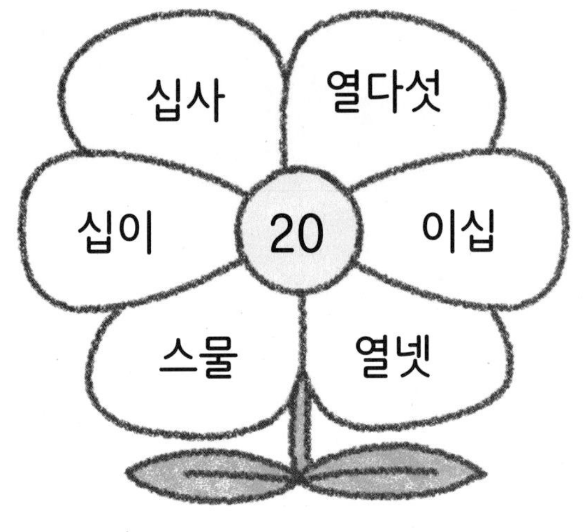

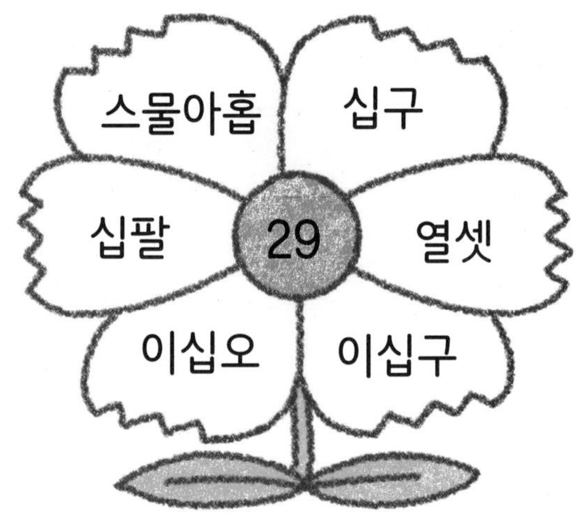

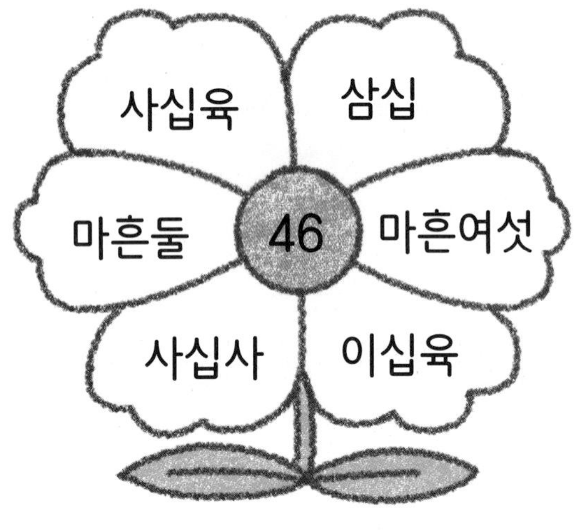

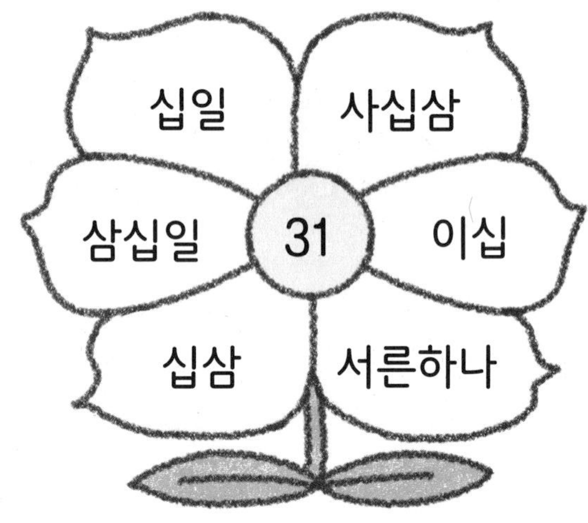

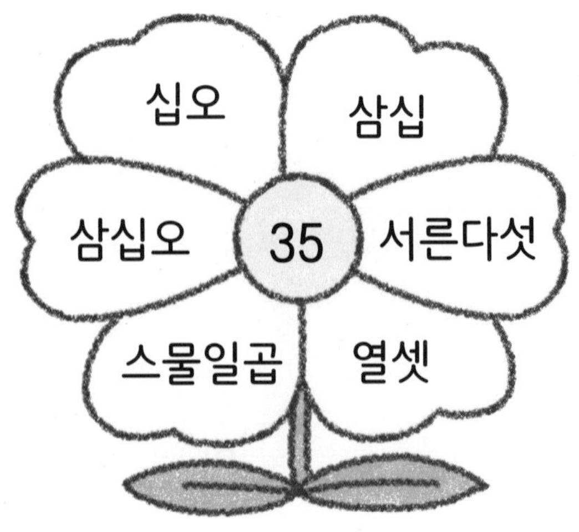

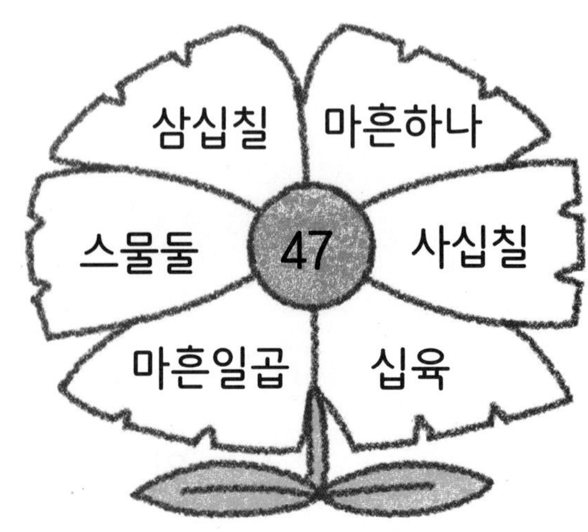

○ 가로 열쇠와 세로 열쇠를 보고 퍼즐을 완성해 보세요.

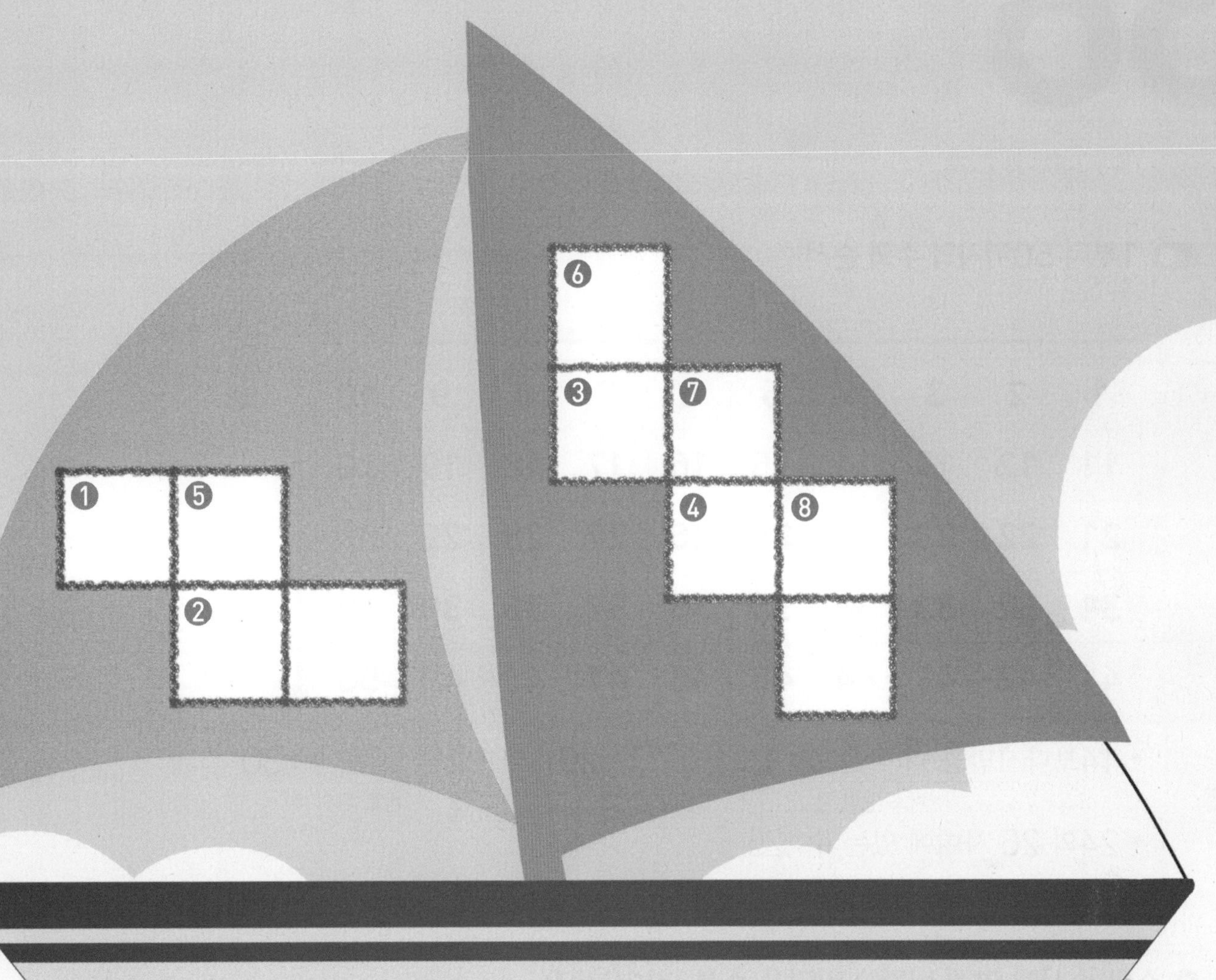

가로 열쇠

❶ 10개씩 묶음 3개와 낱개 2개인 수
❷ 10개씩 묶음 4개인 수
❸ 서른넷
❹ 사십이

세로 열쇠

❺ 스물넷
❻ 삼십삼
❼ 마흔넷
❽ 10개씩 묶음 2개와 낱개 9개인 수

36 50까지의 수의 순서

1부터 50까지의 수의 순서

1씩 커집니다. / 10씩 커집니다.

1	2	3	4	5	6	7	8	9	10
11	12	13	14	15	16	17	18	19	20
21	22	23	24	25	26	27	28	29	30
31	32	33	34	35	36	37	38	39	40
41	42	43	44	45	46	47	48	49	50

- 14보다 1만큼 더 작은 수: 13 (바로 앞의 수)
- 29보다 1만큼 더 큰 수: 30 (바로 뒤의 수)
- 24와 26 사이에 있는 수: 25

수의 순서에 맞게 빈칸에 알맞은 수를 써넣으세요.

1. 16 – ☐ – 18
2. 21 – ☐ – 23
3. 37 – ☐ – 39
4. 25 – ☐ – 27
5. 33 – ☐ – 35
6. 44 – ☐ – 46

7. 21 – 22 – ( ) – ( )

8. 16 – ( ) – 18 – ( )

9. 45 – ( ) – ( ) – 48

10. ( ) – 28 – ( ) – 30

11. ( ) – 33 – 34 – ( )

12. ( ) – ( ) – 16 – 17

13. 12 – ( ) – ( ) – 15

14. 37 – 38 – ( ) – ( )

15. 25 – ( ) – 27 – ( )

16. ( ) – 47 – ( ) – 49

17. ( ) – 42 – 43 – ( )

18. ( ) – ( ) – 32 – 33

○ 빈칸에 알맞은 수를 써넣으세요.

⑲ 1만큼 더 작은 수 [ ] — 12 — [ ] 1만큼 더 큰 수

⑳ 1만큼 더 작은 수 [ ] — 24 — [ ] 1만큼 더 큰 수

㉑ 1만큼 더 작은 수 [ ] — 39 — [ ] 1만큼 더 큰 수

㉒ 1만큼 더 작은 수 [ ] — 46 — [ ] 1만큼 더 큰 수

㉓ 1만큼 더 작은 수 [ ] — 18 — [ ] 1만큼 더 큰 수

㉔ 1만큼 더 작은 수 [ ] — 23 — [ ] 1만큼 더 큰 수

㉕ 1만큼 더 작은 수 [ ] — 35 — [ ] 1만큼 더 큰 수

㉖ 1만큼 더 작은 수 [ ] — 42 — [ ] 1만큼 더 큰 수

㉗ 1만큼 더 작은 수 [ ] — 15 — [ ] 1만큼 더 큰 수

㉘ 1만큼 더 작은 수 [ ] — 40 — [ ] 1만큼 더 큰 수

㉙

1	2		
5		7	8
9		11	

㉝

	27	28	
30		32	33
34		36	

㉚

	16		18
19		21	
23		25	26

㉞

12	13		
16		18	19
20		22	

㉛

24		26	27
	29		31
32		34	

㉟

7	8		10
11		13	14
		17	

㉜

33		35	36
	38		40
41			44

㊱

	39		41
42		44	
46	47		49

공부한 날짜 월 일

37 50까지의 두 수의 크기 비교

10개씩 묶음의 수가 다른 두 수의 크기 비교

10개씩 묶음의 수가 다르면
10개씩 묶음의 수가 큰 쪽이 더 큰 수입니다.

34는 29보다 큽니다.

3은 2보다 큽니다.

10개씩 묶음의 수가 같은 두 수의 크기 비교

10개씩 묶음의 수가 같으면
낱개의 수가 큰 쪽이 더 큰 수입니다.

25는 28보다 작습니다.

5는 8보다 작습니다.

알맞은 말에 ○표 하세요.

1. 30은 20보다 (큽니다 , 작습니다).
2. 16은 19보다 (큽니다 , 작습니다).
3. 38은 34보다 (큽니다 , 작습니다).
4. 32는 40보다 (큽니다 , 작습니다).
5. 40은 25보다 (큽니다 , 작습니다).
6. 37은 39보다 (큽니다 , 작습니다).

⑦ 31은 27보다
(큽니다 , 작습니다).

⑧ 35는 36보다
(큽니다 , 작습니다).

⑨ 47은 41보다
(큽니다 , 작습니다).

⑩ 25는 21보다
(큽니다 , 작습니다).

⑪ 24는 29보다
(큽니다 , 작습니다).

⑫ 13은 45보다
(큽니다 , 작습니다).

⑬ 28은 19보다
(큽니다 , 작습니다).

⑭ 22는 46보다
(큽니다 , 작습니다).

⑮ 18은 23보다
(큽니다 , 작습니다).

⑯ 34는 15보다
(큽니다 , 작습니다).

⑰ 42는 48보다
(큽니다 , 작습니다).

⑱ 17은 11보다
(큽니다 , 작습니다).

⑲ 12는 26보다
(큽니다 , 작습니다).

⑳ 43은 14보다
(큽니다 , 작습니다).

○ 더 큰 수에 ◯표 하세요.

㉑ 11 42

㉒ 37 40

㉓ 24 25

㉔ 41 40

㉕ 28 34

㉖ 45 49

㉗ 33 38

㉘ 17 23

㉙ 36 31

㉚ 12 45

㉛ 16 37

㉜ 21 15

㉝ 14 40

㉞ 26 22

○ 더 작은 수에 △표 하세요.

㉟ | 15 | 31 |

㊱ | 45 | 19 |

㊲ | 29 | 25 |

㊳ | 12 | 17 |

㊴ | 22 | 33 |

㊵ | 37 | 27 |

㊶ | 46 | 44 |

㊷ | 27 | 49 |

㊸ | 30 | 38 |

㊹ | 42 | 26 |

㊺ | 39 | 41 |

㊻ | 11 | 28 |

㊼ | 36 | 32 |

㊽ | 15 | 16 |

38 50까지의 세 수의 크기 비교

21, 37, 25의 크기 비교

❶ 10개씩 묶음의 수를 한꺼번에 비교합니다.

21 37 25 → **가장 큰 수는 37입니다.**

3은 2보다 큽니다.

❷ 남은 두 수의 낱개의 수를 비교합니다.

21 25 → **가장 작은 수는 21입니다.**

1은 5보다 작습니다.

빈칸에 알맞은 수를 써넣고, 가장 큰 수를 찾아 써 보세요.

1

	10개씩 묶음	낱개
39	3	9
16		
45		

( )

2

	10개씩 묶음	낱개
28		
30		
14		

( )

3

	10개씩 묶음	낱개
22	2	2
27		
29		

( )

4

	10개씩 묶음	낱개
36		
25		
35		

( )

○ 빈칸에 알맞은 수를 써넣고, 가장 작은 수를 찾아 써 보세요.

5

	10개씩 묶음	낱개
48	4	8
23		
32		

( )

6

	10개씩 묶음	낱개
48		
23		
32		

( )

7

	10개씩 묶음	낱개
31		
40		
13		

( )

8

	10개씩 묶음	낱개
41	4	1
49		
42		

( )

9

	10개씩 묶음	낱개
36		
38		
33		

( )

10

	10개씩 묶음	낱개
23		
15		
17		

( )

◎ 가장 큰 수를 찾아 ◯표 하세요.

⑪ 28 39 42

⑫ 14 15 10

⑬ 24 31 18

⑭ 26 21 27

⑮ 48 12 47

⑯ 11 27 16

⑰ 45 43 46

⑱ 19 17 12

⑲ 13 25 29

⑳ 49 39 25

㉑ 25 40 30

㉒ 37 29 38

㉓ 20 21 22

㉔ 34 32 35

○ 가장 작은 수를 찾아 △표 하세요.

㉕ 35 21 29

㉖ 17 25 18

㉗ 37 34 41

㉘ 44 49 42

㉙ 23 20 28

㉚ 42 47 31

㉛ 37 16 24

㉜ 39 38 43

㉝ 25 42 37

㉞ 20 19 21

㉟ 48 46 49

㊱ 35 38 30

㊲ 20 30 42

㊳ 34 29 37

계산 Plus+

50까지의 수 (3)

○ 왼쪽의 수보다 1만큼 더 큰 수에 ◯표, 1만큼 더 작은 수에 △표 하세요.

1. 25 — 26 21 24
2. 31 — 32 30 38
3. 46 — 49 45 47
4. 28 — 29 26 27
5. 39 — 40 38 37
6. 37 — 38 36 35
7. 22 — 23 21 26
8. 34 — 35 32 33
9. 43 — 47 42 44
10. 27 — 26 29 28

○ 순서를 거꾸로 하여 빈칸에 알맞은 수를 써넣으세요.

11 50, ( ), 48, ( ), ( )

16 39, ( ), ( ), 36, ( )

12 27, ( ), ( ), 24, ( )

17 ( ), 21, 20, ( ), ( )

13 ( ), 31, 30, ( ), ( )

18 46, ( ), ( ), 43, ( )

14 44, ( ), ( ), 41, ( )

19 ( ), 24, 23, ( ), ( )

15 ( ), 20, 19, ( ), ( )

20 40, ( ), ( ), 37, ( )

공룡이 알을 찾아가려고 합니다. 수를 순서대로 연결해 보세요.

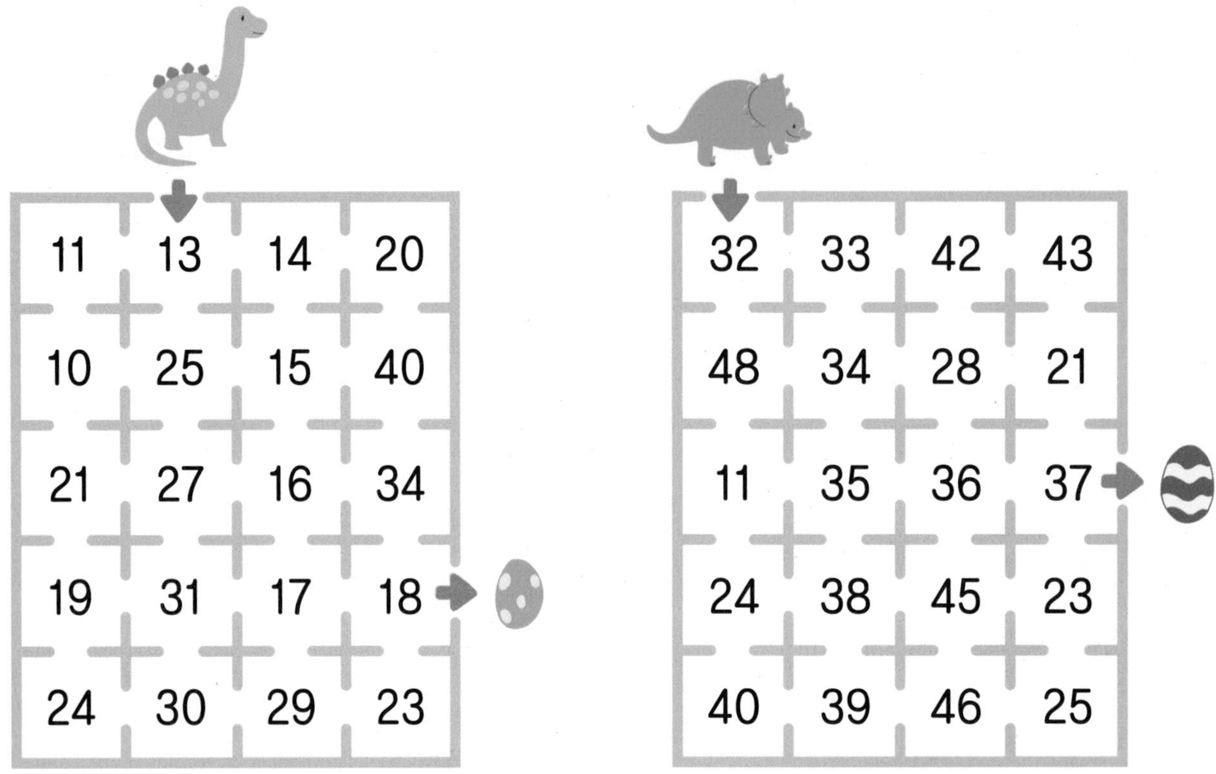

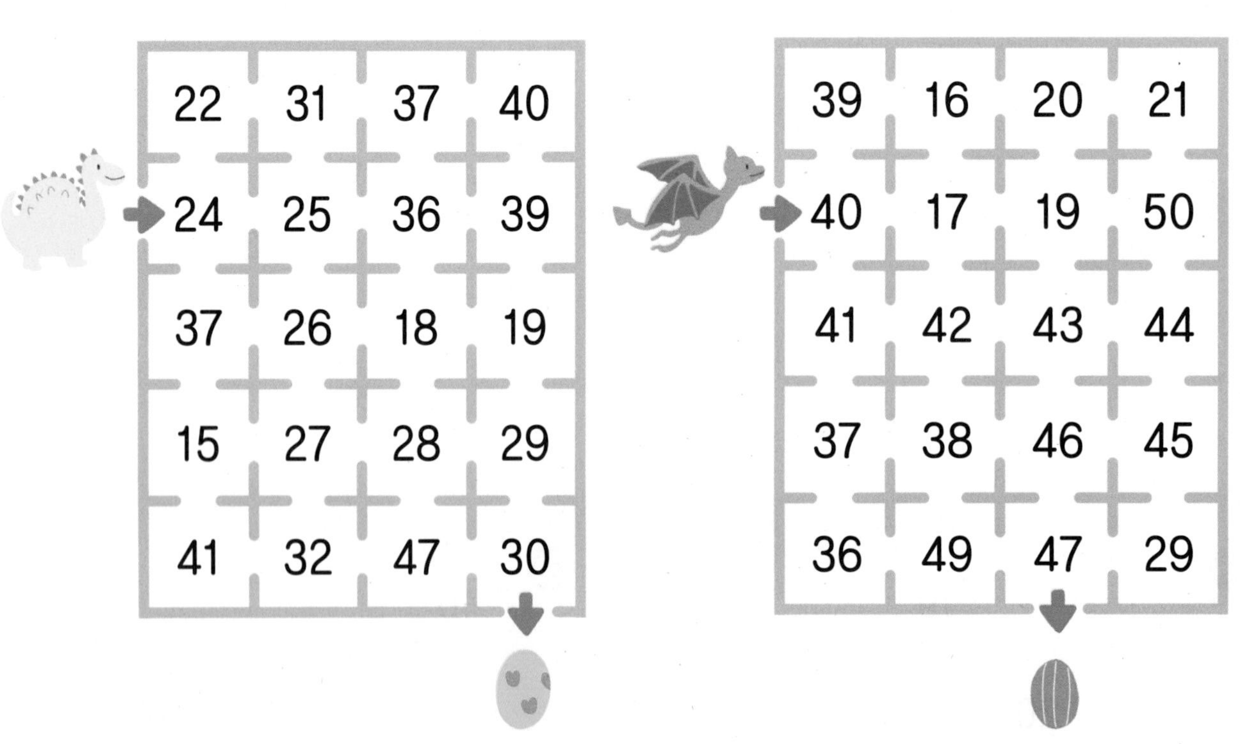

공주가 성에 가기 위해서 2개씩 놓인 같은 색의 돌 중 더 큰 수가 적힌 돌을 밟고, 3개씩 놓인 같은 색의 돌 중 가장 큰 수가 적힌 돌을 밟고 가려고 합니다. 공주가 밟아야 하는 돌에 ◯표 하세요.

50까지의 수 평가

| 공부한 날짜 월 일 |

○ 모으기와 가르기를 해 보세요.

1 

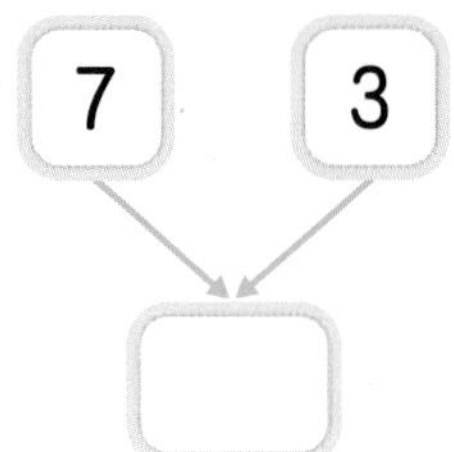

2 

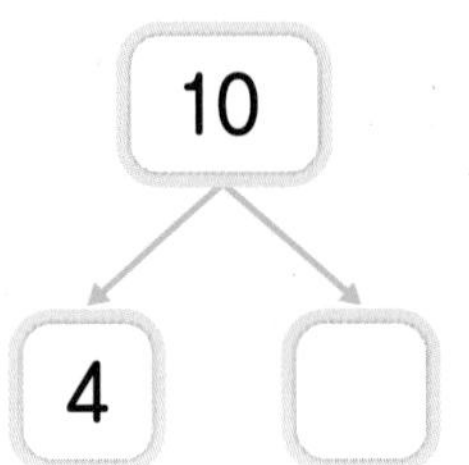

○ 수로 나타내어 보세요.

3

4 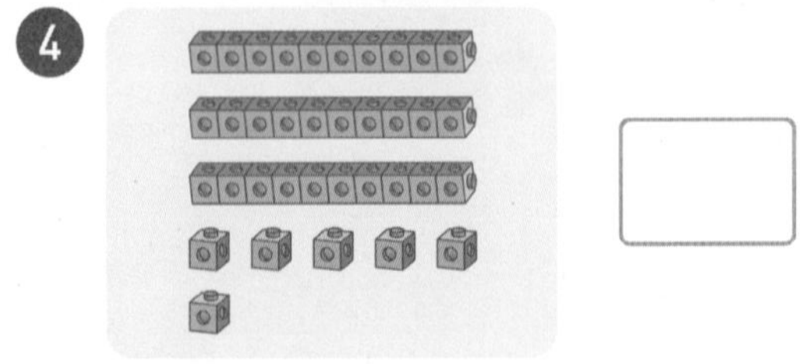

○ 빈칸에 알맞은 수를 써넣으세요.

5 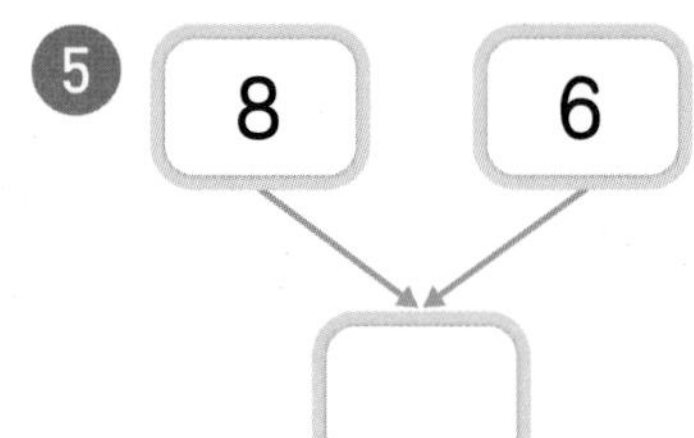

6 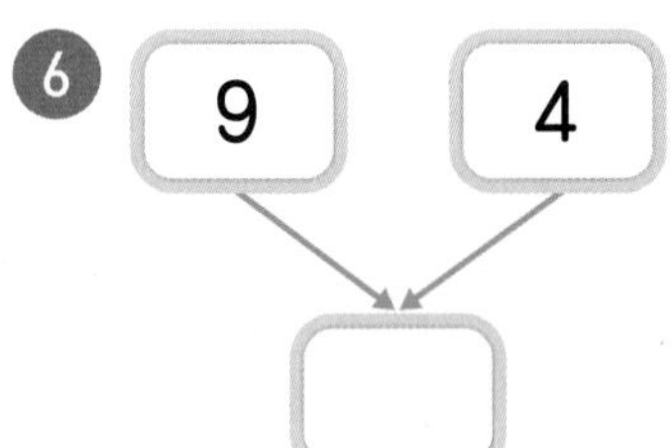

7 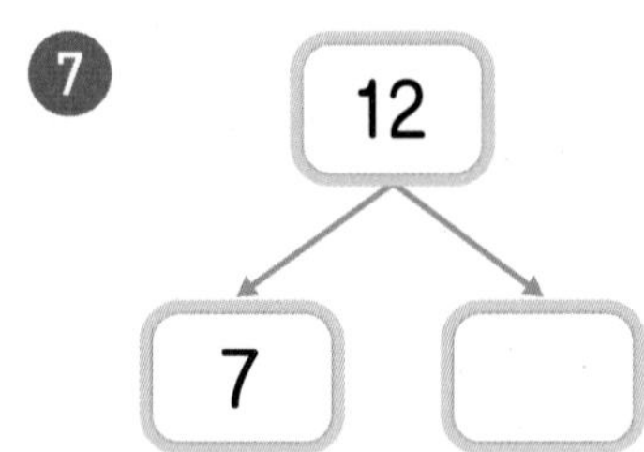

8 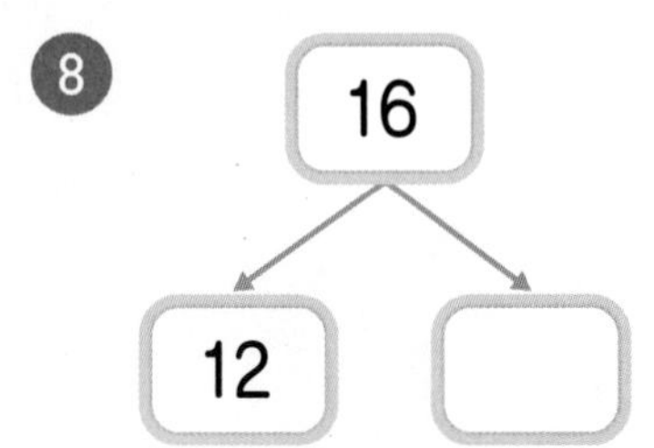

수를 두 가지로 읽어 보세요.

9

10 40

11

수의 순서에 맞게 빈칸에 알맞은 수를 써 넣으세요.

12

13

14

더 큰 수에 ◯표 하세요.

15

16

더 작은 수에 △표 하세요.

17 29 31

18

가장 큰 수를 찾아 ◯표 하세요.

19
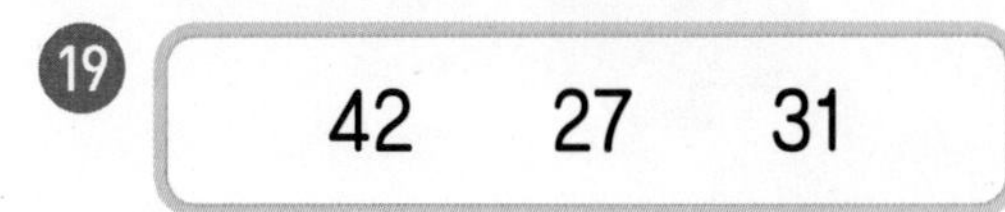

20

실력평가

내 실력 확인을 위한 실력평가 3회 수록

실력 평가 1회

공부한 날짜 월 일

❶ 수를 세어 ○표 하세요.

❷ 알맞게 색칠해 보세요.

❸ 수를 두 가지로 읽어 보세요.

❹ 수의 순서에 맞게 빈칸에 알맞은 수를 써넣으세요.

❺ 더 큰 수에 ○표 하세요.

○ 그림을 보고 빈칸에 알맞은 수를 써넣으세요. [❻~❼]

❻

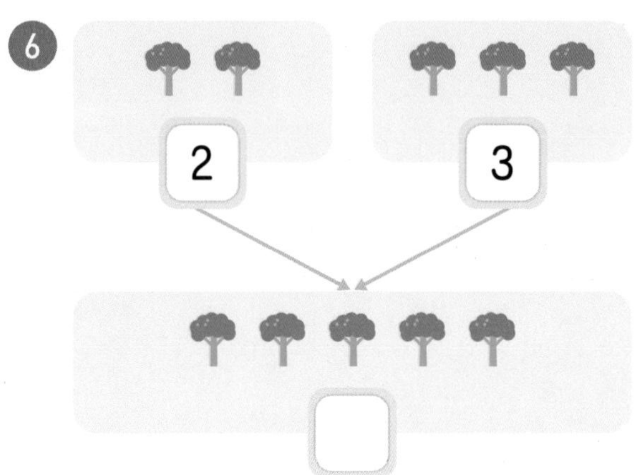

❼

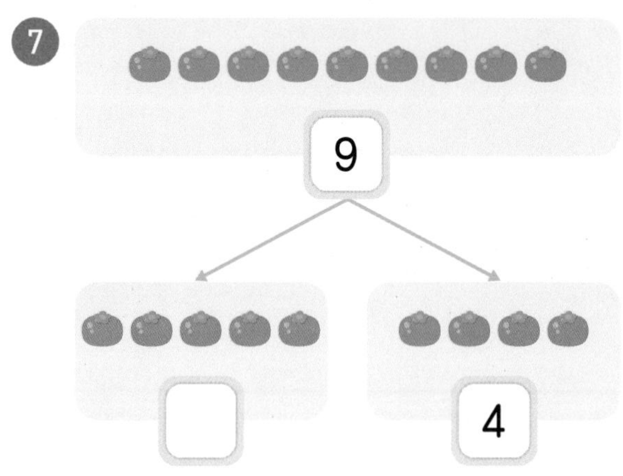

○ 빈칸에 알맞은 수를 써넣으세요. [❽~❾]

❽

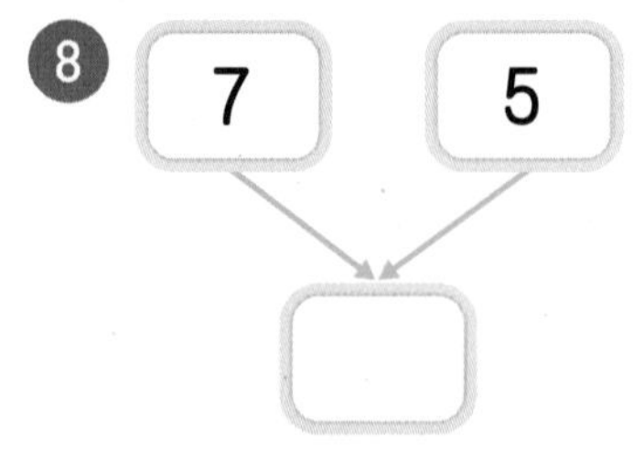

❾

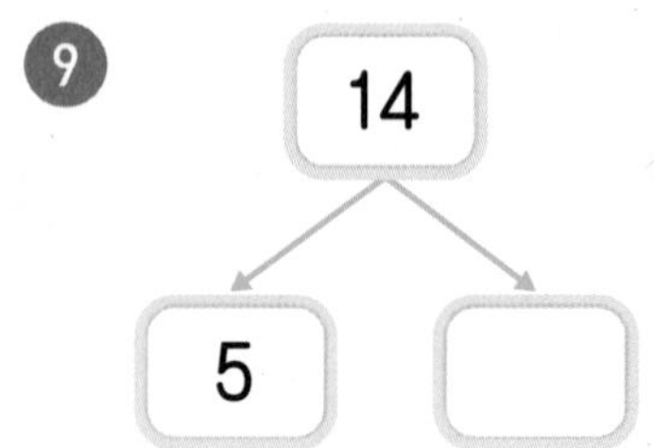

그림에 알맞은 식을 쓰고 읽어 보세요. [⑩~⑪]

2+6=□

2 더하기 6은 □과 같습니다.

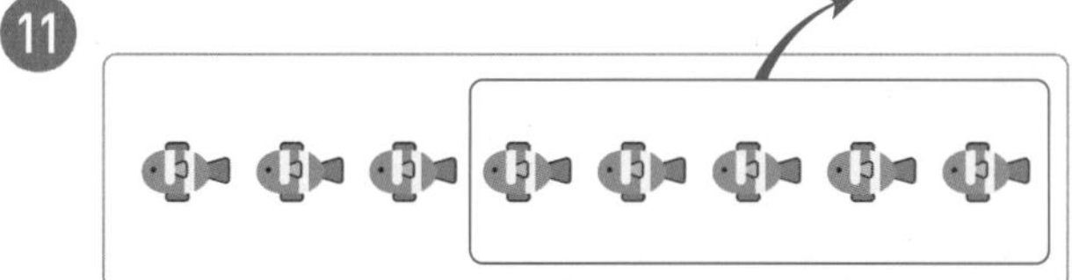

8−5=□

8 빼기 □는 □과 같습니다.

식에 알맞게 ○를 그리거나 /으로 지워 덧셈과 뺄셈을 해 보세요. [⑫~⑬]

⑫ 2+5=□

⑬ 7−4=□

○ ○ ○ ○ ○ ○ ○

빈칸에 알맞은 수를 써넣으세요. [⑭~⑮]

⑭

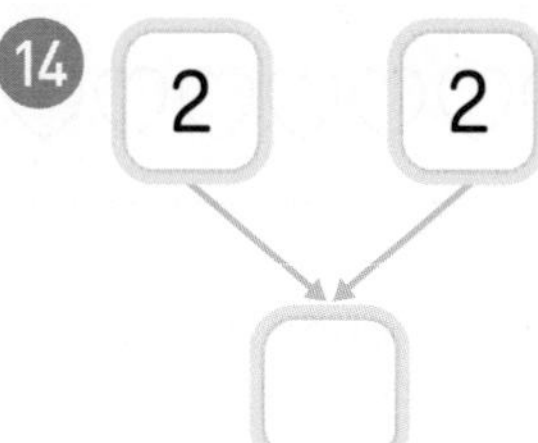

2+2=□

⑮

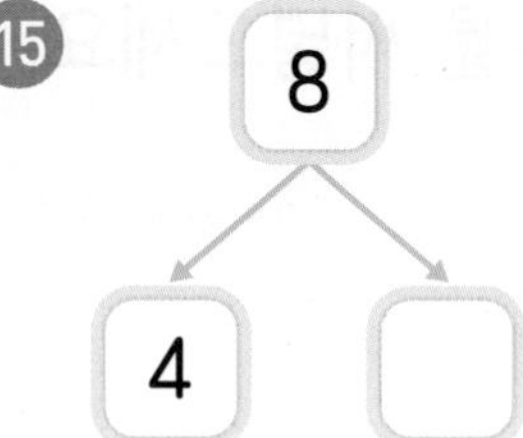

8−4=□

덧셈과 뺄셈을 해 보세요. [⑯~⑳]

⑯ 4+2=

⑰ 2+0=

⑱ 0+4=

⑲ 7−2=

⑳ 6−6=

실력 평가 2회

공부한 날짜 월 일

1 알맞게 색칠해 보세요.

2 빈칸에 알맞은 수를 써넣으세요.

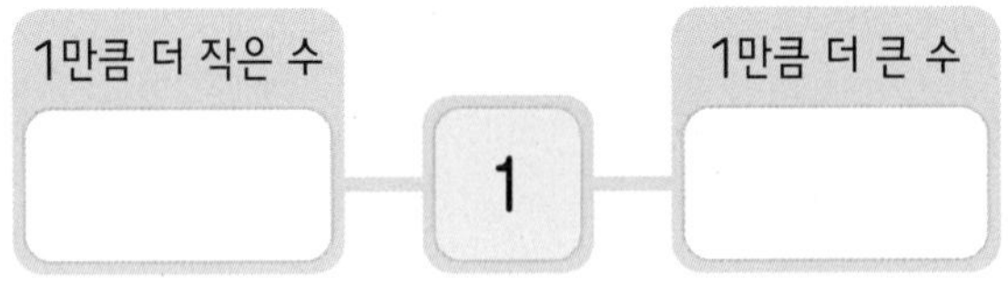

○ 수를 세어 □ 안에 알맞은 수를 써넣고, 그 수를 두 가지로 읽어 보세요. [3~4]

3

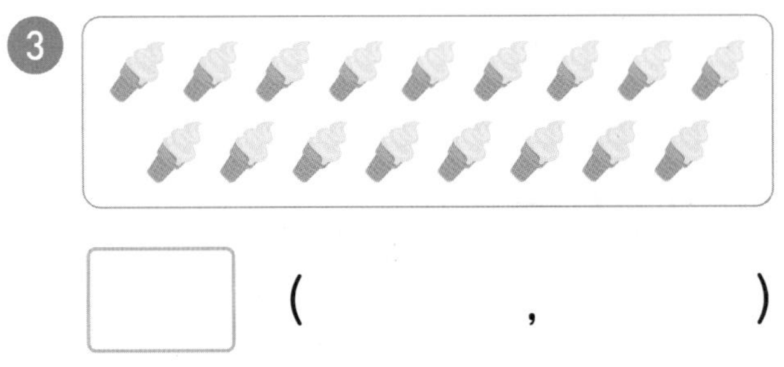

□ (　　　,　　　)

4

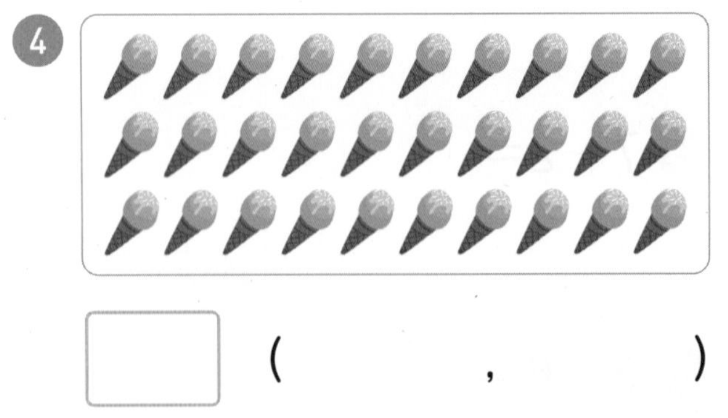

□ (　　　,　　　)

○ 빈칸에 알맞은 수를 써넣으세요. [5~6]

5

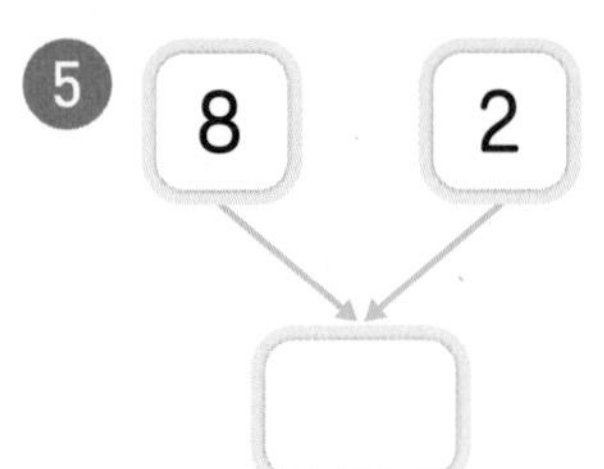

6

17

6 □

○ 더 작은 수에 △표 하세요. [7~8]

7

7	8

8

33	38

빈칸에 알맞은 수를 써넣으세요. [⑨~⑩]

⑨ 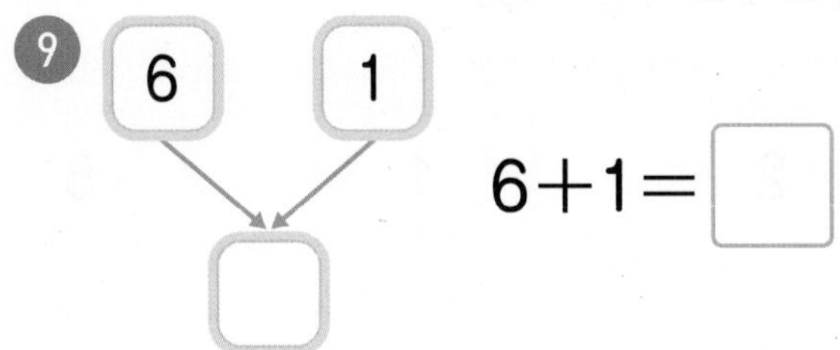

⑩ 9, 7, □   9−7=□

덧셈과 뺄셈을 해 보세요. [⑪~⑳]

⑪ $3+0=$

⑫ $1+4=$

⑬ $0+8=$

⑭ $3+6=$

⑮ $3-1=$

⑯ $6-3=$

⑰ $7-3=$

⑱ $6-0=$

⑲ $7-7=$

⑳ $9-5=$

실력 평가 3회

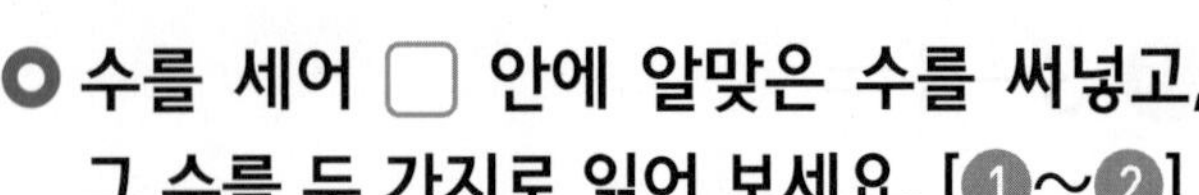

수를 세어 □ 안에 알맞은 수를 써넣고, 그 수를 두 가지로 읽어 보세요. [1~2]

1

□ (,)

2

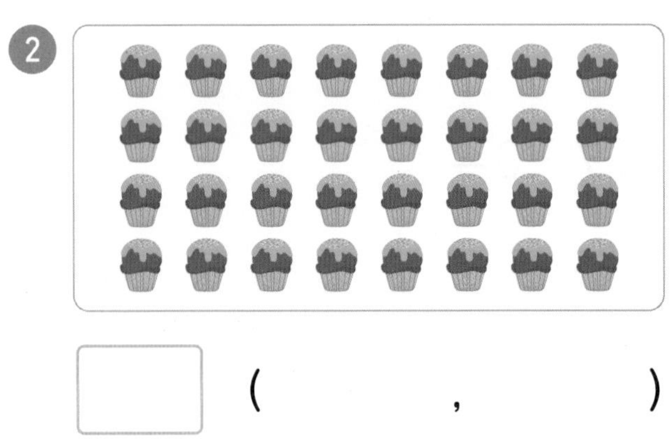

□ (,)

빈칸에 알맞은 수를 써넣으세요. [3~4]

3

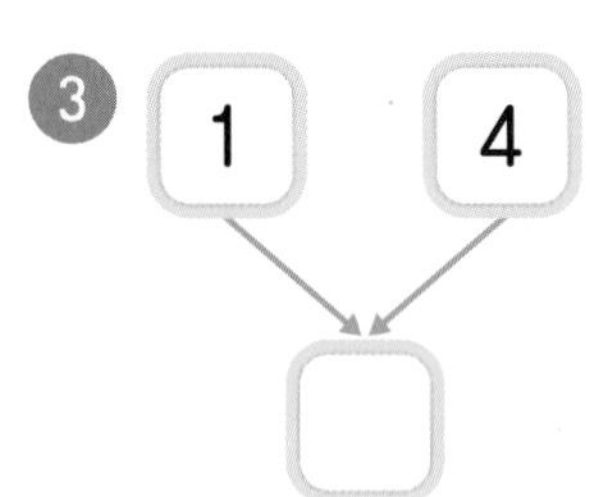

4

9

3 □

수의 순서에 맞게 빈칸에 알맞은 수를 써넣으세요. [5~6]

5

6

35 — □ — 37 — □ — 39

가장 큰 수를 찾아 ○표 하세요. [7~8]

7

8

24 22 26

● 덧셈과 뺄셈을 해 보세요. [⑨~⑳]

⑨ $3+4=$

⑩ $0+9=$

⑪ $3+5=$

⑫ $5+0=$

⑬ $7+2=$

⑭ $1+6=$

⑮ $4-1=$

⑯ $9-9=$

⑰ $7-6=$

⑱ $8-7=$

⑲ $7-0=$

⑳ $5-3=$

memo

정답
QR 코드

완자

공부력

정답

책 속의 가접 별책 (특허 제 0557442호)
'정답'은 본책에서 쉽게 분리할 수 있도록 제작되었으므로
유통 과정에서 분리될 수 있으나 파본이 아닌 정상 제품입니다.

우리는 남다른 상상과 혁신으로
교육 문화의 새로운 전형을 만들어
모든 이의 행복한 경험과 성장에 기여한다

완자

공부력

초등 수학
계산 1A

정답

• 완자 공부력 가이드 2

• 정답

1 9까지의 수 6

2 9까지의 수를 모으기와 가르기 12

3 덧셈 15

4 뺄셈 18

5 50까지의 수 21

• 실력 평가 28

완자 공부력 가이드

완자 공부력 시리즈는
앞으로도 계속 출간될 예정입니다.

완자 공부력 시리즈로 공부 근육을 키워요!

매일 성장하는
초등 자기개발서
완자
공부력

학습의 기초가 되는 읽기, 쓰기, 셈하기와 관련된 공부력을 키워야 여러 교과를 터득하기 쉬워집니다. 또한 어휘력과 독해력, 쓰기력, 계산력을 바탕으로 한 '공부력'은 자기주도 학습으로 상당한 단계까지 올라갈 수 있는 밑바탕이 되어 줍니다. 그래서 매일 꾸준한 학습이 가능한 '**완자 공부력 시리즈**'로 공부하면 **자기주도학습이 가능한 튼튼한 공부 근육**을 키울 수 있을 것이라 확신합니다.

효과적인 공부력 강화 계획을 세워요!

학년별 공부 계획

내 학년에 맞게 꾸준하게 공부 계획을 세워요!

		1-2학년	3-4학년	5-6학년
기본	독해	국어 독해 1A 1B 2A 2B	국어 독해 3A 3B 4A 4B	국어 독해 5A 5B 6A 6B
	계산	수학 계산 1A 1B 2A 2B	수학 계산 3A 3B 4A 4B	수학 계산 5A 5B 6A 6B
	어휘	전과목 어휘 1A 1B 2A 2B	전과목 어휘 3A 3B 4A 4B	전과목 어휘 5A 5B 6A 6B
		파닉스 1 2	영단어 3A 3B 4A 4B	영단어 5A 5B 6A 6B
확장	어휘	전과목 한자 어휘 1A 1B 2A 2B	전과목 한자 어휘 3A 3B 4A 4B	전과목 한자 어휘 5A 5B 6A 6B
	쓰기	맞춤법 바로 쓰기 1A 1B 2A 2B		
	독해		한국사 독해 인물편 1 2 3 4	
			한국사 독해 시대편 1 2 3 4	

시기별 공부 계획

학기 중에는 **기본**, 방학 중에는 **기본 + 확장**으로 공부 계획을 세워요!

방학 중			
학기 중			
기본			확장
독해	계산	어휘	어휘, 쓰기, 독해
국어 독해	수학 계산	전과목 어휘	전과목 한자 어휘
		파닉스(1~2학년) 영단어(3~6학년)	맞춤법 바로 쓰기(1~2학년) 한국사 독해(3~6학년)

예시 초1 학기 중 공부 계획표 주 5일 하루 3과목 (45분)

월	화	수	목	금
국어 독해	국어 독해	국어 독해	국어 독해	국어 독해
수학 계산	수학 계산	수학 계산	수학 계산	수학 계산
전과목 어휘	파닉스	전과목 어휘	전과목 어휘	파닉스

예시 초4 방학 중 공부 계획표 주 5일 하루 4과목 (60분)

월	화	수	목	금
국어 독해	국어 독해	국어 독해	국어 독해	국어 독해
수학 계산	수학 계산	수학 계산	수학 계산	수학 계산
전과목 어휘	영단어	전과목 어휘	전과목 어휘	영단어
한국사 독해 인물편	전과목 한자 어휘	한국사 독해 인물편	전과목 한자 어휘	한국사 독해 인물편

01 1부터 5까지의 수

10쪽

1 하나
2 넷
3 이
4 삼

11쪽

5 ○
6 ○○○
7 ○○
8 ○○○○
9 ○○○○○
10 ○○
11 ○
12 ○○○
13 ○○○○○
14 ○○○○

12쪽

15 2
16 1
17 5
18 3
19 4
20 3
21 4
22 2
23 1
24 5

13쪽

25 1 / 하나, 일
26 3 / 셋, 삼
27 5 / 다섯, 오
28 2 / 둘, 이
29 4 / 넷, 사
30 2 / 둘, 이
31 3 / 셋, 삼
32 5 / 다섯, 오

02 6부터 9까지의 수

14쪽

1 여섯
2 여덟
3 칠
4 구

15쪽

5 ○○○○○ ○○
6 ○○○○○ ○
7 ○○○○○ ○○○○
8 ○○○○○ ○○○
9 ○○○○○ ○○○
10 ○○○○○ ○○○○
11 ○○○○○ ○
12 ○○○○○ ○○

16쪽

13 9
14 6
15 8
16 7
17 8
18 7
19 6
20 9

17쪽

21 6 / 여섯, 육
22 8 / 여덟, 팔
23 7 / 일곱, 칠
24 9 / 아홉, 구
25 7 / 일곱, 칠
26 9 / 아홉, 구
27 8 / 여덟, 팔
28 6 / 여섯, 육

03 몇째

18쪽

❶ 둘째, 여섯째

❷ 셋째, 다섯째

19쪽

❸ 넷째, 여덟째

❹ 셋째, 아홉째

❺ 다섯째, 일곱째

❻ 여섯째, 아홉째

20쪽

❼

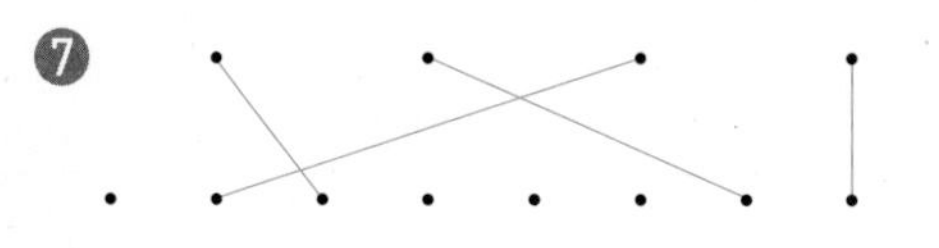

❽

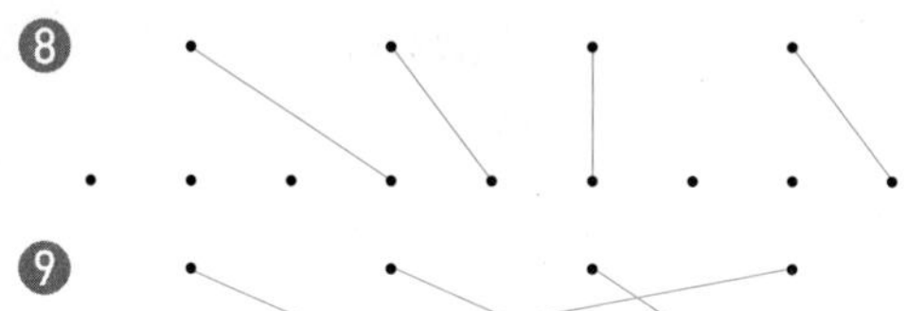

❾

21쪽

❿

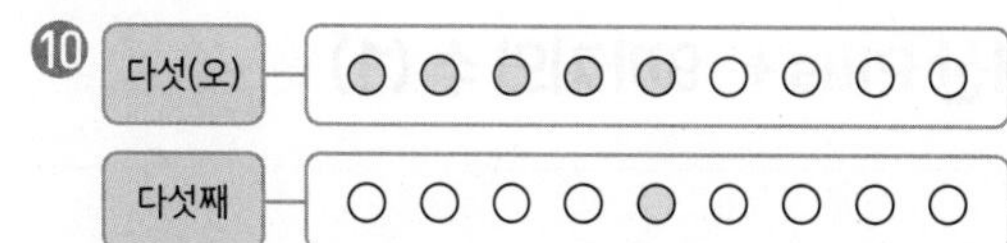

⓫

⓬

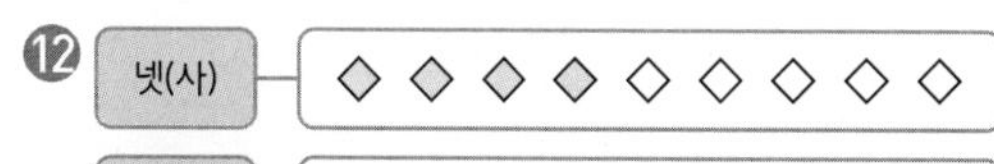

⓭ 일곱(칠)

일곱째

⓮

04 9까지의 수의 순서

22쪽

❶ 2, 3, 7, 9

❷ 3, 5, 7, 8

❸ 2, 4, 6, 9

23쪽

❹ 3, 4, 6, 7, 9

❺ 2, 4, 5, 8, 9

❻ 3, 5, 6, 7, 9

❼ 2, 3, 4, 7, 8

❽ 2, 3, 5, 6, 8

❾ 2, 4, 6, 7, 9

24쪽

⑩ 2, 4
⑪ 3, 5
⑫ 6, 8
⑬ 4, 6
⑭ 2, 4
⑮ 4, 6
⑯ 3, 4, 5
⑰ 4, 5, 7
⑱ 2, 3, 6
⑲ 7, 8, 9
⑳ 4, 6, 7
㉑ 6, 7, 8

25쪽

㉒ 이, 삼
㉓ 육, 팔
㉔ 이, 사
㉕ 삼, 육
㉖ 오, 칠
㉗ 칠, 구
㉘ 일곱, 아홉
㉙ 셋, 넷
㉚ 다섯, 일곱
㉛ 둘, 셋
㉜ 넷, 일곱
㉝ 셋, 여섯

05 계산 Plus+ 9까지의 수 (1)

26쪽

❶ 2, 3
❷ 6, 2
❸ 7, 9
❹ 1, 4
❺ 3, 5
❻ 8, 4

27쪽

❼ 4, 2
❽ 7, 6
❾ 7, 4
❿ 9, 7
⓫ 2, 1
⓬ 6, 2
⓭ 4, 3
⓮ 8, 6
⓯ 5, 4
⓰ 8, 5
⓱ 6, 4
⓲ 5, 3

28쪽

29쪽

06 1만큼 더 큰 수, 1만큼 더 작은 수 / 0

30쪽

1. ○○○○, 4 / ○○○○○○, 6
2. ○○○○○○, 6 / ○○○○○○○○, 8

31쪽

3. 2, 4
4. 1, 3
5. 6, 8
6. 4, 6
7. 5, 7
8. 7, 9
9. 3, 5
10. 0, 2

32쪽

11. (○) (   )
12. (   ) (○)
13. (○) (   )
14. (   ) (○)
15. (○) (   )
16. (   ) (○)

33쪽

17. 2
18. 4
19. 6
20. 3
21. 7
22. 9
23. 1
24. 3
25. 2
26. 7
27. 0
28. 5

07 9까지의 두 수의 크기 비교

34쪽

1. 적습니다 / 작습니다
2. 많습니다 / 큽니다

35쪽

3. 적습니다 / 작습니다
4. 많습니다 / 큽니다
5. 적습니다 / 작습니다
6. 많습니다 / 큽니다

36쪽

7. 9
8. 8
9. 6
10. 8
11. 9
12. 6
13. 9
14. 4
15. 7
16. 9
17. 7
18. 4
19. 9
20. 8

37쪽

21. 1
22. 2
23. 4
24. 6
25. 2
26. 8
27. 3
28. 4
29. 3
30. 1
31. 3
32. 6
33. 2
34. 5

08 9까지의 세 수의 크기 비교

38쪽

❶ 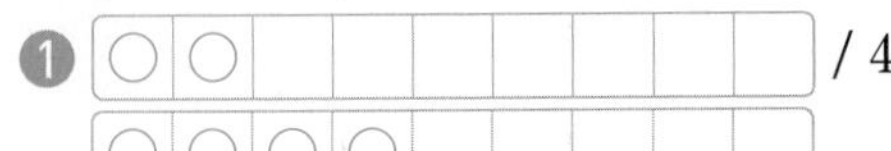 / 4

❷ 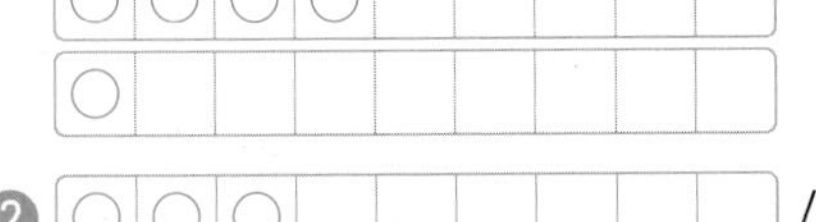 / 3

39쪽

❸ / 8

❹ / 4

❺ / 6

❻ / 1

40쪽

⑦ 4
⑧ 5
⑨ 9
⑩ 8
⑪ 7
⑫ 6
⑬ 3
⑭ 5
⑮ 8
⑯ 6
⑰ 5
⑱ 9
⑲ 7
⑳ 4

41쪽

㉑ 2
㉒ 3
㉓ 4
㉔ 5
㉕ 7
㉖ 6
㉗ 1
㉘ 1
㉙ 2
㉚ 5
㉛ 3
㉜ 6
㉝ 4
㉞ 3

09 계산 Plus+ 9까지의 수 (2)

42쪽

❶ 4에 ○표, 2에 △표
❷ 6에 ○표, 4에 △표
❸ 7에 ○표, 5에 △표
❹ 3에 ○표, 1에 △표
❺ 2에 ○표, 0에 △표
❻ 5에 ○표, 3에 △표
❼ 8에 ○표, 6에 △표
❽ 9에 ○표, 7에 △표
❾ 7에 ○표, 5에 △표
❿ 6에 ○표, 4에 △표

43쪽

⑪ 8에 ○표, 5에 △표
⑫ 7에 ○표, 4에 △표
⑬ 5에 ○표, 2에 △표
⑭ 6에 ○표, 1에 △표
⑮ 9에 ○표, 6에 △표
⑯ 9에 ○표, 4에 △표
⑰ 6에 ○표, 0에 △표
⑱ 8에 ○표, 3에 △표
⑲ 9에 ○표, 7에 △표
⑳ 5에 ○표, 1에 △표

44쪽 45쪽

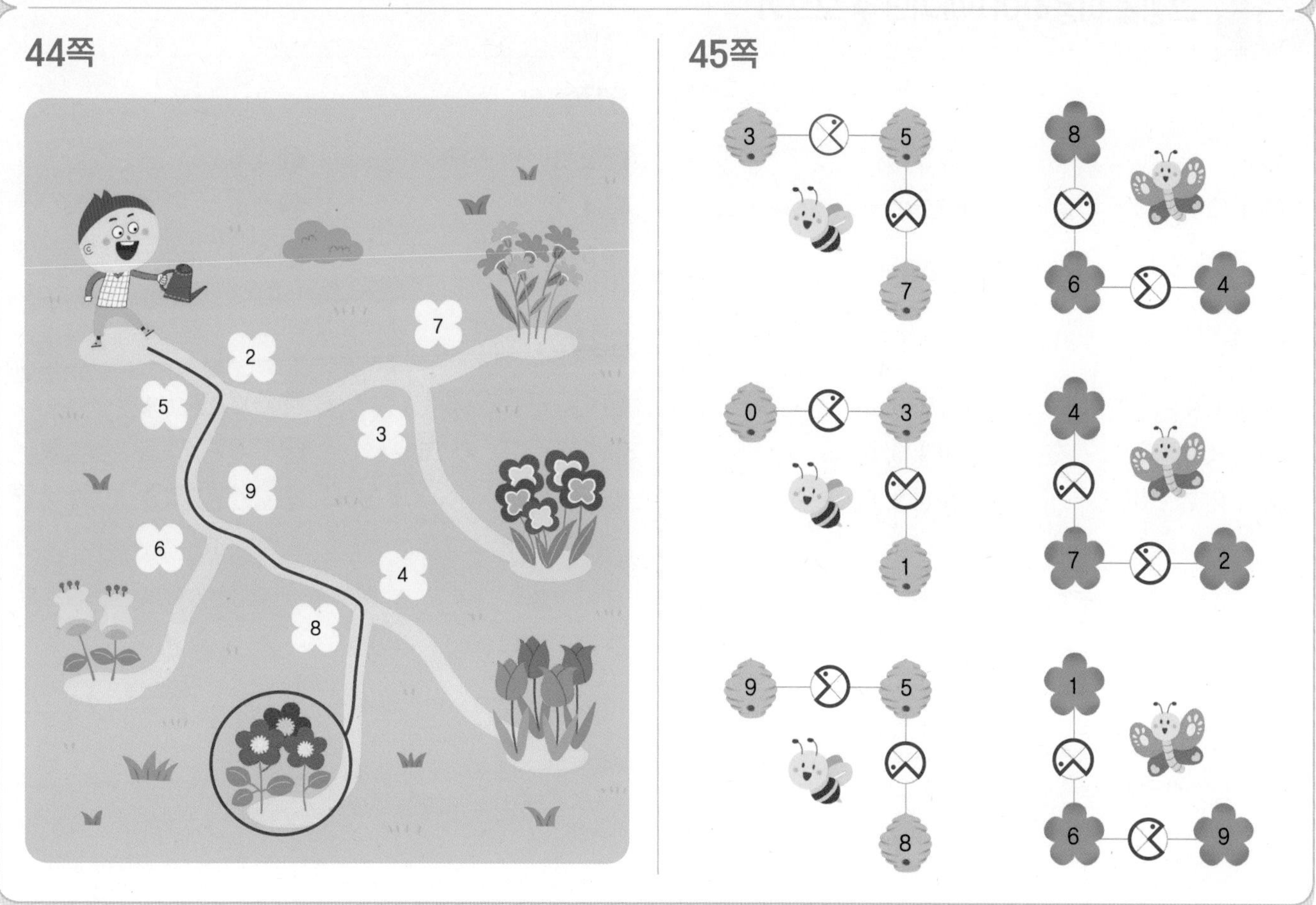

10 9까지의 수 평가

46쪽

❶ 이
❷ 넷
❸ 여섯
❹ 칠
❺ 3 / 셋, 삼
❻ 7 / 일곱, 칠
❼ 셋(삼) – ○○○○○○○○○
셋째 – ○○○○○○○○○
❽ 여덟(팔) – ☆☆☆☆☆☆☆☆☆
여덟째 – ☆☆☆☆☆☆☆☆☆

47쪽

❾ 5, 6
❿ 5, 7
⓫ 4, 6
⓬ 1, 3
⓭ 3, 5
⓮ 6, 8
⓯ 8
⓰ 7
⓱ 3
⓲ 4
⓳ 6
⓴ 9

11 그림을 이용하여 9까지의 수 모으기

50쪽

❶ 4
❷ 4
❸ 5
❹ 7

51쪽

❺ 2, 3
❻ 4, 7
❼ 5, 8
❽ 4, 6
❾ 2, 5
❿ 3, 9

52쪽

⓫ 3, 1, 4
⓬ 1, 8, 9
⓭ 5, 2, 7
⓮ 2, 3, 5
⓯ 3, 3, 6
⓰ 6, 2, 8

53쪽

⓱ ○○○○○, 5
⓲ ○○○○○○, 6
⓳ ○○○○○○○○○, 9
⓴ ○○○○, 4
㉑ ○○○○○○○○, 8
㉒ ○○○○○○○, 7

12 9까지의 수 모으기

54쪽

❶ 5
❷ 9
❸ 3
❹ 9
❺ 9
❻ 5

55쪽

❼ 7
❽ 8
❾ 5
❿ 8
⓫ 9
⓬ 4
⓭ 9
⓮ 7
⓯ 6
⓰ 4
⓱ 8
⓲ 6
⓳ 9
⓴ 5
㉑ 6

56쪽

㉒ 5
㉓ 9
㉔ 4
㉕ 7
㉖ 6
㉗ 9
㉘ 3
㉙ 8
㉚ 5
㉛ 6
㉜ 4
㉝ 6
㉞ 7
㉟ 9
㊱ 8

57쪽

㊲ 3
㊳ 8
㊴ 5
㊵ 7
㊶ 7
㊷ 4
㊸ 8
㊹ 7
㊺ 6
㊻ 9
㊼ 9
㊽ 9
㊾ 5
㊿ 6
51 8

13 그림을 이용하여 9까지의 수 가르기

58쪽

❶ 1
❷ 2
❸ 2
❹ 6

59쪽

❺ 1, 4
❻ 3, 5
❼ 4, 3
❽ 1, 3
❾ 5, 1
❿ 6, 3

60쪽

⓫ 3, 2, 1
⓬ 6, 3, 3
⓭ 8, 6, 2
⓮ 5, 3, 2
⓯ 7, 5, 2
⓰ 9, 8, 1

61쪽

⓱ ○○○, 3
⓲ ○○, 2
⓳ ○○○○○○, 6
⓴ ○, 1
㉑ ○○○○○, 5
㉒ ○○○○, 4

14 9까지의 수 가르기

62쪽

❶ 1
❷ 3
❸ 1
❹ 3
❺ 6
❻ 3

63쪽

❼ 4
❽ 2
❾ 2
❿ 5
⓫ 5
⓬ 4
⓭ 2
⓮ 2
⓯ 4
⓰ 2
⓱ 3
⓲ 2
⓳ 3
⓴ 3
㉑ 4

64쪽

㉒ 1
㉓ 1
㉔ 6
㉕ 1
㉖ 2
㉗ 1
㉘ 4
㉙ 7
㉚ 2
㉛ 8
㉜ 5
㉝ 2
㉞ 1
㉟ 5
㊱ 6

65쪽

㊲ 5
㊳ 2
㊴ 3
㊵ 4
㊶ 4
㊷ 1
㊸ 2
㊹ 5
㊺ 7
㊻ 1
㊼ 3
㊽ 6
㊾ 3
㊿ 4
51 1

15 계산 Plus+ 9까지의 수를 모으기와 가르기

66쪽

❶ 4, 6
❷ 5, 8
❸ 3, 9
❹ 3, 2
❺ 4, 2
❻ 7, 5

67쪽

❼ 6, 8
❽ 1, 9
❾ 4, 5
❿ 4, 6
⓫ 3, 5
⓬ 3, 4
⓭ 5, 8
⓮ 5, 7

16 9까지의 수를 모으기와 가르기 평가

70쪽

❶ 7
❷ 2
❸ 2, 8
❹ 1, 3
❺ 3, 6, 9
❻ 6, 2, 4

71쪽

❼ 6
❽ 2
❾ 4
❿ 1
⓫ 9
⓬ 6
⓭ 8
⓮ 2
⓯ 8
⓰ 5

17 덧셈식을 쓰고 읽기

74쪽

❶ 3 / 3, 3
❷ 5 / 5, 5

75쪽

❸ 5 / 5, 5
❹ 7 / 7, 7
❺ 9 / 9, 9
❻ 6 / 6, 6
❼ 4 / 4, 4
❽ 8 / 8, 8

76쪽

❾ 3, 4 / 4
❿ 1, 6 / 6
⓫ 6, 8 / 8
⓬ 3, 7 / 7
⓭ 2, 5 / 5
⓮ 2, 9 / 9

77쪽

⓯ 2, 4 / 4
⓰ 3, 5 / 5
⓱ 2, 6 / 6
⓲ 4, 7 / 7
⓳ 3, 8 / 8
⓴ 1, 9 / 9

18 그림 그리기를 이용하여 덧셈하기 / 0을 더하기

78쪽

❶ / 5

○	○	○	○	○

❷ / 6

○	○	○	○	○
○				

79쪽

❸ 6 /

○	○	○	○	○
○				

❹ 7 /

○	○	○	○	○
○	○			

❺ 9 /

○	○	○	○	○
○	○	○	○	

❻ 8 /

○	○	○	○	○
○	○	○		

❼ 8 /

○	○	○	○	○
○	○	○		

❽ 9 /

○	○	○	○	○
○	○	○	○	

❾ 5 /

○	○	○	○	○

❿ 7 /

○	○	○	○	○
○	○			

80쪽

⓫ 3
⓬ 8
⓭ 4
⓮ 9
⓯ 6
⓰ 8
⓱ 8
⓲ 7
⓳ 9
⓴ 4
㉑ 5
㉒ 7
㉓ 5
㉔ 7
㉕ 7
㉖ 9
㉗ 9
㉘ 9
㉙ 3
㉚ 6
㉛ 8

81쪽

㉜ 4
㉝ 5
㉞ 7
㉟ 7
㊱ 8
㊲ 9
㊳ 4
㊴ 8
㊵ 1
㊶ 9
㊷ 3
㊸ 6
㊹ 9
㊺ 2
㊻ 6
㊼ 7
㊽ 5
㊾ 6
㊿ 8
(51) 8
(52) 9

19 모으기를 이용하여 덧셈하기

82쪽

① 3 / 2, 3
② 7 / 5, 7

83쪽

③ 6 / 5, 6
④ 9 / 6, 9
⑤ 8 / 4, 8
⑥ 5 / 2, 5
⑦ 6 / 4, 6
⑧ 8 / 3, 8
⑨ 7 / 3, 7
⑩ 9 / 8, 9

84쪽

⑪ 5
⑫ 8
⑬ 9
⑭ 4
⑮ 9
⑯ 7
⑰ 6
⑱ 6
⑲ 9
⑳ 5
㉑ 6
㉒ 8
㉓ 1
㉔ 3
㉕ 5
㉖ 7
㉗ 8
㉘ 9
㉙ 7
㉚ 6
㉛ 5

85쪽

㉜ 9
㉝ 5
㉞ 8
㉟ 3
㊱ 9
㊲ 7
㊳ 6
㊴ 7
㊵ 5
㊶ 9
㊷ 6
㊸ 8
㊹ 4
㊺ 4
㊻ 9
㊼ 6
㊽ 2
㊾ 4
㊿ 3
(51) 9
(52) 7

20 계산 Plus+ 덧셈

86쪽

① 6
② 7
③ 9
④ 4
⑤ 9
⑥ 9
⑦ 7
⑧ 9

87쪽

⑨ 3
⑩ 6
⑪ 5
⑫ 8
⑬ 6
⑭ 6

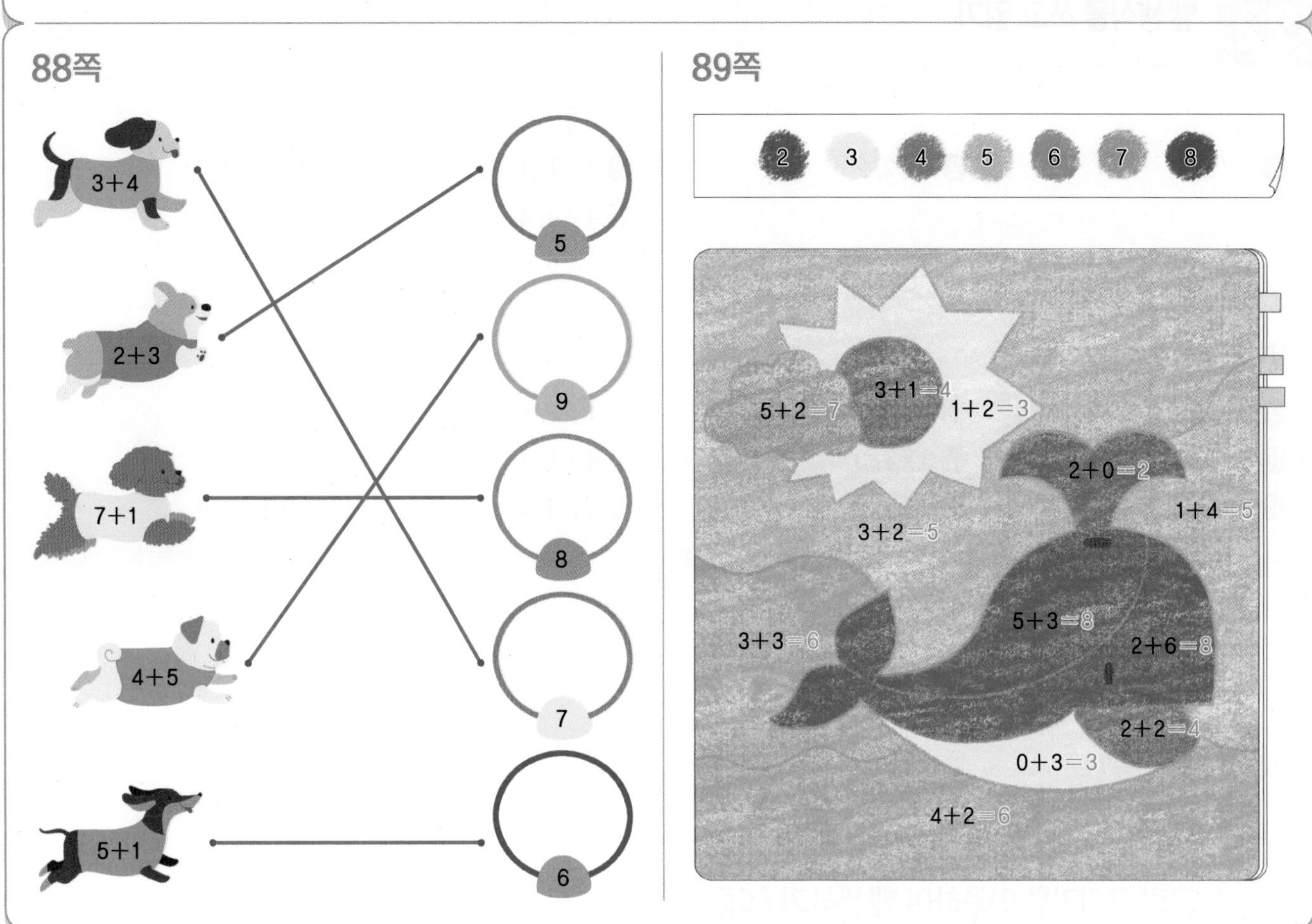

21 덧셈 평가

90쪽

❶ 7 / 7

❷ 8 / ○○○○○ ○○○

❸ 6 / 6

❹ 7

❺ 6

❻ 5

❼ 7

❽ 9

❾ 4

91쪽

⑩ 3

⑪ 6

⑫ 5

⑬ 4

⑭ 7

⑮ 8

⑯ 9

⑰ 6

⑱ 8

⑲ 9

⑳ 9

22 뺄셈식을 쓰고 읽기

94쪽

❶ 1 / 1, 1
❷ 2 / 2, 2

95쪽

❸ 1 / 1, 1
❹ 4 / 4, 4
❺ 6 / 6, 6
❻ 2 / 2, 2
❼ 3 / 3, 3
❽ 5 / 5, 5

96쪽

❾ 3 / 2, 3
❿ 5 / 1, 5
⓫ 3 / 5, 3
⓬ 1 / 2, 1
⓭ 3 / 4, 3
⓮ 2 / 7, 2

97쪽

⓯ 1 / 3, 1
⓰ 4 / 1, 4
⓱ 2 / 6, 2
⓲ 2 / 4, 2
⓳ 4 / 5, 4
⓴ 4 / 3, 4

23 그림 그리기를 이용하여 뺄셈하기 / 0을 빼기

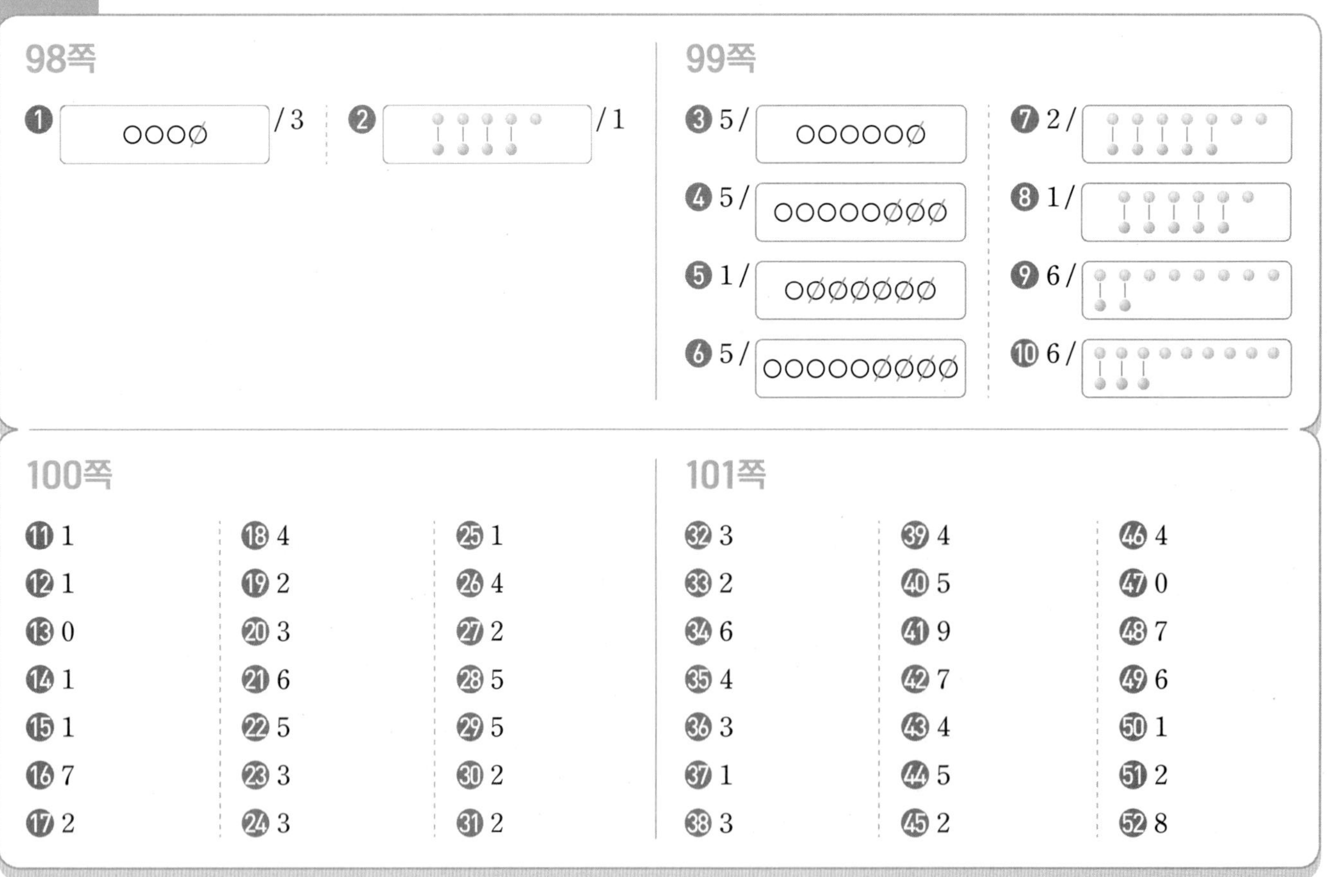

98쪽

❶ ○○○∅ / 3
❷ / 1

99쪽

❸ 5 / ○○○○○∅
❹ 5 / ○○○○○∅∅∅
❺ 1 / ○∅∅∅∅∅∅
❻ 5 / ○○○○○∅∅∅∅
❼ 2 /
❽ 1 /
❾ 6 /
❿ 6 /

100쪽

⓫ 1
⓬ 1
⓭ 0
⓮ 1
⓯ 1
⓰ 7
⓱ 2
⓲ 4
⓳ 2
⓴ 3
㉑ 6
㉒ 5
㉓ 3
㉔ 3
㉕ 1
㉖ 4
㉗ 2
㉘ 5
㉙ 5
㉚ 2
㉛ 2

101쪽

㉜ 3
㉝ 2
㉞ 6
㉟ 4
㊱ 3
㊲ 1
㊳ 3
㊴ 4
㊵ 5
㊶ 9
㊷ 7
㊸ 4
㊹ 5
㊺ 2
㊻ 4
㊼ 0
㊽ 7
㊾ 6
㊿ 1
51 2
52 8

24 가르기를 이용하여 뺄셈하기

102쪽

① 5 / 5
② 5 / 5

103쪽

③ 2 / 2
④ 3 / 3
⑤ 6 / 6
⑥ 1 / 1
⑦ 1 / 1
⑧ 2 / 2
⑨ 6 / 6
⑩ 4 / 4

104쪽

⑪ 5
⑫ 1
⑬ 3
⑭ 3
⑮ 8
⑯ 5
⑰ 3
⑱ 4
⑲ 2
⑳ 7
㉑ 2
㉒ 6
㉓ 0
㉔ 4
㉕ 2
㉖ 4
㉗ 0
㉘ 3
㉙ 5
㉚ 2
㉛ 4

105쪽

㉜ 1
㉝ 5
㉞ 1
㉟ 6
㊱ 4
㊲ 4
㊳ 0
㊴ 3
㊵ 6
㊶ 7
㊷ 1
㊸ 1
㊹ 1
㊺ 6
㊻ 2
㊼ 7
㊽ 3
㊾ 2
㊿ 2
(51) 8
(52) 2

25 어떤 수 구하기

106쪽

① 4 / 4
② 2 / 2
③ 3 / 3
④ 1 / 1

107쪽

⑤ 2 / 2
⑥ 3 / 3
⑦ 4 / 4
⑧ 5 / 5
⑨ 6 / 6
⑩ 7 / 7
⑪ 8 / 8
⑫ 9 / 9

108쪽

⑬ 1
⑭ 2
⑮ 3
⑯ 1
⑰ 2
⑱ 2
⑲ 7
⑳ 5
㉑ 6
㉒ 2
㉓ 3
㉔ 3

109쪽

㉕ 4
㉖ 5
㉗ 6
㉘ 7
㉙ 8
㉚ 9
㉛ 3
㉜ 4
㉝ 5
㉞ 6
㉟ 7
㊱ 8

26 계산 Plus+ 뺄셈

110쪽

❶ 3
❷ 6
❸ 2
❹ 2
❺ 1
❻ 3
❼ 0
❽ 4

111쪽

❾ 3
❿ 3
⓫ 5
⓬ 5
⓭ 0
⓮ 1
⓯ 2
⓰ 2
⓱ 5
⓲ 2

112쪽

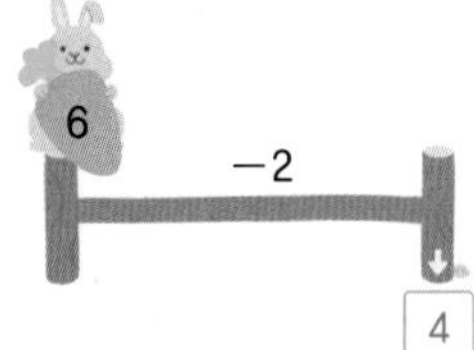

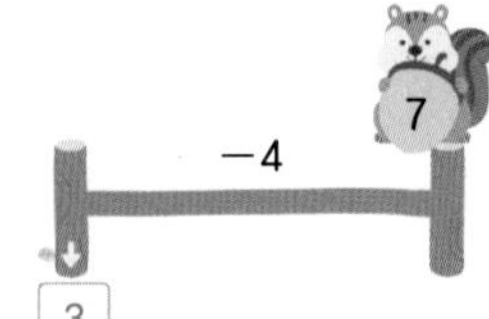

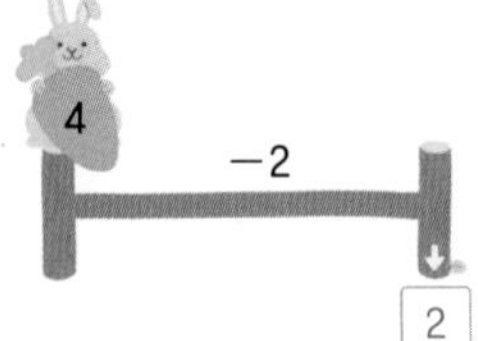

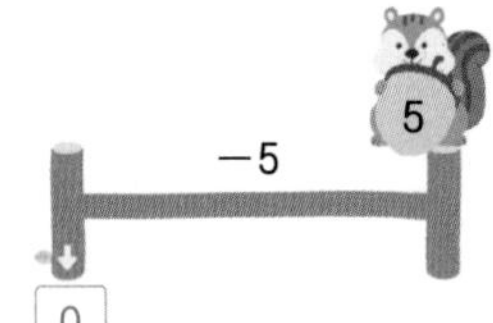

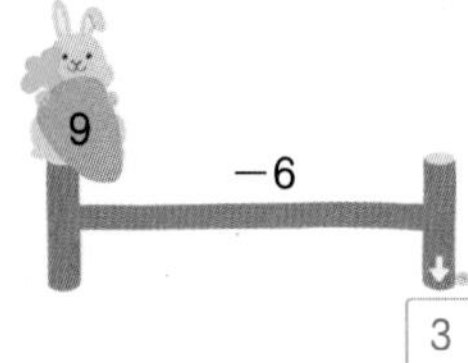

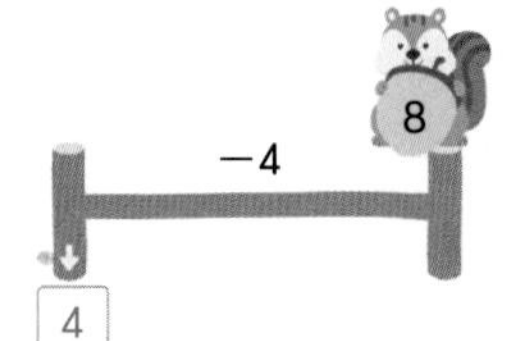

113쪽

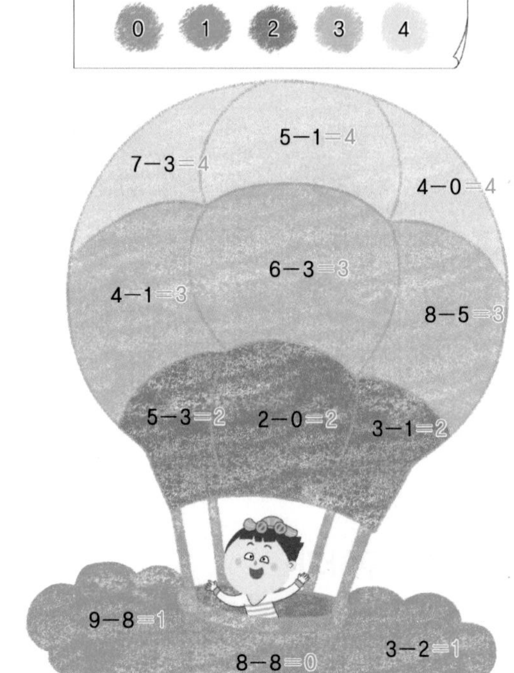

27 뺄셈 평가

114쪽

❶ 2 / 4, 2
❷ 3 / ○○○○ØØ
❸ 3 / 3
❹ 1
❺ 3
❻ 0
❼ 1
❽ 5
❾ 4

115쪽

❿ 6
⓫ 3
⓬ 2
⓭ 0
⓮ 3
⓯ 4
⓰ 4
⓱ 5
⓲ 3
⓳ 3
⓴ 2

28 10 알아보기

118쪽

❶ 10
❷ 4

119쪽

❸ 10
❹ 10
❺ 5, 10
❻ 7
❼ 1
❽ 10, 2

120쪽

❾ 10
❿ 2
⓫ 10
⓬ 5
⓭ 10
⓮ 6
⓯ 7
⓰ 10
⓱ 9
⓲ 10

121쪽

⓳ 6
⓴ 1
㉑ 7
㉒ 5
㉓ 2
㉔ 5
㉕ 2
㉖ 3
㉗ 9
㉘ 4

29 십몇 알아보기

122쪽

❶ 1, 3 / 13
❷ 1, 6 / 16

123쪽

❸ 12
❹ 15
❺ 13
❻ 17
❼ 19
❽ 1
❾ 1
❿ 9
⓫ 1
⓬ 6

124쪽

⓭ 열다섯
⓮ 십이
⓯ 십구, 열아홉
⓰ 십팔, 열여덟
⓱ 11
⓲ 14
⓳ 16, 열여섯
⓴ 13, 십삼

125쪽

㉑ 11 / 십일, 열하나
㉒ 15 / 십오, 열다섯
㉓ 17 / 십칠, 열일곱
㉔ 12 / 십이, 열둘
㉕ 14 / 십사, 열넷
㉖ 19 / 십구, 열아홉

30 19까지의 수 모으기

126쪽

① 13
② 11

127쪽

③ 8, 12
④ 9, 5, 14
⑤ 10, 9, 19
⑥ 7, 15
⑦ 8, 9, 17
⑧ 6, 10, 16

128쪽

⑨ 12
⑩ 11
⑪ 14
⑫ 15
⑬ 13
⑭ 13
⑮ 18
⑯ 17
⑰ 19
⑱ 16

129쪽

⑲ 13
⑳ 16
㉑ 14
㉒ 11
㉓ 18
㉔ 15
㉕ 17
㉖ 18
㉗ 19
㉘ 14

31 19까지의 수 가르기

130쪽

① 5
② 9

131쪽

③ 4, 7
④ 14, 8, 6
⑤ 18, 10, 8
⑥ 9, 3
⑦ 16, 9, 7
⑧ 17, 7, 10

132쪽

⑨ 5
⑩ 9
⑪ 7
⑫ 9
⑬ 8
⑭ 2
⑮ 12
⑯ 7
⑰ 10
⑱ 5

133쪽

⑲ 7
⑳ 8
㉑ 7
㉒ 6
㉓ 7
㉔ 11
㉕ 14
㉖ 13
㉗ 11
㉘ 14

32 계산 Plus+ 50까지의 수 (1)

134쪽

❶ 12, 15
❷ 11, 16
❸ 15, 17
❹ 10, 7
❺ 12, 4
❻ 11, 5

135쪽

❼ 6, 16
❽ 7, 12
❾ 4, 13
❿ 4, 18
⓫ 3, 15
⓬ 1, 14
⓭ 2, 11
⓮ 8, 17

136쪽

빨간색 → 14 개　노란색 → 19 개
초록색 → 16 개　파란색 → 13 개

137쪽

33 몇십 알아보기

138쪽

❶ 2 / 20
❷ 3 / 30

139쪽

❸ 20
❹ 30
❺ 50
❻ 40
❼ 3
❽ 2
❾ 4
❿ 5

140쪽

⑪ 스물
⑫ 사십
⑬ 삼십, 서른
⑭ 오십, 쉰
⑮ 40
⑯ 20
⑰ 50, 오십
⑱ 30, 서른

141쪽

⑲ 20 / 이십, 스물
⑳ 30 / 삼십, 서른
㉑ 50 / 오십, 쉰
㉒ 30 / 삼십, 서른
㉓ 50 / 오십, 쉰
㉔ 40 / 사십, 마흔

34 몇십몇 알아보기

142쪽

❶ 2, 3 / 23
❷ 3, 2 / 32
❸ 4, 4 / 44

143쪽

❹ 29
❺ 33
❻ 26
❼ 45
❽ 38
❾ 7
❿ 4
⓫ 1
⓬ 2
⓭ 2

144쪽

⑭ 스물넷
⑮ 사십일
⑯ 서른여섯
⑰ 이십칠
⑱ 서른다섯
⑲ 삼십구, 서른아홉
⑳ 이십팔, 스물여덟
㉑ 사십이, 마흔둘
㉒ 삼십삼, 서른셋
㉓ 이십육, 스물여섯

145쪽

㉔ 25 / 이십오, 스물다섯
㉕ 34 / 삼십사, 서른넷
㉖ 48 / 사십팔, 마흔여덟
㉗ 37 / 삼십칠, 서른일곱
㉘ 43 / 사십삼, 마흔셋
㉙ 29 / 이십구, 스물아홉

35 계산 Plus+ 50까지의 수 (2)

146쪽

❶ 28, 스물여덟
❷ 41, 사십일
❸ 30, 삼십
❹ 37, 서른일곱

147쪽

❺ 31
❻ 27
❼ 43
❽ 46
❾ 32
❿ 29

148쪽

20: 십사, 열다섯, 십이, 이십, 스물, 열넷

29: 스물아홉, 십구, 십팔, 열셋, 이십오, 이십구

46: 사십육, 삼십, 마흔둘, 마흔여섯, 사십사, 이십육

31: 십일, 사십삼, 삼십일, 이십, 십삼, 서른하나

35: 십오, 삼십, 삼십오, 서른다섯, 스물일곱, 열셋

47: 삼십칠, 마흔하나, 스물둘, 사십칠, 마흔일곱, 십육

149쪽

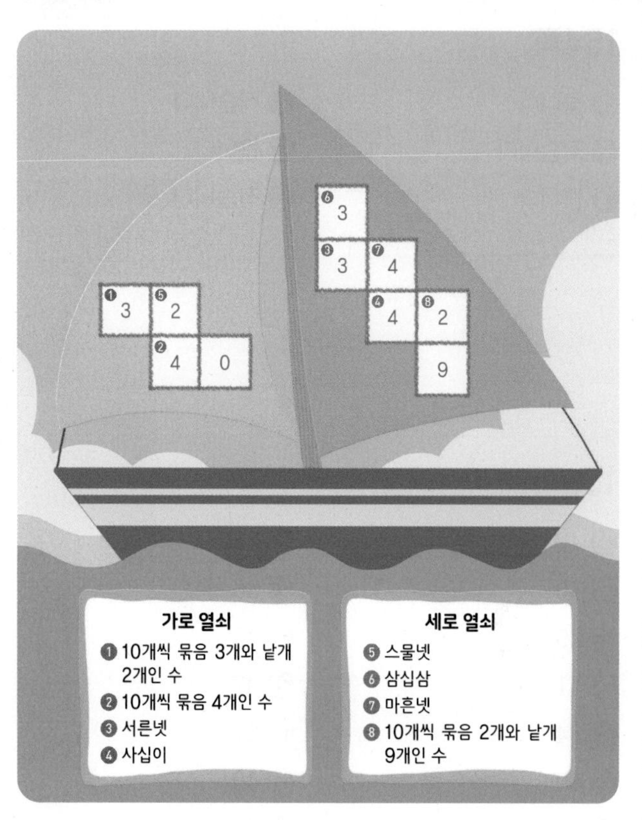

36 50까지의 수의 순서

150쪽

❶ 17
❷ 22
❸ 38
❹ 26
❺ 34
❻ 45

151쪽

❼ 23, 24
❽ 17, 19
❾ 46, 47
❿ 27, 29
⓫ 32, 35
⓬ 14, 15
⓭ 13, 14
⓮ 39, 40
⓯ 26, 28
⓰ 46, 48
⓱ 41, 44
⓲ 30, 31

152쪽

⓳ 11, 13
⓴ 23, 25
㉑ 38, 40
㉒ 45, 47
㉓ 17, 19
㉔ 22, 24
㉕ 34, 36
㉖ 41, 43
㉗ 14, 16
㉘ 39, 41

153쪽

㉙ 3, 4, 6, 10, 12
㉚ 15, 17, 20, 22, 24
㉛ 25, 28, 30, 33, 35
㉜ 34, 37, 39, 42, 43
㉝ 26, 29, 31, 35, 37
㉞ 14, 15, 17, 21, 23
㉟ 9, 12, 15, 16, 18
㊱ 38, 40, 43, 45, 48

37 50까지의 두 수의 크기 비교

154쪽

1 큽니다
2 작습니다
3 큽니다
4 작습니다
5 큽니다
6 작습니다

155쪽

7 큽니다
8 작습니다
9 큽니다
10 큽니다
11 작습니다
12 작습니다
13 큽니다
14 작습니다
15 작습니다
16 큽니다
17 작습니다
18 큽니다
19 작습니다
20 큽니다

156쪽

21 42
22 40
23 25
24 41
25 34
26 49
27 38
28 23
29 36
30 45
31 37
32 21
33 40
34 26

157쪽

35 15
36 19
37 25
38 12
39 22
40 27
41 44
42 27
43 30
44 26
45 39
46 11
47 32
48 15

38 50까지의 세 수의 크기 비교

158쪽

1 1, 6 / 4, 5 / 45
2 2, 8 / 3, 0 / 1, 4 / 30
3 2, 7 / 2, 9 / 29
4 3, 6 / 2, 5 / 3, 5 / 36

159쪽

5 2, 3 / 3, 2 / 23
6 1, 0 / 3, 7 / 2, 1 / 10
7 3, 1 / 4, 0 / 1, 3 / 13
8 4, 9 / 4, 2 / 41
9 3, 6 / 3, 8 / 3, 3 / 33
10 2, 3 / 1, 5 / 1, 7 / 15

160쪽

11 42
12 15
13 31
14 27
15 48
16 27
17 46
18 19
19 29
20 49
21 40
22 38
23 22
24 35

161쪽

25 21
26 17
27 34
28 42
29 20
30 31
31 16
32 38
33 25
34 19
35 46
36 30
37 20
38 29

39 계산 Plus+ 50까지의 수 (3)

162쪽

❶ 26에 ○표, 24에 △표
❷ 32에 ○표, 30에 △표
❸ 47에 ○표, 45에 △표
❹ 29에 ○표, 27에 △표
❺ 40에 ○표, 38에 △표
❻ 38에 ○표, 36에 △표
❼ 23에 ○표, 21에 △표
❽ 35에 ○표, 33에 △표
❾ 44에 ○표, 42에 △표
❿ 28에 ○표, 26에 △표

163쪽

⓫ 49, 47, 46
⓬ 26, 25, 23
⓭ 32, 29, 28
⓮ 43, 42, 40
⓯ 21, 18, 17
⓰ 38, 37, 35
⓱ 22, 19, 18
⓲ 45, 44, 42
⓳ 25, 22, 21
⓴ 39, 38, 36

164쪽

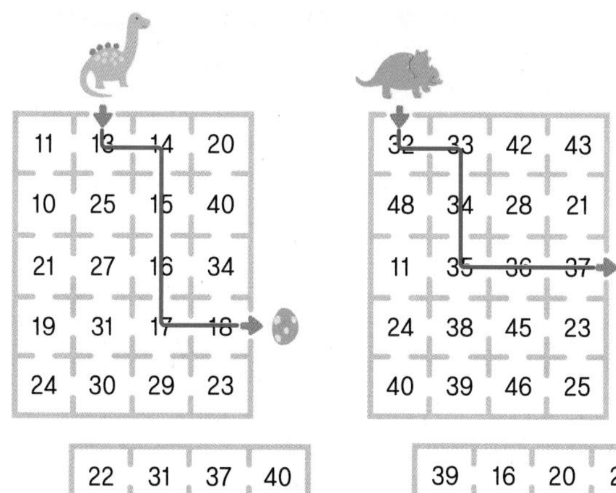

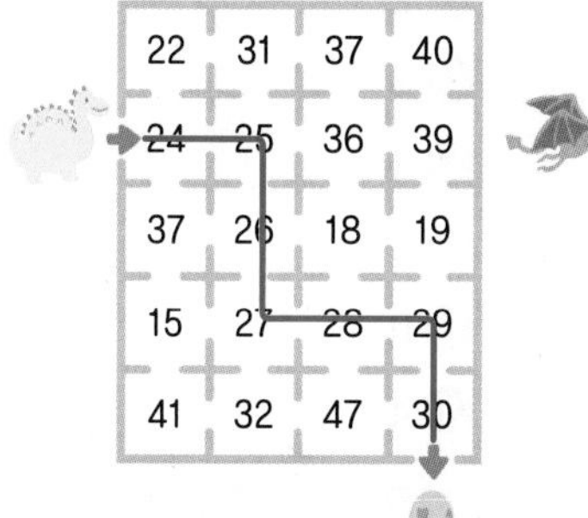

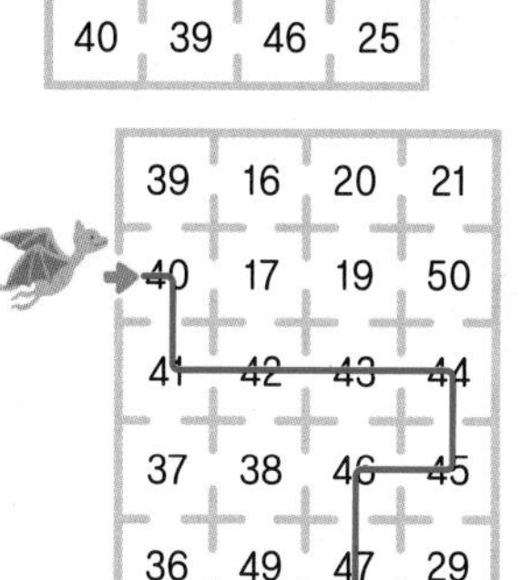

165쪽

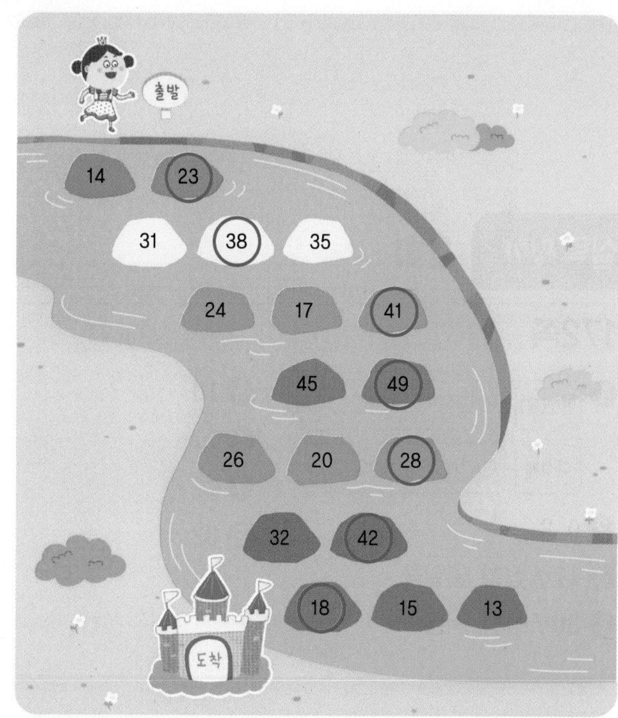

40 50까지의 수 평가

166쪽

❶ 10
❷ 6
❸ 20
❹ 36
❺ 14
❻ 13
❼ 5
❽ 4

167쪽

❾ 십육, 열여섯
❿ 사십, 마흔
⓫ 삼십팔, 서른여덟
⓬ 17, 18
⓭ 40, 41
⓮ 21, 23
⓯ 34
⓰ 28
⓱ 29
⓲ 41
⓳ 42
⓴ 27

실력 평가 1회

170쪽

❶ 삼

❷ 넷(사) - ☆☆☆☆☆☆☆☆☆
넷째 - ☆☆☆☆☆☆☆☆☆

❸ 십삼, 열셋

❹ 6, 8

❺ 21

❻ 5

❼ 5

❽ 12

❾ 9

171쪽

⑩ 8 / 8

⑪ 3 / 5, 3

⑫ 7 / ○○○○○○○

⑬ 3 / ○○○∅∅∅∅

⑭ 4 / 4

⑮ 4 / 4

⑯ 6

⑰ 2

⑱ 4

⑲ 5

⑳ 0

실력 평가 2회

172쪽

❶ 여섯(육) - ♡♡♡♡♡♡♡♡♡
여섯째 - ♡♡♡♡♡♡♡♡♡

❷ 0, 2

❸ 17 / 십칠, 열일곱

❹ 30 / 삼십, 서른

❺ 10

❻ 11

❼ 7

❽ 33

173쪽

❾ 7 / 7

⑩ 2 / 2

⑪ 3

⑫ 5

⑬ 8

⑭ 9

⑮ 2

⑯ 3

⑰ 4

⑱ 6

⑲ 0

⑳ 4

실력 평가 3회

174쪽

❶ 7 / 일곱, 칠

❷ 32 / 삼십이, 서른둘

❸ 5

❹ 6

❺ 3, 5

❻ 36, 38

❼ 8

❽ 26

175쪽

❾ 7

⑩ 9

⑪ 8

⑫ 5

⑬ 9

⑭ 7

⑮ 3

⑯ 0

⑰ 1

⑱ 1

⑲ 7

⑳ 2

완자·공부력·시리즈 매일 4쪽으로 스스로 공부하는 힘을 기릅니다.

대표전화 1544-0554
주소 서울특별시 구로구 디지털로33길 48 대륭포스트타워 7차 20층